图书在版编目(CIP)数据

动态语言知识更新研究/张普著.—北京:商务印书馆,2009
ISBN 978-7-100-05925-1

I.动… II.张… III.语言—信息处理系统—研究 IV.TP391.1

中国版本图书馆 CIP 数据核字(2008)第 108635 号

所有权利保留。
未经许可,不得以任何方式使用。

DÒNGTÀI YǓYÁN ZHĪSHÍ GĒNGXĪN YÁNJIŪ
动态语言知识更新研究
张　普　著

商　务　印　书　馆　出　版
(北京王府井大街36号　邮政编码100710)
商　务　印　书　馆　发　行
北　京　龙　兴　印　刷　厂　印　刷
ISBN 978-7-100-05925-1

2009年5月第1版　　　　开本 850×1168 1/32
2009年5月北京第1次印刷　印张 12$\frac{7}{8}$

定价:25.00元

动态语言知识更新研究

张普 著

商务印书馆
2009年·北京

内 容 简 介

本书是北京语言大学张普教授的第三部个人选集,收录了他的与"动态语言知识更新"研究有关的论文19篇,附录7篇。从第一篇发表到最后一篇写成,跨度10年。但是,如果从有想法算起,到付诸实践,到将阶段论文结集出版,前后却历经25年(参见前言)。

26篇论文分为5个部分:

第一部分 思考篇(5篇)

第二部分 控制论篇(4篇)

第三部分 理论篇(4篇)

第四部分 应用篇(6篇)

第五部分 附录篇(7篇)

五个部分涉及作者在总结上个世纪国内外语言资源建设的基础上,对新世纪的语言资源研究的深入思考,并分别论述了对"动态语言知识更新"研究的理论、方法论、实践和相关的研究与成果。在此期间作者负责建立了北京语言大学的应用语言学研究所,特别是建立了以"动态语言知识更新"研究为主要目标的"DCC博士研究室",DCC即为英文 Dynamic Circulating Corpus(动态流通语料库)的缩写。同时在此基础上,在教育部语信司和北京语言大学的领导与支持下,建立了"国家语言资源监测与研究中心"的第一家分中心——平面媒体分中心。

本书的创新点主要就在于作者力主建立"动态流通语料库";在语言研究的时间观的争议中,强调历时研究与共时研究双重(音zhòng),并基于现代大众传媒的发展,提出"共时中有历时和历时中有共时"的"相对时间观";对于语感进行了一些基本分类,包括对于个人语感和大众语感、共同语感和差别语感、语感的空间特征和语感的时间特征等分类,提出通过测量大众传媒的流通度这个"白箱"来相似计算大众语感这个"黑箱",提出计算机的"语感模拟",把重要的语言规律"约定俗成"推向可计算。

尽管已经过去25年,但作者认为动态语言知识更新的思考、理论、方法、实践还是初步的,未臻成熟。不过,毕竟对语言的动态部分(例如新词新语新义、流行语、字母词语、术语等)和语言的稳态部分(例如通用词语、基本词汇、基本字集等)的监测和研究都已经开始,并引起了国内外的关注。

本书对于语言研究、应用语言学研究,特别是对于语言规划、语言规范化、社会语言学、计算语言学的研究,对词典编纂、语言教学、汉语海外传播、语言信息处理、自然语言理解等方面均有参考价值。

目 录

序 …………………………………………………………… 1
前言 ………………………………………………………… 8

第一部分　思考篇 ……………………………………… 43
关于大规模真实文本语料库的几点理论思考 …………… 44
关于语感与流通度的思考 ………………………………… 67
关于网络时代语言规划的思考 …………………………… 83
信息处理用语言知识动态更新的总体思考 ……………… 102
关于汉语语料库的建设与发展问题的思考 ……………… 113

第二部分　控制论篇 …………………………………… 145
控制论与语言学的关系极其密切——主持人的话 ……… 146
关于控制论与动态语言知识更新的思考 ………………… 149
关于种族信息量的测定与语感模拟 ……………………… 170
关于"约定俗成"的约定俗成 …………………………… 183

第三部分　理论篇 ……………………………………… 197
语言信息处理领域的一个新的命题——主持人的话 …… 198
论历时中包含有共时与共时中包含有历时 ……………… 203

关于动态语言知识更新与流通度问题 ·················· 219
当前字、词、语量化研究的五个深化方向 ················ 239

第四部分　应用篇 ························· 251
1997 中文报纸媒体流通度分析 ·················· 252
流通度在 IT 术语识别中的应用分析
　　——关于术语、术语学、术语数据库的研究 ············ 264
基于 DCC 的流行语动态跟踪与辅助发现研究 ············ 278
"突发事件"专题解读
　　——兼评"2004 中国主流报纸十大流行语"发布 ········· 294
2005 新增"教育类""安全专题""联合国专题"解读
　　——兼评"2005 春夏季中国主流报纸十大流行语" ······· 302
字母词语的考察与研究问题 ····················· 314

第五部分　附录篇 ························· 321
语言的意义及其获取 ························· 322
关于"监控语料库"的评述 ····················· 345
古代汉语语料库建设 ························· 350
现代汉语语料库建设 ························· 353
汉语字频和词频研究 ························· 358
论多媒体技术在语言信息处理中的作用 ··············· 364
语言的多媒体性与多媒体语言知识的作用 ············· 376

参考文献 ···························· 392
后记 ······························ 399

序

　　北京语言大学语言信息处理（后为应用语言学）研究所所长张普教授，早在上个世纪70年代就步入了中文信息处理工作的领域，当时他在武汉大学中文系任教，他与计算机系的一些老师一起利用计算机编纂文学名著语言资料索引，以供汉语研究和汉语辞书编纂之用。1983年第一本为计算机编纂的现代汉语语言资料索引《〈骆驼祥子〉逐字索引》问世，吕叔湘先生还专门为之写序，给予充分肯定。但是他真正专注动态语言更新研究，那是上个世纪80年代中期之后。引发他从事这一研究的，是日本语言学者引例看重所引文本的印数、发行量、销售排行榜上的位置之举。他开始意识到关注动态语言知识更新的重要。

　　1986年他由武汉大学转到北京语言学院（北京语言大学的前身）任教，由他实际主持北京语言学院刚成立的语言信息处理研究所的工作（研究所成立的第一年学校聘请北京大学马希文教授任所长），从事中文信息处理的研究教学工作。这使他能更多地了解国际上和中国国内自然语言处理的进展情况，也更有条件来思考动态语言知识更新的问题。上个世纪90年代初，他向学校提出建立"大规模现代汉语动态语料库"计划，以进行语言动态更新的研究。此计划得到北京语言学院领导和校内外专家学者的一致支持。但真要建设一个"大规模现代汉语动态语料库"谈何容易，必须有人力、财力的支持,更要有理论的准备。为此,张普教授一方面注意物色人才,并努力争取校方的财力支持,另一方面广泛向业内专家学者虚心请教,并认真查阅有关文献资料,进行理论武装。进入 21 世纪,随着"DCC 博士研究室"(DCC 是英文 Dynamic Circulating Corpus 的缩写,意为"动态流通语料库")的成立,随着他所带的一届届博士研究生的入学,通过网上下载的方式,逐步形成基于报纸语料的"现代汉语动态流通语料库"。所选取的报纸是发行排行榜上前 100 种里发行量最大的报纸(先选取了 10 种,后又增至 15 种)。这使动态语言知识更新的研究有了基本的保证。在有关方面的支持下,他们开展了"中国主流报纸十大流行语跟踪与发布研究",从 2002 年开始每年发布一次,受到广泛的重视;2004年,北京语言大学又和教育部语信司合作共建了"国家语言资源监测与研究中心平面媒体分中心",这使动态语言知识更新的研究进入了良性发展的新时期。20 多年来,张普教授不仅自己,而且带领一批年轻学子,耕耘不止,撰写、发表了一篇又一篇有关动态语言知识更新的学术论文,为中文信息学界和现代汉语学界所瞩目。现在,呈现在读者面前的《动态语言知识更新研究》一书,就是他对自己所撰写、发表的有关这方面内容的文章精选、结集而成的。正文分"思考篇"、"控制论篇"、"理论篇"、"应用篇"四个部分,外加一个"附录"。这可以看做是他对动态语言知识更新研究的阶段性总结。他将自己的论文结集成书后,要我为书写序。我不好推辞,因为我是他在北大念书时的老师,给他们班讲授过"现代汉语"课,还跟他们班一起外出进行过田野调查。但是,也让我感到为难,因为我对动态语言知识更新问题,不要说没有任何研究,而且知之甚少。在这方面,应该说张普是我的老师。不过也好,借这个机会我也可以学点儿新知识。于是,我把他给我的书稿的主要篇章都认真地阅读了一遍,还去查阅了有关文献资料。果然受益匪浅,长了不少见识。

讨论动态语言知识更新问题,必然会涉及这样一些理论问题:怎么看待规范问题?语感在动态语言知识更新研究中会占什么样的地位?怎么认识控制论与动态语言知识更新之间的关系?怎么正确认识索绪尔所提出的关于区分共时语言学与历时语言学的理论?

关于怎么认识语言规范问题,上个世纪八九十年代以及前两年都曾展开过广泛的讨论。本书好几篇文章都有所论及,特别是在《关于网络时代语言规划的思考》一文中有较多的论述。我赞同作者在书中所持的观点,这里不再赘述。只想简单地说两点意见,一是语言的变异是绝对的,规范是相对的,对语言的变异,说句实在话,语言学工作者没有什么规范的权利,有的是解释的义务;二是规范一定要有弹性,要允许不同意见的争论,过分的行政命令,只能事与愿违。

关于语感,本书也在多篇文章中有所论及。语感在不同研究领域,所占的位置可能不是一样的。在动态语言知识更新的研究中,正如作者所指出的,无论是个人语感还是公众语感都必须充分关注,甚至需要进行"语感量化"和"语感的计算机模拟"这样一些专项研究;在母语语文教学中,语感问题,特别是怎么培养学生良好的语感,也会放在重要的位置上来考虑;而在外语教学中,如在汉语作为第二语言/外语教学中,正如张旺熹教授所指出的,"语感是语言使用者对特定语言系统的形式、意义和功能之间所具有的特定内在联系性的高度自动化的判断意识,是语言使用者把握、使用这种特定内在联系性的纯熟的语言行为的表现",因此,"语感培养是对外汉语教学的基本任务"。(《〈世界汉语教学〉创刊二十周年笔谈会·〈语感培养是对外汉语教学的基本任务〉》,《世界汉语教学》2007年第3期第24—25页)可是在语言共时状态的研究中,如在语法研究或词汇研究中,我认为,语感只能成为我们研究、思考某个问题的诱因或出发点,不能作为最终立论的依据。

关于怎么认识控制论与动态语言知识更新之间的关系问题,书中《关于控制论与动态语言知识更新的思考》一文对此专门进行了讨论,特别强调控制论与动态语言知识的密切关系,论述了控制论对动态语言知识更新的理论支持或方法论上的支持。正如文章所指出的,当今信息传播的速度、领域、方式、效应均前所未有,人类有可能面临信息爆炸、信息泛滥、信息失控的局面,为防止这一不利局面的出现,急需建设基于社会传媒的网络语言规划模型,这个模型设想由四部分组成:语言自动控制体系、语言自动学习体系、语言知识自动反馈体系以及社会传媒之中的主页和文本自动检测体系。上述四大体系构成一个"学习—反馈—控制—检测"模型。这个模型可以说是信息时代语言信息处理的"自动机"。而这一模型显然既符合控制论的思想,也离不开控制论的指导。因此,我们必须从控制论的角度重新审视动态语言知识更新问题。结论是:动态语言知识更新与控制论紧密联系。张普教授这些观点,我想大家都会赞成。这里我想进一步补充的是,何止动态语言知识更新与控制论紧密联系,就是从相对静止的共时平面上看,语言的各个组成部分都存在着互相控制的关系,我们对语言作共时平面的研究时,也需要有控制论意识,也需要有控制论指导。举例来说,上个世纪80年代初,几乎同时,南北都提出了"三个平面"的思想,受到汉语语法学界的普遍关注,在汉语语法研究中广泛运用。但不少人只热衷于孤立地分别从句法、语义、语用三个平面来描写说明自己所研究的某个词或某个句法格式,而不见有人深入思考句法、语义、语用这三者之间的联系或者说关系。其实,这三者之间就存在着互相制约、互相控制的关系。举例来说,"香蕉青的不买",从理论上来说,可以有两种切分,可理解为两种意思:

A. 香蕉　青　的　不买　[意思大致是"不买青的香蕉"]
　　　 1　　 2　　　　　1—2　主谓关系
　　　　　　　 3　　 4　　3—4　主谓关系

B. 香蕉　青　的　不买　[意思大致是"不买还挂着青的香蕉的香蕉树"]①
　　　 1　　　　 2　　　1—2　主谓关系
　　　　 3　　 4　　　　3—4　"的"字结构

同样,"皮儿青的不买",从理论上来说,也可以有两种切分,可理解为两种意思:

A. 皮儿　青　的　不买　[意思大致是"不买青的皮儿"]
　　　 1　　　 2　　　　1—2　主谓关系
　　　　　　 3　　 4　　3—4　主谓关系

B. 皮儿　青　的　不买　[意思大致是"不买皮儿青的那种水果"]
　　　 1　　　　 2　　　1—2　主谓关系
　　　　 3　　 4　　　　3—4　"的"字结构

但事实上,"香蕉青的不买"只能取(A)分析,而"皮儿青的不买"只能取(B)分析,而这完全是由语用因素决定的,甚至可以说

---

① 按朱德熙先生对"VP 的"这类"的"字结构的研究(这里所说得 VP 涵盖动词、形容词),"N+V+的"可以指称 N 所指的事物的领有者。如:"孩子游泳的"可以指称孩子的家长;"皮儿红的"可以指称某种水果。

是由社会生活决定的,因为在现实生活中,不存在<u>香蕉树的买卖</u>,也不存在<u>水果皮儿的买卖</u>。上面所举的可以认为是语用控制句法的典型例子。至于语义和句法之间的互相制约,语音和句法之间的互相制约,其例更是不胜枚举。总之,动态语言知识更新与控制论联系紧密,而就是从相对静止的共时平面上看,语言的各个组成部分之间的关系与控制论也联系紧密。

《论历时中包含有共时与共时中包含有历时》一文是专门讨论共时研究与历时研究的关系问题。文章在介绍了国外所说的两种时间说——物理学的时间和进化论生物学的时间,前者是可逆的,后者是不可逆的——的基础上,进一步论述了这样两个观点:一是"语言属于进化论生物学的时间";二是"就语言的发展而言,历时中包含有共时,共时中包含有历时"。此外,对索绪尔所提出的区分共时语言学和历时语言学的观点进行了评论,强调语言的共时态是语言的空间态,语言的历时态是语言的时间态;"语言的历时研究与共时研究同等重要,不可偏废";研究语言,"既要观察语言的共时状态,也要观察语言的历时状态,这样的观察才是全面的观察"。这些看法无疑都是正确的。但我在这里需要指出的是,索绪尔的下列观点还是有必要强调:"语言学应该分成共时语言学和历时语言学。共时语言学研究的是作为系统的语言,所以特别重要;历时语言学只研究个别语言要素的变异,不能构成系统,所以同共时语言学比起来,不如共时语言学那么重要。"这也就是说,历时研究与共时研究都很重要,不可偏废,但不等于二者可以不分主次。语言研究的事实告诉我们,语言的共时研究还是主要的,只有对语言共时状态作了充分的研究,才能很好地建立起历时语言学;而由于造成语言变异的因素很多,有语言自身的因素,有语言外在的因素,所以历时语言学虽有助于语言共时状态的研究,但终究不能据此准确预测语言发展的走向和发展的必然趋势。我们现在强调要加强动态语言知识更新的研究,要加强语言历时状态的研究,只是因为过去这方面的研究太不注意了,而并不意味着对语言共时平面的研究和对语言历时状态的变异的研究可以不分主次。如果我们不这样来认识,又可能会走偏。据此,文章关于"索绪尔时间观"的提法还可以斟酌。按我理解,所谓"索绪尔时间观"里的"时间"跟上面所说的"物理学的时间"、"进化论生物学的时间"里的"时间"不是一个层次上的概念。

本书是个论文集,如果作者能根据已发表的论文的内容撰写成专著,可能出版效果更好一些,而且也可以避免一些前后行文上的重复。但话又得说回来,即使是一个论文集,也是"动态语言知识更新研究"方面的开山之作,很值得大家一读。是为序。

陆俭明
2007年7月28日

前言

这本《动态语言知识更新研究》结集出版是很不容易的。

光是这个前言,就写了5年,2003年写了第一稿,现在是第七稿。不断修改,不断计划增入新的文章,其间还遭遇了我一生中最严重的病患,可谓经历了死去活来。其实,这期间最重要的"更新",就是我自己人生哲学的改变。我过去是透支生命、只争朝夕,以拼命三郎、工作狂为荣,现在变成更理性的"要拼搏,不要拼命"。命还在,才可以搏得更久,而命拼掉了,争到了朝夕,也不可持续发展。这一点,是我大病后的大彻大悟,幸而"重生",得以有机会与诸君共勉。

不仅前言写了5年,本书中论文的写作时间更长。这是我的第三部个人选集,收入关于"动态语言知识更新"正编的研究论文19篇,附录7篇。从第一篇发表到最后一篇写成,跨度10年。但是,如果从1982年见到杉村博文先生的例句(下文有详述)有一点思考算起,到付诸实践,到将阶段论文结集出版,前后却历经25年。我自认为书中还有一点点创新,这就是:力主建立"动态流通语料库";在语言研究的时间观的争议中,强调历时研究与共时研究双重(音ZHÒNG),并基于现代大众传媒的发展,提出"共时中有历时和历时中有共时"的"相对时间观";对于语感进行了一些基本分类,包括对于个人语感和大众语感的分类,提出通过测量大众传媒的流通度这个"白箱"来相似计算大众语感这个"黑箱",把重要的语言规律"约定俗成"推向可计算。尽管"弹指一挥间"25年已经过去,但动态语言知识更新的思考、理论、方法、实践还是初步的,未臻成熟。不过,毕竟对语言的动态部分(例如新词新语新义、流行语、字母词语、术语等)和语言的稳态部分(例如通用词语、基本词汇、基本字集等)的监测和研究都已经启动,并引起了国内外有关媒体和同行的关注。

25年时间,仅此"一点点创新",实在不值得炫耀。何况大量具体工作还都是博士、硕士们做的,我常常开玩笑和同学们说:"张老师现在是'君子动口不动手'。"当然,我的文章还是自己动手写的。本前言的写法也想有一点儿改变,就是不想写成一般前言的本书内容简介与致谢。我想讲讲25年才有"一点点创新"的真实的故事,希望能比一般的前言好看和有益。

透过这个故事,我想告诉诸君,我可绝不是一个聪明人,不是"一不小心就玩上了语言研究",玩出一本集子。我更不敢言"码字"或"写字",我从有一点想法,到付诸实施,到形成一个集子,记录我的"学术心路历程",实实的不容易。虽不敢言呕心沥血,一曝十寒,但是,岁月蹉跎,却也倏忽过了25个寒暑,最后竟然脑梗继而又"新生"。25年,足以使一个初生的婴儿长大成人,然而,动态语言知识更新的学术创新还是只能算刚刚起步。因此,写写一个不聪明的甚至驽钝的人如何创新,就是想说:尽管现在技术进步了,有了"Google"和"百度"[①]的帮忙,但是创新谈何容易,学海无涯,万不可靠投机取巧、浅尝辄止。不过,创新又是人人都可以努

[①] "Google"和"百度"是常见的网络搜索引擎。

力争取的,"只要功夫深,铁杵磨成绣花针"的道理还管用。现代社会,不磨"铁杵",不磨"绣花针"了,可以磨点别的,比如"动态语言知识更新"。

学术,常常是自以为是的,学界是否认同又另当别论。不过认同与否并不十分重要,如果都认同了,就都成了定论,学术也就没有了生命。学术,又常常是自以为非的,我也时常地自省,随着时间的推移,它还站得住吗?尤其是研究"语言知识动态更新",难道这"动态更新"自己就不会被更新吗?

我深知自己的根基。做了30多年的"语言信息处理"方向研究,反而越做越觉得我们在交叉知识结构方面的欠缺。以我现在从事的语言知识动态更新研究而言,就已经汲取了理论语言学、社会语言学、计算语言学、认知科学、信息科学、传媒学、控制论等多学科的营养。我依然时时觉得自己功力不足,需要"充电"。我愿将这集子出版,一方面说明创新之树的生长,首先靠内因,当然自己要努力,根基重要、吸收重要、方向重要;一方面也想说明:此外,一要靠地帮忙,哪里有水、有土、有营养,根就往哪里扎,二要靠天帮忙,祈求风调雨顺,没有旱涝虫瘟。借助天地的力量,可以"化成万物"。[①] 天时、地利、人和,常常带有机会和运气。

我要借写《前言》的机会说明:也许我的机会和运气一直很好。

创新的故事,就从"天地化成万物"开始。

[①] 语出《说文解字》的首卷首字"一"的说解"惟出太始,道立于一,造分天地,化成万物"。更早还可见老子《道德经》三十六章:"道生一,一生二,二生三。三生万物。万物负阴而抱阳,冲气以为和。"

一

在上世纪70年代末,我在武汉大学决定从事语言信息处理研究的时候,正值我参加《汉语大字典》的编写工作。那时候王力先生与吕叔湘先生认为《汉语大字典》、《汉语大词典》的初稿都缺乏现代汉语例句,需要补充大量的现代汉语例句。古代文献还有一批燕京哈佛学社的《引得》和中法北平汉学研究所的《通检》可供检索,而现代汉语例句则全靠人(那时至少是大学教师)手翻笔录,有时候一整天连一个字一个义项的合适例句也没有找到,补充起来极其困难。我遂决定与计算机系的伙伴们合作建立"现代汉语语言资料库",做一批现代汉语名著的逐字索引,帮助《汉语大字典》补充现代汉语例句。这件事得到了当时武汉大学校长刘道玉的支持和中文系、计算机系的前辈李格非、周大璞、曾宪昌等教授的扶助,也得到了国内学术界吕叔湘、王力、刘涌泉、陈章太、赵世开、饶长荣、叶蜚声、石安石、陆俭明等前辈的指导与提携,吕叔湘先生还亲自为计算机编纂的第一本现代汉语语言资料索引——《〈骆驼祥子〉逐字索引》(1983年四川人民出版社)写了序。他鼓励说:"武汉大学中文系和计算机科学系的同志们合作,把老舍先生的《骆驼祥子》全文存入了RD—11微型机软盘,并且利用计算机对《骆驼祥子》的语言资料作了自动加工处理。他们的软件系统可以自动查频、自动编索、自动检索、自动校对、自动统计标点及句长等工作。他们可以在计算机上对语言工作者提出的任意字、词、词组、短语、句子进行检索,打印含有这些字、词、词组、短语的全句原文。对我国语言研究的现代化,特别是研究手段的现代化来说,这是一件很有意义的事。"他还说:"他们的工作在语言研究手段的现代化这件事上做了一个良好的开端,我希望有更多的语言工作者和计算机专家结合起来,把这项有重大意义的工作推向前进,取得更丰硕的成果。"①

今天看来,这已经不是什么大不了的事,只是早做了几年而已。但是前辈们却充分爱护和肯定了我们敢想敢做的精神,这种奖掖使年轻的我终身受惠,这就是我那时欣逢的"风调雨顺"。

那时,我30多岁,不知道什么叫累,曾经一天之内分别找中文系和计算机系的8位正、副系主任一一"汇报",希望他们支持新兴的"综合性边缘学科",也曾经倒排时间表,和伙伴们48小时不出机房,为鉴定会"拼命",真的是只争朝夕。但是现在我要讲的创新的故事,是"动态语言知识更新"研究。这次的"更新"研究,除了"语料库"一词迄今还保留外,其他方面我当初的认识和做法差不多都逐渐被否定了或被更新了。比如:语料库从共时成了历时;从可以做成而鉴定到永远做不成而进行动态更新;语料从考虑文本的平衡性到考虑媒体的流通性等等。有些变化甚至是颠覆性的,比如:那时是只要加工现代汉语名著的语料,遵循"以典范的现代白话文著作为语法规范"的业训,严格选择老舍、曹禺、巴金等公认的语言大师的著作,现在却是要加工"大规模真实文本",不管是你、我、他的文章,只要在大众传媒上出现,只要具备了一定的"流通度",就可选甚至必选。

还有一点没变的,就是这次我做动态语言知识更新的研究,也同样是"风调雨顺",同样碰上一些难得的机遇,促成了我这一愿望

---

① 参见吕叔湘《序》,载武汉大学语言自动处理研究组编《现代汉语语言资料索引·第一辑 老舍〈骆驼祥子〉》,四川人民出版社1983年。

和课题的逐步落实与进展,直至本书的结集。就像命硬一样,机缘和运气还是很好。

我们就讲这一次的"天地"是如何"化成"动态语言知识更新的。

二

事情要从上个世纪80年代初说起。当时我刚开始在做机编现代汉语语言资料索引系列中的第一部《骆驼祥子》的加工处理。而自我否定的因子,那时就已经潜伏下来了。

1981年,著名方言学家詹伯慧教授(那时我们一起在武汉大学的《汉语大字典》编写组共事)访问日本,参加了1981年11月7—8日在东京东洋大学举办的日本第31届中国语学会的年会,1982年他写了一篇文章在《国外语言学》发表,介绍这届年会。他综述了年会的主要情况,着重选择了第二会场的10篇论文进行介绍,以展示日本学人研究汉语的最新成果。其中,介绍了杉村博文先生研究的现代汉语中的《先"了"后"de"的现象》,什么是先"了"后"de"现象?詹教授引用了杉村博文先生的三个例句:

"婆婆死了,四个钟头以前死 de。"

"你们看到 de,我终于也看到了,只是比你们认识得晚些。"(此句形式上非先"了"后"de",原文如此。笔者按。)

"他写了个历史剧《沈括传》,写 de 不错。"[①]

其中的例句3"他写了个历史剧《沈括传》,写 de 不错",引起

---

① 参见柏苇《日本中国语学会第三十一届年会》,载《国外语言学》1982年第1期。

了我的注意,我越看越觉得像我发表在《十月》杂志的一部中篇小说《飞出来了,希望!》中的话,我核对了小说原文,果然不错。18年后的 2000 年 6 月 26—28 日,在应新加坡国立大学特邀参加第 9 届国际华语教学研讨会时,我第一次与杉村博文先生晤面,说起这件往事,也证实了他所引的例句就是出自我的小说。① (竟有这样的巧事!不然我就会一扫而过,不会引发思考。)

这件事引起我的思考:我用计算机做的一套《现代汉语语言资料索引》,收录的是老舍、曹禺、巴金、叶圣陶、赵树理等一代语言大师的作品,我们引用例句无不遵循"以典范的现代白话文著作为语法规范"的成规,为什么日本人研究汉语要引用我这样一个文坛的无名小辈的作品?语言上绝对的不是"典范",何况还有责任编辑的不少修改痕迹。要知道那篇小说还是我的处女作,但差不多刚刚在中国发表,就被杉村先生作为语料并引入他的论文,为什么?18 年后,杉村告诉我说他正是要从最新的中国出版物中选择最鲜活的语言材料。

这件事只是引起我的注意和一时的思考,没有什么结果。那时我不知道日本人为什么会对当代的杂志比那些站得住的经典名著还感兴趣,不明白我本人本来是要研究别人的语料的,自己写下的话怎么会成为别人研究的现代汉语的材料?我继续埋头忙着做我的"文学名著语料库"(此库的名称是后人所称,当时我们叫"现代汉语语言资料库"),未及仔细琢磨。

不久,日本人的又一件不守成规的举动引起了我的注意。那就是报载日本的国立国语研究所,在选择语言资料时,挑选了日本

---

① 那部小说名为《飞出来了,希望!》,载《十月》1981 年第 3 期。

的最畅销的一些报纸、杂志和图书作为收集对象。而那时我们的语料库建设正处在寻求"平衡"的时期,即使是在平衡的前提下选择语料,也都是把语言的"典范性"放在第一位的,文学作品必是名家名著,报纸必是《人民日报》《光明日报》,杂志社、出版社必是要严谨的、正统的,总之是"言必称希腊"。我自己给研究生讲的《语言信息处理概论》课,说到语料选取时也是讲要遵循语料的科学性、代表性、规范性、权威性、真实性等一系列原则,就是从来没有考虑畅不畅销,没有考虑依据印数或销售的排行榜作为选择语料的标准。

日本的研究所为什么要考虑印量呢?印的多当然影响就大,影响大的就一定要关注、要研究吗?不管它科学与否、不管它规范与否、不管它权威与否吗?要维护祖国语言的纯洁和健康,不科学、不规范、没权威的东西不但不需要研究,还要不断纠正,这就是我当时的简单想法和心态。但是关注发行量、排行榜却从此在我心中长存不去,为什么日本的语言学家要关注发行量并以此作为选择语言材料的重要依据?为什么?

三

从上个世纪90年代开始,国际自然语言处理领域发生了一些重大变化,其特征之一就是转向对大规模真实文本的研究和处理,以大规模真实文本为基础的语料库及其语言研究和知识自动获取受到高度重视,并且越来越走向深入和实用。任何一个实用的语言信息处理系统都是在大规模真实文本的语料库研究的基础上建立的。

90年代初,我在北京语言学院提出建立"大规模现代汉语动态语料库"的计划,进行语言"动态更新"的研究,并且准备每年出版一本现代汉语的《年鉴》,来公布语言的变化和数据。这个计划得到当时主持工作的学校领导的批准,并且单独批给了我3人的编制,恰巧这位代校长的名字就叫李更新。我说我的环境和机遇一直比较好,也包括1986年离开武汉大学到北京语言学院之后。当时的院长吕必松和继任的院长杨庆华两位教授都很关注语言信息处理的研究工作,吕院长支持成立了语言信息处理研究所,第一年由马希文教授任所长,我任副所长。王还、张清常、常宝儒、赵淑华等前辈教授给了我许多关怀和帮助,我尤其记得在论证"大规模现代汉语动态语料库"的计划时,张清常先生说的话:"我们一定要支持这项对国家和语言学院都是功德无量的计划,如果经费紧张,我自己的研究可以不要研究经费,也要支持这项研究!"我当时除了负责语言信息处理研究所的建设和管理工作,还正在主持国家八五项目"现代汉语语义研究",语义是当时语言信息处理发展的重点和难点问题,已经倍感力不从心,无法再认真思考动态语料库建设的一系列理论与方法,加上没有物色到合适的人选和落实研究的经费,这个新的研究室没能如期建立,动态语料库的建设暂时搁置。

1993年清华大学黄昌宁教授在《语言文字应用》第2期发表《关于处理大规模真实文本的谈话》,指出国际计算语言学界已经把大规模真实文本的处理确定为未来一个时期的战略目标,这将会给语言文字的研究带来巨大的影响。他还认为这种变化和发展反映了现代语言学研究中经验主义思潮的复苏,在语法研究方面促动从宏观到微观的回归,给语言文字研究带来的巨大影响之一就是语料库语言学的崛起,该文引起语言学界的极大反响。

1995年清华大学出版社和广西科学技术出版社联合出版东北大学姚天顺教授主编的《自然语言理解》一书,其中有专门一章讲述"语料库语言学"。1997年复旦大学出版社出版该校计算机系教授吴立德主编的专著《大规模中文文本处理》,该书在借鉴国外研究成果的基础上,系统地介绍了大规模真实中文文本信息计算机处理的理论和方法。

学术界的这些发展,使我建立大规模现代汉语动态语料库的想法不断在心中萌动,1997年,又一个契机来临。一方面,当时研究所的校园网建设工作和全校中外学生的计算机基础教学工作已经分立出去,遵照学校要研究所集中力量办成"两个基地"(科研基地和人才培养基地)的指示,我可以集中精力专注科研。另一方面,为将计算机技术和网络技术更好地引入对外汉语教学领域,研究所已经建立了两个研究室,较早成立的CAI研究室已经走上正轨,而"网络教育研究室"刚刚开始运作,离这两个研究室合并成立网络教育学院还有一段时间,我有了一个绝好的学术喘息的机会,可以认真地思考一下关于"建立大规模现代汉语动态语料库"的一系列问题。

四

恰在此时,新闻出版署正式列入国家"九五"重点图书出版计划的《20世纪中国学术大典》开始向权威专家组稿,我的老师林焘先生担任《语言学》卷的主编,刘坚、陆俭明两位先生为副主编。林先生通过费锦昌先生向我约稿,分配我撰写"现代汉语语料库建设"、"古代汉语语料库建设"、"汉语字频和词频研究"三个条目(这三篇文章已经收入本集的附录篇)。费先生还特别交代,林先生要求一定不能只是材料的罗列，最好有自己的观点和点评，最后还应该有对这项学术研究发展的展望。最后的要求令我倍感困难，这是20世纪的中国学术大典，不但要有自己的观点和点评，还要进行学术发展的展望，怎能草率成文？

既然是老师的嘱托，我不敢有丝毫的怠慢，所以我就利用这个难得的学术喘息机会，先仔细认真地重读一遍有关文献，搜索一切我能找到的国内关于语料库的研究和成果，认真研读。在研读中我回顾了语料库在我国乃至世界走过的路，一些片片断断的总结和认识开始逐步整合，一些新的想法和思路开始萌生并逐步清晰。于是我在"汉语字频和词频研究"条目的展望中提出："汉语字频和词频的研究将从现代向古代发展，从共时研究向历时研究发展；并且应有政府部门或研究机构定期公布每年的字频词频统计结果和新词表，与港台的字频词频和新词进行综合比较研究；还应对流行期刊、图书的字频词频进行年度追踪检测和研究。"在"现代汉语语料库建设"条目的展望中更是直接说出："今后的现代汉语语料库的建设将向流通语料、应用语料、双语语料、口语语料、多媒体语料等方向发展。"

在林焘先生布置的条目完成之后，我就顺势将自己的一些思考连缀成文。1998年夏，我利用参加在哈尔滨举行的应用语言学年会的机会发表了本论文集的首篇论文《关于大规模真实文本语料库的几点理论思考》。该论文中从普通语言学、社会语言学的角度，对于语料库的建设和建设中的相关问题进行了反思，首先是五个直接与语料库有关的问题和反思："关于语料库建设"、"关于交际"、"关于文本"、"关于真实文本"、"关于大规模真实文本及统计'垃圾'"；最后一个问题实际上已经过渡到统计的问题，所以接着是四个与统计有关的问题与反思:"关于使用度与散布系数"、"关于通用度与 t 阶频度"、"关于流通度"、"关于历时流通度曲线"。论文不仅首次提出了"流通度"、"历时流通度曲线"等问题,也提出了交际类型的四类八种十六式,提出了必须区分共时交际和历时交际等。尤其是基于大规模真实文本的论述,已经使我走到背叛"以典范的现代白话文著作为语法规范"这条成规的边缘。我说:"语言不是静止的,语言在运用中不断地产生变化,语言的生命力就在于这种稳定中的变化。这些变化的端倪就隐藏在大规模的真实文本(无论它们是经典的还是非经典的文本)之中,甚至就隐藏在那些非规范现象里。一切新词、新义、新用法一开始总是不在约定和规范之中的,通过'对话'和'讨论',利用'已知'对'新知'作出'解释'或'纠错',新知一旦被大家接受并广为传播,最终将进入约定或规范,这就是语言发展的辩证法和规律。"我还说:"我认为一方面语言需要社会规范,一方面个人使用语言时既要符合规范又含有不规范现象,这并不矛盾。规范与发展应该是统一的。"

受到《20世纪中国学术大典·语言学》的条目式体例字数所限,一些问题和思考当时未能畅所欲言,这次算是痛快酣畅地和盘托出了,但是似乎觉得仍有意犹未尽之处,比如流通度的论述就还觉得不够深入,之后我一气呵成地发表了一系列的"思考"论文:《关于语感与流通度的思考》、《关于网络时代语言规划的思考》、《关于第三代大规模真实文本语料库的几点理论思考》、《信息处理用语言知识动态更新的总体思考》等。本论文集的"**第一部分 思考篇**"中只有最后一篇《关于汉语语料库的建设与发展问题的思考》写于几年后的 2003 年,是应 973 项目工程组的约稿而写,其间已经提出了国家语言资源建设的问题。

实际上,是林焘先生的任务促使我系统而集中地重新阅读、总结、思考了20世纪中国语料库建设的主要成就。这构成了本论文集的"**第一部分 思考篇**"的重要基础,同时恰好也为后来的"动态流通语料库(DCC)"的创新夯实了根基。

五

就在哈尔滨应用语言学的学术会议上发表《关于大规模真实文本语料库的几点理论思考》的同时,我邂逅了香港城市大学的老相识王培光先生,我们同时应邀做开幕式的大会报告,恰巧又同时坐在主席台上,他已经连续发表了几篇关于语感研究的文章。会后我和王先生深入讨论了语感的问题,他是从语言教学的角度来研究语言的语感能力的,对语言运用能力和语言审析能力做了深入的分析与验证;我当时想到的则完全是机器的语言学习、机器的"语言能力"问题。应用语言学发展到今天,本来就已经应该从单纯的语言教学研究(人的语言应用)走向人脑语言信息处理研究和电脑语言信息处理研究(机器的语言应用)两个方面,并且需要研究电脑如何模拟人脑。

回来之后,我立即调阅了我能找得到的全部关于语感研究的文献,汲取以前无暇详细关注的认知科学领域的最新成果,我把这些材料结合流通度及大规模动态流通语料库的建设来思索,有所心得。因此我在《关于语感与流通度的思考》中提出:"我们实际上是主张建立一个动态的大规模真实文本的书面语的语料库。把语料库的建设和使用从静态推向动态,把文本的选择和抽样原则从分布原则推向流通原则,把对语言成分的一般性的统计分析推向对语感的推测性统计分析和验证,从而探索使电脑可以逐步获得语感并随时增强和调整语感的路径。"

这时候,另一个重要的契机出现了:清华大学和北京语言文化大学联合承担的自然科学基金重点课题"语料库语言学研究的理论、方法和工具"进入验收阶段,项目的负责人是黄昌宁教授、我和孙茂松,具体操作运行是孙茂松和孙宏林两位年轻学者。结项时有8个相关报告,印行了《自然科学基金重点项目结题报告(项目号:69433010)》(内部)。黄昌宁教授做第一个报告,安排我做最后一个报告,依然要有展望语料库未来发展的任务。

此时,我已经仔细研读了戴昭铭先生的《规范语言学探索》[①]一书,受益匪浅;并进而仔细研读了陈原先生的《社会语言学专题四讲》《语言学论著》(三卷本)中的一系列相关论述;还涉猎了许嘉璐、徐通锵、吕冀平、于根元、邹韶华等先生的一系列关于语言规范化的论述。我这才注意到在我沉湎于语言信息处理的语义研究和将语言信息处理技术引入对外汉语教学领域的这近20年,我国的语言规范化研究已经卓有建树。在我承担信息处理用的有关语言文字规范研制的同时,语言学界的同行已经在规范理论研究上取得了重要的突破。

我的总结报告题为《关于第三代大规模真实文本语料库的几点理论思考》,文章花了很大篇幅介绍自己"思考"的三个研究的背景:"语言信息处理研究的背景"、"社会语言学的研究背景"和"语感的研究背景"。而在"社会语言学的研究背景"一节中我不惜篇幅地将自己过去的一些论点忝列在诸位规范化研究"大腕"之后,我开列了"1. 语言不是静止的,语言在社会运用中不断地产生变

---

① 该书在哈尔滨应用语言学的年会上送给每一位与会代表。

化"、"2.变化与规范的关系是辩证的"、"3.语言的规范化与非规范化的对立统一"、"4.语言规范化工作的性质应当是对语言变化的评价和抉择"、"5.约定俗成对于语言规范化的作用"、"6.约定俗成和语言控制的统一"等6个小标题,不厌其烦地引证这些观点。目的除了庆幸自己与这些行家"英雄所见略同"而外,主要是我由衷地赞赏他们的真知灼见。他们已经深刻地认识到:虽然长期以来流行的"匡谬正俗"的规范模式是功不可没的,但是规范化的主要工作是对语言的变化作出评价和抉择,应该提倡动态规范的观念,这是一种了不起的进步。

我高度评价戴昭铭教授的研究成果,我认为吕冀平先生对他的研究成就的评论非常公允,吕先生说:"昭铭综合古今中外语言演变的历史和语言规范研究的得失,写出《规范化——对语言变化的评价和抉择》,从而否定了单纯匡谬正俗的规范工作模式,提出新型的动态规范观念和动态规范模式。"[①]正是他提出的"动态规范观念和动态规范模式"中的"动态"二字犹如闪电一样触动了我的敏感神经。我无数次地阅读了戴昭铭先生书中的这几行文字:

"随着研究的深入特别是随着语言文字信息处理技术的发展,以往在规范问题研究上的不足也日益暴露出来。比如在理论上,对于语言规范的实质尚未得到深入的研究和一致的理解;**对于在变动不居的语言现象中如何判定规范、如何建立规范仍未摸索出一套操作性强的具体办法。**"(黑体为笔者所变)

我们"动态语言知识更新研究"的一切努力,不就是为了在变

[①] 参见吕冀平《规范语言学探索·序》,载戴昭铭《规范语言学探索》,上海三联书店1998年。

动不居的语言现象中如何判定规范、如何建立规范摸索出一套操作性强的具体办法吗？没有操作性强的具体办法，所谓"动态规范观念"就只能是一种"观念"，一种理想，一种追求，无法推出"动态规范模式"。我们正在探讨的不就是设法通过大规模真实文本的动态流通语料库，来动态监测语言的变化，并进一步进行语言的动态规范吗？我们认为完全自动的语言动态规范是不可能一蹴而就的，但是我们是绝对不能依靠人工来进行基于大规模真实文本（在今天语料已经以"亿"作为基本的总字数单位）的语言知识动态规范的，我们希望首先做到计算机辅助语言知识的动态规范，并逐步摆脱（这也将是一个漫长的过程）计算机对人的依赖性。

所以，黄昌宁先生叫我做的总结报告，进一步推动了我对动态语言知识更新的理论探讨。与其说我的环境和机遇一直很好，倒不如说我常常被环境和机遇推着走。

六

2000年，关于动态语言知识更新的命题得到了《语言文字应用》的副主编靳光瑾博士的认同。在我集中力量进行语义研究的时候，我曾经应她约请组织过一期"中文信息处理专题"的"语义研究"板块，写过一篇关于语义研究的《主持人的话》。这次她请我组织一个"动态语言知识更新研究"的板块。为这个板块我又写了一篇"主持人的话"，这就是本书**第三部分 理论篇**的首篇文章《语言信息处理领域的一个新的命题——主持人的话》。我在该文界定了"动态语言知识更新"：

"所谓动态更新是与静态更新相对而言的。语言静态更新是在较长的间隔时段后不定期地更新语言知识及其规范,动态更新是指随着社会语言交际的变化,在较短的时间里定期地或者即期地更新语言知识及其规范。语言知识及其规范不更新是不可能的,而静态更新已经越来越难以适应信息社会的需求,所以要研究动态更新。"

同时,也说明了:

"动态语言知识更新是面向信息社会、网络社会的一项战略性研究。20年前,我在《关于语言研究手段的现代化》(参见《〈中国语文〉通讯》1980年第2期)一文中说:'我们从现在起着手努力,到2000年,能够实现语言研究的现代化,首先是研究手段的现代化,那就很不错了。'现在我愿意再说一句:我们从现在开始努力,20年后,我们的新新新人类能够享用语言知识动态更新的各种信息处理软件,就已经很不错了。"

凭借这次机会,我自己也觉得应该将零散发表的一系列的"思考"汇总,写一篇具体一些的思考文章,也放在这个"动态语言知识更新"的板块之中,这就是**思考篇**中早期思考的:《信息处理用语言知识动态更新的总体思考》。该文论述了动态语言知识更新的必要性,提出了动态语言知识更新的总体构想,从理论体系、基本方法、系统构成等几个角度对总体构想作了大略论述,着重论述了动态流通语料库、流通度与流通度的量化、语感的量化与语感的计算机模拟、结构化的词典知识库四个方面。在这篇文章中我们首次给出"语言知识动态更新框架系统图"、"大众传媒和语言知识的流通度体系结构和标记代码表"、"结构化词典知识库的总体构成图",说明动态语言知识更新的构想已经开始进入分步实施。

七

关于控制论的引入是与受陈原先生的启发分不开的。

1998年,我在阅读刚出版的《陈原语言学论著》时,精读了"社会语言学"部分和《社会语言学方法论四讲》,当时我正在写《关于第三代大规模真实文本语料库的几点理论思考》一文,社会语言学的研究背景和语言规范化研究的背景部分正是我极度关注的内容。

在精读有关部分的同时,我也通读了全书。第二卷中的《论语言工程》、《论自然语言处理》、《论信息量》和第三卷中的《信息与语言信息学论纲》等九篇札记引起我极大的兴趣,尤其是《语言与信息论札记》和《语言与控制论札记》两篇,更令我豁然开朗,如醍醐灌顶。

陈原先生在《语言信息学引论稿》中说:"语言信息学是传统语言学受到'信息革命'或'新技术革命'的冲击产生的一门还没有定型——换句话说,'疆界'尚未完全划清的多科性交叉学科。"他还说在信息革命或信息化时代的冲击下,"创始了并且成长了一连串多科性交叉学科,其中包括社会语言学、心理语言学、神经语言学、文化语言学、认知语言学、计量语言学、计算机语言学以及晚近偶尔出现却还未被学界普遍认可的控制论语言学或信息论语言学,或我现在称之为语言信息学这样的边缘学科。"

特别是陈原先生在《语言与控制论札记》中所提及的"通讯和控制的时代"、"牛顿时间和柏格森时间"、"控制论最重要的观念即反馈"、"稳态"、"学习机"、"学习与反馈"、"语言和学习"使我隐约觉得动态语言知识更新的研究必须到控制论中去汲取理论,尤其是方法论的营养。维纳的《控制论》一书本来就有另外一个副标题《或关于在动物和机器中控制和通讯的科学》,这个副标题书名实在是太好了,它是那么鲜明地指引和召唤我们把学习的根须扎向那里。语言信息处理,或者说自然语言处理,不就是研究人这种高级"动物"和"机器"的语言"控制和通讯的科学"吗?"人机对话",就是要研究人的语言"控制和通讯"、研究机器模拟人的语言"控制和通讯",还要研究人和机器之间进行的语言"控制和通讯"。

我的一位博士研究生李芸,以前是学习过控制论的。我交给她一个任务,就是进行《控制论》导读,导读之后大家要结合"动态语言知识更新"来谈学习的体会并进行讨论。我本人首先做了一个发言,这个发言后来在《语言文字应用》2001年第4期—2002年第1期连载,这就是本书的"**第二部分 控制论篇**"中的《关于控制论与动态语言知识更新的思考》一文。

在那篇文章中,我从控制论的角度重新审视动态语言知识更新的一系列问题。主要的视点有以下9个方面:

1. 关于"信息和通讯作为组织化机制";
2. 关于"通讯和控制的时代";
3. 关于"牛顿时间和柏格森时间";
4. 关于"反馈"和"稳态";
5. 关于"种族信息量的测定";
6. 关于"本书的教训之一"和"反内稳定的因素";
7. 关于"学习"和"自生殖机";
8. 关于"白箱"和"黑箱";
9. 关于"可信的程度只能到达头几位数字"。

后来,我仍然觉得意犹未尽,就决定将一些标题展开再进行论述,如:将"5"展开写成《关于"种族信息量"的测定与语感模拟》,收录在"2003年中国人工智能学会第十届学术年会"论文集中,将"4"和"7"拓展成《关于"约定俗成"的约定俗成》。这些文章就构成了本论文集的"**第二部分　控制论篇**"。

但是我不能不提到关于《控制论》的学习和借镜的又一个插曲:那就是赵元任先生《语言的意义及其获取》一文的重新发现与翻译。

八

2000年,我因为一次有关术语方面的国家标准讨论的学术会议,有幸与中国大百科全书出版社的全如瑊先生同住一个房间。全先生早年生活在燕大和清华,医学出身,学贯中外、融汇古今、兼通文理,人们形象地称他就是一部活的百科全书。对于语言学他尤其熟悉,他告诉我:"20世纪与其他学科产生的交叉学科最多的就是语言学。"尽管已经70多岁,但是全先生很早就使用计算机进行辞书的编辑工作,他甚至学会了自己编程。第一天晚上,我们谈兴很浓,于我而言,我觉得全先生可以说无所不知。最后我们就谈到我正在进行的"动态语言知识更新"研究,谈到由于读陈原先生的著作,进而引入《控制论》,谈到维纳,谈到语言学与控制论的缘分。

谁知道全先生和陈原先生竟是至交,并且全先生对控制论还不是一般的了解,他告诉我,"稳态"本来就是医学里面最先提出的概念。全先生说:"控制论和语言学当然是有关系的,当年赵元任先生还曾经应邀出席国际控制论大会的年会,应该是上世纪50年代初,第十届左右,而且是应维纳本人的邀请,他请赵先生在大会报告语言学问题——控制论的学术会议每次都要请不同的学科的专家报告交叉的问题——赵先生的论文是用英文写的,大概还没有中文译本。我见过此文——我家里有那次会议的论文集。可惜'文革'期间丢失了。"

听了全先生的这一席话,我简直就惊呆了,愣在那儿半天,好在我们是关了灯躺在床上进行夜话,谁也看不见谁。那一夜我们谈到凌晨三点。我不仅惊叹全先生的博学,博闻强记,我更惊叹我们的老一辈的语言学大师赵元任先生早在差不多半个世纪前就关注了控制论和语言学的关系!后来看到赵先生的文章,才知他在当年就已经谈到"翻译机器",谈到"两种媒体(画面和声音)",谈到"经验"、"内省"和"语境",谈到建立包括颜色、图形、气味、时间、方位等分类体系的"意义的中央博物馆"(那不就是语义库或概念体系或今天 IEEE 的标准上层知识本体"SUMO"的雏形吗?)。

我决计要找到赵元任先生的这篇文章,叫我的博士研究生翻译出来,并当即邀请全先生给我的博士研究生开一门发散型的课《语言·文化·知识》,这门课后来如期开设,还进行了全程录像。

查出赵先生的那篇论文还要感谢中国语言信息处理界的语义派的奇人——中国科学院声学所研究员黄曾阳先生。2002 年春我和他一同应邀参加在上海交大举办的"第一届中文信息处理发展国际研讨会",我们在一次进餐时的闲谈中,我又谈到动态语言知识更新、谈到《控制论》,谈到维纳邀请赵元任先生出席控制论的国际会议,他沉思了半响,说:"这完全可能,维纳早年曾经在清华执教,那时赵元任先生也在清华,他们有可能相识,后来维纳回美国,赵先生也去了加利福尼亚。可以到科学院的图书馆查一查这本会议论文集。"这位也是融通文理的专家,一番话同样也令我惊喜不已。真是学无止境,三人行,必有我师焉!

后来我的博士研究生王强军(原文科硕士)果然从科学院查到了这本论文集并复印了赵元任先生的原文。他和李芸博士(原理工硕士)一文一理共同翻译,他们的译文有幸得到全如瑊先生在高级翻译课上的悉心指教,又蒙赵世开先生于百忙之中认真校译,其间并经陈原先生指点。如果译文还能将赵元任先生的本意准确表达出来的话,首先要感谢几位前辈的无私帮助。在得到美国版权单位授权和赵元任先生的后人赵新那女士同意并修正后译文正式发表。王、李两位博士还合写了一篇读书心得,加上我的那篇《关于控制论与动态语言知识更新的思考》,我又写了一篇《主持人的话》,作为一个"控制论与语言学"的板块,一起发表在《语言文字应用》杂志上了。

九

随着一届届博士研究生的入学,"动态语言知识更新"研究开始进入实质性推进阶段。从进入新世纪以来,隋岩博士就不断下载语料,他选择报纸语料作为"动态流通语料库"建设的突破口。开始是下载 10 种发行量最大的报纸,这是从发行量排在最前面的 100 种报纸里,综合参考其他因素选取的;后来,又增加到 15 种。这 15 种报纸是:

北京青年报	北京日报	北京晚报	法制日报	光明日报
环球时报	今晚报	经济日报	南方周末	人民日报
深圳特区报	新民晚报	羊城晚报	扬子晚报	中国青年报

在取得这些报纸的授权之后,我们确定首先进行中国报纸十大流行语的研究与发布,同时也将术语(首先是 IT 术语)的提取

研究、字母词语在报纸媒体的考察研究、动态汉字频度和流通度研究等提上议事日程。

一旦我们真的将动态更新的语言观察和分析提上议事日程，一个不能回避的理论问题也就现实地摆在我们面前，即：什么叫历时语言学？什么叫共时语言学？索绪尔的历时语言学中的"历时"怎么定义？换句话说，我们今天观察语言近期之内的变化，是不是对语言进行的"历时"的研究？如果是历时，怎样解释索绪尔《普通语言学教程》中动辄几百年或跨越数世纪的历时变化的例子？怎样解释自五四运动或白话文运动以来都属于一个共时平面的现代汉语？如果不是历时，又怎样看待今天语言与时俱进产生的一系列变化？由于现代科技的加速度发展，由于现代大众传媒的传播速度和广度日新月异，特别是电视、网络、手机（短信）的迅速普及，都加快了信息在大众领域的传播。在信息爆炸的当今，语言数年间的变化，显然比过去数十年、数百年的变化都大，索绪尔的学说或者理论能不能突破？

实际上，语言研究的时间观问题或者说语言研究的方法论问题，一开始就是我们关注的焦点。我们在1997年就仔细阅读了刚刚出版的徐通锵先生的《语言论》，这是季羡林先生主编的《中国现代语言学丛书》之一。我们注意到了在这本书中徐通锵教授关于语言研究的时间观的论述。我们的"动态语言知识更新"的第一篇论文《关于大规模真实文本语料库的几点理论思考》，在开头的"关于文本"一节，就引用了徐先生《语言论》中的话："时间观是语言研究方法论的一个重要基础，要改进语言理论的研究，如仍旧保持索绪尔的时间观，那是不会有什么成效的。""索绪尔的语言理论就是建立在他的共时时间观的基础上的。"在我的文章结尾"关于历时流通度曲线"一节中,我们就提出:"实际上,我们也可以把历时流通度看作语言现象在流通时间中的一种分布或散布,这就是语言研究时间观的改变。今天语言现象在某些方面的变化和测查手段的更新已经允许我们进行这种时间观的改变。"①

语言研究的时间观这个理论问题或方法论问题时刻都在我们心头萦绕。2001年,我们在《关于控制论与动态语言知识更新的思考》一文中,谈到"关于'牛顿时间和柏格森时间'"时,再一次引证徐先生的这句话,我们认为:"语言的活动方式符合生命活动的基本方式,语言的时间应该是柏格森的进化论与生物学的时间。"我们还说:"我们恰恰也把第三代语料库视为类似是有生命的东西。我们认为第三代语料库应该是动态语料库,是历时语料库,是活语料库。"我们非常赞同并曾经引用过徐通锵先生关于语言研究的时间观(参见徐通锵先生的《语言论》),并提出一种我们的相对时间观。即"就语言的发展而言,历时中包含有共时,共时中包含有历时"。只是限于篇幅和那篇文章的中心议题,这个观点我们没有展开,但在附注中我们已经说明:"这一观点我们还会另文论述。"实际上那时候我们自己也觉得还没有想得太成熟。

后来,我们注意到香港城市大学的"中文五地区共时语料库",虽然他们叫"共时语料库",但是他们也仍然对一些语言现象进行"历时"的统计分析,如:他们观察大陆的移动通信怎样在几年的时间中从"大哥大"到"手提"、"手持",最后统一为"手机";怎样从多数人使用"互联网"变成了多数人使用"因特网"等等。

---

① 参见费尔迪南·德·索绪尔著,沙·巴利、阿·薛施蔼编《普通语言学教程》第241页,高名凯译,岑麒祥、叶蜚声校注,商务印书馆1980年。

我们也注意到像"伟哥"、"疯牛病"、"基因组"、"基地组织"、"APEC"、"WTO"、"申奥"、"千年虫"、"9·11"乃至2003年的"非典"、"疑似"、"神五"等新词语,几乎是一夜之间就传遍了全中国甚至全世界。现代大众传媒早已经不是索绪尔时代的传播模式,它以无可匹敌的力量瞬息间将信息覆盖全球,所以有"现代传媒帝国"之谓。

2002年"首届社会语言学国际研讨会"在北京语言大学召开,主办会议的曹志耘教授邀请我参加此次会议,我在会议上发表了论文《论历时中包含有共时与共时中包含有历时》,该文2003年正式刊于《语言教学与研究》。

在该文中我们主张:"既要观察语言的共时状态,也要观察语言的历时状态,这样的观察才是全面的观察。共时状态是语言的空间态,历时状态是语言的时间态,从时间与空间的双重状态来观察分析,才是全方位的,从物质世界的宏观研究到微观研究,无不如此。有结构系统,就有关系,就有空间态;有沿革过程,就有历史,就有时间态。就语言而言,语言的时间状态和空间状态都是客观存在着的,而语感则是使用语言的人基于言语经验对语言的正误与否、得当与否的一种感觉。索绪尔认为语言的共时状态是历时状态的某种投影,我们说,语感才真正是语言的全部客观存在的'投影',是一种心理投影。语感说到底就是人们对语言的空间状态和时间状态的一种内化的把握,是对语言的空间感的认知和时间感的认知。空间感是对要素与关系的感觉,或者如我们常说的,是对语言的理据性的感觉;时间感是对要素与关系的流通度或者说是成熟度的感觉,如通常我们所说,是对'约定俗成'程度的感觉。"

说到创新,这一篇文章是26篇文章中唯一有一点理论探讨的文章,是站在索绪尔大师的肩头,分析今天的语言发展变化的情况——这些情况是他当年没有见到过的。这篇文章就构成了本书"**第三部分 理论篇**"的核心,也是全书的核心。

十

2001年,为了更好地推进动态语言知识更新的应用研究,也为了扩大动态流通语料库的影响,在从事动态语言知识更新研究的博士生和硕士生达到一定数量的基础上,我们建立了"DCC博士研究室",DCC就是英文Dynamic Circulating Corpus(动态流通语料库)的缩写。研究室每周有一次DCC相关研究的讨论,同学、老师、外请的专家学者都可能是主报告人,这一讨论课持续至今,大大推进了动态语言知识更新的研究。

2002年,动态语言知识更新的研究在隋岩等博士的具体推进下,有了较大的进展。隋岩博士提出"有效字符串"的研究,虽然还没有能推进到拿出完整的词语表的阶段,但是基于全切分的做法可以有效地检索到任何最新的词语串。

"DCC博士研究室"的研究特别是隋岩的研究很快受到业界的关注,商务印书馆、中国大百科全书出版社等都是最早关注这项研究的单位。时任商务印书馆汉语编辑室主任的周洪波先生,第一个采用了隋岩的研究成果,将其用于新词语词典的编纂,"动态语言知识更新"的研究成果的首次应用使"DCC博士研究室"的成员受到鼓舞。

我们决定进一步推进十大流行语的跟踪与发布研究,一方面当时社会上许多人关注每年的十大流行语的发布,连美国和日本的十大流行语的发布都引起国人的注意;一方面从媒体用语的统计分析中选择有限的流行语条数发布,我们的技术已经可以支持。举行十大流行语的发布活动,技术简单又吸引人们的眼球,在动态语言知识更新的研究很难得到科研项目经费支持的前提下,我们决定尝试以发布十大流行语来争取商业运作的经费支持,不然历时的研究就可能难以为继。

这项决定得到中国中文信息学会副理事长及秘书长曹右琦和中国新闻技术工作者联合会副理事长及秘书长华绍和的支持,2002年9月北京语言大学和这两家学会举行了"中国主流报纸十大流行语跟踪与发布研究"的启动仪式。当时,我们将研究与发布的宗旨定位为:科学、权威、持续、深入、全面。首次的发布活动得到了胡明扬、陆俭明、王宁、侯精一、赵世开、俞士汶、董振东、王铁琨等语言学家和计算语言学家的支持。从第二次发布开始,十大流行语一年发布两次,7月发布本年度春夏季十大流行语,1月发布前一年度全年的十大流行语,至今已经连续进行了11次发布活动。发布活动越来越受到社会各界的重视,从第五次发布开始,国家语言资源监测与研究中心平面媒体分中心加入作为新的合作发布单位。中国主流报纸年度流行语的发布确实引起了社会各界的重视,也提升了业界对动态语言知识更新研究的关注。每次发布,国内外平面、有声、网络等各种媒体均集中报道和转载,中央电视台"央视论谈"做过专题采访,中国青年报等报纸做过整版专题,中央电视台国际频道、《中国术语研究》、《学汉语》、《中国语》(日)、《消息报》(俄)和搜狐网站等一系列报纸、期刊、网站等都做过专题评论甚至专题衍生产品。

在流行语发布活动的带动下,主流报纸字母词语的考察研究、

IT术语的考察与研究、商务术语的考察与研究、新词新语新义的提取与考察等一系列对语言的动态更新部分的历时研究,差不多齐头并进展开。多数的基于DCC的应用研究,后来都成为同学们的硕士和博士论文选题,这正是我高兴看到的事情。其间,为了组成一个专题论文组需要有综括的文章,或回答流行语发布中某些记者的问题,我也发表了一些单独的文章,例如:《流通度在IT术语识别中的应用分析》《基于DCC的流行语动态跟踪与辅助发现研究》《"突发事件"专题解读——兼评"2004中国主流报纸十大流行语"发布》《2005新增"教育类""安全专题""联合国专题"解读——兼评"2005春夏季中国主流报纸十大流行语"》《字母词语的考察与研究问题》等,这就构成了本书的**"第四部分 应用篇"**的内容。我的学生们写的更多的应用文章,我不能掠美,本书也不能涵盖,已经决定由他们编成另外一集,名为《DCC博士研究室的应用语言研究》。

动态语言知识更新研究主要得益于我的博士和硕士研究生们的推进,首次的流行语的发布在隋岩博士被派赴韩国教学后,杨尔弘博士接替了他继续进行流行语的提取研究,史艳岚、李芸、王强军、甘瑞媛、杨建国、郭惠志、郑泽芝、刘华等博士参加了首次十大流行语的研究和发布,北京语言大学网络教育学院的技术服务部、网络编辑部、教学业务部和院办公室都参与组织了全国的预投票和网络点击投票,这部分工作受到当时网络教育学院副院长赵冬梅的支持和协助。

1999年我任语言信息处理研究所所长,同时开始参与筹建学校的计算机系、教育技术培训中心和网络教育学院。在新任党委书记王路江和校长曲德林的支持与领导下,2000年,计算机系、教育技术培训中心、网络教育学院都先后成立,我兼任了培训中心的主任和网络教育学院的常务副院长。到2002年,网络学院已经招收了四个专业的两届3000多名学员,课件、数字化平台、适应数字化网络教学的师资和管理队伍都不可能一蹴而就,我必须倾尽全力抓好网络学院的远程教育。《关于现代远程教育的十个不成熟》、《关于网络语言教学的十大难题》、《关于网络教育学院的"九死一生"》,都是我那时绞尽脑汁思考、总结和研究的核心,这些已经令我倍感心力交瘁,根本无法全力顾及我的博士生和继续深入进行动态语言知识更新研究。2003年春,"非典"前夕,学校决定将网络教育学院与继续教育学院合并,我得以有机会离开了北京语言大学网络教育学院。党委书记王路江对我说:"你集中力量多给咱们培养一些优秀人才。"应我的请求,校长办公会通过成立了应用语言学研究所。(我们学校的唯一国家级重点学科和博士点是"语言学及应用语言学",而此前学校只有语言学研究所,没有应用语言学研究所。)

虽然应用语言学研究所人员不多,并且是一班人马两块牌子(另一块就是教育技术培训中心),但是有了符合学科建设的机构名称,DCC博士研究室置于其下,研究方向、研究人员、研究课题以及研究人才的培养都有序化,我又一次获得了集中精力研究动态语言知识更新和培养梯队与学生的最佳时机。

2004年,在教育部语信司司长李宇明、副司长王铁琨,北京语言大学副校长崔希亮(现为校长)的支持与领导下,教育部与北京语言大学共建的"国家语言资源监测与研究中心平面媒体分中心"很快就成立了。6月30日,教育部袁贵仁副部长和北京语言大学党委书记王路江共同为国内第一个对语言进行动态监测的中心揭牌。

于是,我们的同一班人马又有了第三块牌子。由于中心共建双方启动经费和后续专项经费的下拨,由于中心监测任务的鞭策,也由于后续建立的国内其他分中心的促进,动态语言知识更新研究又开始进入了一个良性发展的新时期。

所以,我还是要说:也许我的机会和运气一直很好。

十一

2005 年,教育部语信司与高等院校又陆续共建了国家语言资源监测与研究中心的另外四个分中心,加上北语的平面媒体分中心,在教育部一起举行授牌仪式。这就是:

与北京语言大学共建的"国家语言资源监测与研究中心平面媒体分中心";

与中国传媒大学共建的"国家语言资源监测与研究中心有声媒体分中心";

与华中师范大学共建的"国家语言资源监测与研究中心网络媒体分中心";

与厦门大学共建的"国家语言资源监测与研究中心教育教材分中心";

与暨南大学共建的"海外华语媒体语言资源监测与研究中心"。

2006 年,教育部举行新闻发布会,发布了国家语言资源监测与研究中心的平面媒体、有声媒体、网络媒体三个分中心对 2005 年中国主流媒体用字和用词语的共同监测结果,其结果作为《中国语言生活状况报告 2005》(下编)由商务印书馆出版发行。2007

年,三家分中心对2006年的中国主流媒体的用字、用词语又进行了新一轮的持续发布;平面媒体和有声媒体分中心还联合发布了2006年的十大流行语。

动态语言知识更新的研究在2007年得到更进一步的发展。

DCC对于语言的历时应用研究已经从主要监测语言的动态变化部分,推进到监测语言的稳态部分,从某种意义上说,这可能是更重要的一种监测。稳态,是控制论中最重要的最核心的概念,稳态的术语本来自医学,人体就是一个复杂的稳态系统。语言的稳态,是语言的常态,这样语言才能作为交际工具服务人类社会;语言的动态变化,是语言的非常态,但是随着人类科学技术的发展,随着国际化一体化多元化的趋势加快,非常态的变化加大、加速、加强,变得越来越突出和重要,及时跟进非常态的变化和作出对非常态的反应,作为交际工具的语言才能更好地为现代社会服务。就汉语而言,变化最快的是词语层面,但是词语层面也有稳态部分,这就涉及词语的通用部分、常用部分、一般部分,甚至基本部分的研究。

实际上DCC博士研究室对词语的稳态部分的研究可以说是由史艳岚博士开始的。她在2006年毕业,她研究的是与报刊阅读和热门话题两门课程有关的"主题词语"的自动提取问题,但是涉及如何从词表中删除"通用词语"和"共享词语"。通用和共享已经和稳态有关,但是她关注的焦点毕竟还不是稳态,而是主题和热门,基本上属于非常态。真正专门研究词语的稳态也就是常态部分的是2007年毕业的赵小兵博士和韩秀娟博士。我们提出通用词语的界定涉及"三通",即:(学科)领域通用、地域通用和时阈通用。赵小兵改进了通用度的计算公式,提取通用词语,并且将相对时间观在操作上落实。在通用词语的基础上,她又采用遗传算法研究和提取基本词汇。韩秀娟则在赵小兵和史艳岚研究的基础上,进一步考察通用词语、基本词语的用字及其字、词、语的关系,甚至考察到基本部件和字词语的关系,以期更好地服务于语言教学,这更是在历时环境下对语言的从汉字部件到字、词、语的稳态部分的考察。当然,这些仍然是对现代汉语字词语的稳态考察的发端而不是终结。于是,我又在《论国家语言资源》的基础上,计划再写《论国家语言资源监测》、《关于黑箱、白箱与大众语感》、《论稳态》等等。这样看来,目录还要加,写了5年的前言还要改。

在动态语言知识更新的理论研究基础上,面向语言教学特别是以汉语为第二语言的教学的应用研究也在推进。这个新的数字化的DCC基础研究,使得语言教学进一步走向实用化、精准化、个性化。比如:甘瑞瑗博士提出的动态更新的国别化(以韩国为例)词语教学大纲的研究、史艳岚博士的动态更新的实用化课程(以报刊阅读和热门话题为例)资源库研究、吴志山博士的动态更新的企业化(以面向世界500强为例)网络课程平台研究等等都已经完成或正在进行。关于这方面,我已经发表了《多媒体语言教学光盘与语感能力》、《当前远程对外汉语教学课件制作的有关问题》、《"环球汉语"(Globe Chinese)的总体设计原则》、《21世纪——数字化对外汉语教学的新时期》、《面向国际大型企业职工的汉语培训模式与网络版课程的讨论》等文章,想写的还更多。这还只是在语言教学一个方面的应用,DCC所支持的文本内容的信息提取(杨尔弘博士)、文本的自动分类(刘华博士)、流行语释义信息的提取(谢学敏博士)、句法歧义的深入分析(郭惠志博士)等语言信息处理方面的应用还不算,而基于自然语言理解方面的应用本来是我多年从事的研究的主要方向,该写的应用文章应该更多。这样看来,仅仅是**"第四部分 应用篇"**就得单独结集出版才行,甚至应用研究也不是一本书就可以涵盖得了的了。

这样延续等待下去,本书就永远不可能结集出版了。

十二

我目前的健康状况,确实不再允许只争朝夕。再争下去,就会朝不保夕。

但是,不争朝夕,绝不是止步不前,只是需要"稳态"。要用稳态作为常态来代替过去的非常态。所以,在矛盾中,最后决定还是暂时收篇,结束前言,将文集出版。按照控制论,稳态,是健康态,稳态前进,是健康前进。我们得学会自我"控制",你不能在朝夕之间做太多的事,世上自有后来人,让后人去做,会做得更好。

现在,国家语委的领导已经高度重视语言动态更新研究。他们更站在历史的和全局的高度,规划新时期的语言文字工作,为构建国际化和多元化背景下的和谐语言生活作出努力。为此,他们正在全力推动和深化应用语言学的研究,推进国家语言资源监测中心整体建设,编纂中国语言生活绿皮书和一系列与社会现实紧密结合的语言文字应用出版物。DCC所做的工作,仅仅是其中的一小部分,甚至只是一个开局而已。本书所收集的论文,也就是这个开局的阶段性粗浅回顾。今天,已经有越来越多的单位和专家学者,特别是年轻人投入了动态语言知识更新的研究和国家语言资源监测与研究的事业,这是多么值得高兴的事情。我现在还不是"沉舟",但是至少已经成为"病树",看到百舸争流和万木争春的景象,极为欣慰。

让我们回到前言开头的"天地化成万物"的故事。

我愿重复本前言开头的这段话:"我愿将这集子出版,一方面说明创新之树的生长,首先靠内因,当然自己要努力,根基重要、吸收重要、方向重要;一方面也想说明:此外,一要靠地帮忙,哪里有水、有土、有营养,根就往哪里扎;二要靠天帮忙,祈求风调雨顺,没有旱涝虫瘟。借助天地的力量,可以'化成万物'。天时、地利、人和,常常带有机会和运气。

"我要借写《前言》的机会说明:也许我的机会和运气一直很好。"

谢谢前辈、同辈和后辈;谢谢上级、同事和下级,你们就是我的天和地,就是我的机会和运气!

新春之际,祝愿大家都有协调的上级、同事和下级,都有亲切的前辈、同辈和后辈,人脉兴旺,社会和谐。愿大家都天地人和,一生的机会和运气都好。

但是要记住:稳态就是健康,稳态才会进步。

共勉!

张 普

2008年2月14日

于北京

第一部分　思考篇

1. 关于大规模真实文本语料库的几点理论思考
2. 关于语感与流通度的思考
3. 关于网络时代语言规划的思考
4. 信息处理用语言知识动态更新的总体思考
5. 关于汉语语料库的建设与发展问题的思考

关于大规模真实文本语料库的几点理论思考[*]

本文对于语料库的建设和建设中的相关问题进行了一些反思,从普通语言学、社会语言学的角度,思考了一些与句法、语义、语用相关的理论问题,希望对今后的语料库建设能有所裨益。

这些问题是:

一、关于语料库建设

二、关于交际

三、关于文本

四、关于真实文本

五、关于大规模真实文本及统计"垃圾"

六、关于使用度与散布系数

七、关于通用度与 t 阶频度

八、关于流通度

九、关于历时流通度曲线

下面对上述 9 个方面的问题逐一论述。

---

[*] 本文获国家自然科学基金重点项目(项目号:69433010)资助。1998 年 8 月于哈尔滨全国应用语言学研讨会上报告,《语言文字应用》1999 年第 1 期刊发。

一、关于语料库建设

我国的语料库建设始于20世纪80年代初期。那时的语料库叫语言资料库,建设的主要目的是为了给字词典的编纂提供例句或者给语言学家研究语言提供第一手资料。而信息处理领域的专家由于信息处理的需要,也差不多同时开始在计算机中建立语言资料库,用以自动获取语言统计知识,对语言进行计量研究。80年代中期,陆续有电子版的语言资料库及其统计成果投入使用,这种建立在计算机中的语言资料库简称语料库(corpus),它是大规模真实文本的有序集合,是利用计算机对语言进行各种分类、统计、检索、综合、比较等研究的基础,而"文本"(text)则是语言的符号串,文字信息的处理对象,是依据语言学的原则和数理统计的方法从自然语言中抽取出来的。① 根据研究的需要,所抽取的文本的长度有时是其自然长度,有时是定长的。在从相对无限的自然语言材料中抽取有限的文本时,有时是等密度的,有时是不等密度的。

从90年代开始,国际自然语言处理领域发生了一些重大变化,其特征之一就是转向对大规模真实文本的研究和处理,以大规模真实文本为基础的语料库及其语言研究和知识自动获取受到高度重视,并且越来越走向深入和实用。1993年清华大学**黄昌宁教**授在《语言文字应用》第2期发表《**关于处理大规模真实文本的谈话**》,指出国际计算语言学界已经把大规模真实文本的处理确定为

---

① 参见 GB12000.1—90《汉语信息处理词汇 01部分:基本术语》,中国标准出版社1991年。

未来一个时期的战略目标,这将会给语言文字的研究带来巨大的影响。他还认为这种变化和发展反映了现代语言学研究中经验主义思潮的复苏,在语法研究方面促动从宏观到微观的回归,给语言文字研究带来的巨大影响之一就是语料库语言学的崛起,该文引起了语言学界的注意。1995年清华大学出版社和广西科学技术出版社联合出版东北大学姚天顺教授主编的《自然语言理解》一书,其中有专门一章讲述"语料库语言学"。1997年复旦大学出版社出版该校计算机系教授吴立德主编的专著《大规模中文文本处理》,该书在借鉴国外研究成果的基础上,以大规模中文文本为处理对象,系统地介绍了大规模真实中文文本信息计算机处理的理论和方法。

90年代,汉语语料库(首先而且主要是现代汉语语料库)的建设和研究得到了蓬勃的发展。语料库的规模从百万级发展到千万级和上亿级,语料的加工深度从字一级发展到词法级、句法级、语义级和篇章级,不同级别的加工技术的成熟程度各不相同。据了解,到目前为止,国内已经开发的不同加工深度的现代汉语熟语料库有20余个。仅就北京语言文化大学而言,10余年开发的各种语料库就有"现代汉语词频统计语料库"(1985年),"当代北京口语语料库"(1992年),"现代汉语语法研究语料库"(1995年),"汉语中介语语料库"(1995年),"现代汉语句型语料库"(1995年),与香港理工大学中文及双语学系联合建设的"现代汉语语料库"(1998年),与清华大学联合承担国家自然科学基金重点项目"语料库语言学研究的理论、方法和工具"也建设了"现代汉语语料库"(1998年)。由于计算机硬软件环境的发展和中文文本的电子版(包括光盘版和网络版)越来越普及,语料库的建设和开发相对而言越来越容易。而语料迅速扩充和膨胀也带来了另外一些问题,例如:语料中的明显错误和不规范用法应否修正问题;统计中的数据稀疏问题;垃圾语料带来的统计垃圾问题;汉语语料统计中的随语料增长的垃圾泛滥问题;等等。①

因此,我们有必要对于语料库的建设和建设中的相关问题进行一些反思。

二、关于交际

经典认为:语言是人类最重要的交际工具。现在应该再加上:也是人机之间最重要的交互工具。如果"对话"就是最重要的交互,那么,交互也就是人机之间的"交际"。

但是,什么是交际?交际具有什么性质?

交际总是双方的行为,交际首先分为语言交际和非语言交际。语言交际依靠语言作为载体来传递信息。我们仅探讨语言交际。

语言交际本是一种人类传递信息的行为和过程。信息的发出者(即说话人)的目的是传讯,行为是"编码",信息的接受者(即听话人)的目的是受讯,行为是"解码"。通俗一点说就是"一个人"要把他所知道的消息告诉"别人","别人"要懂得"这个人"所说的消息。所以,交际就是一方表达,另一方理解。以电脑为"一方"或"另一方",研究电脑如何表达人的语言是"自然语言生成",研究电脑如何理解人的语言就是"自然语言理解"。因此,研究"自然语言处理"(包括生成与理解),不可以不研究语言交际,不可以不研究

---

① 参见邱超捷、宋柔、欧阳龙根《大规模语料库中词语接续对的统计与分析》,载《语言工程》,清华大学出版社 1997 年。

人脑的语言机制和模拟人脑的语言机制。

从表达方和理解方来看,现在交际行为至少有以下四种类型:

人表达 ←————→ 人理解
机器表达 ←————→ 人理解
人表达 ←————→ 机器理解
机器表达 ←————→ 机器理解

"交际语言学"认为交际是个极其复杂的问题。同样的交际主题,交际主体之一换个角色,由于其知识、教养、性格、心理素质、临时心绪等的不同,都会给交际带来截然不同的结果。① 徐通锵先生认为:"所谓'交际',其实质就是交流对现实的认知。"他又说:"交际的过程既是相互交流认知活动的成果,也是人们自发地相互协调语言的结构,使之成为人们必须遵守的严密系统,以便把个人的认知活动的成果纳入社会共同创造的洪流。"②

我们认为:**交际活动或者说交际行为具有两重性,它既是一种社会行为,也是一种个人行为。交际活动是两重性的统一体,社会行为要通过个人行为来体现,个人行为要融入社会行为之中。**据此,我们又有如下认识:既然是社会行为,就要遵从社会的习惯约定和为管理社会行为制定的规范,表达者和理解者都要遵从这些约定和规范才能达到交际的目的;既然是个人行为,并且是要让别人了解自己的认知成果,表达者又是自由的和自主的,因此,既会出错,也会创新,理解者既要容错,也要学习。交际过程中通过"问答"和"讨论",作出"纠错"和"解释"是不可避免的。

这些认识是本文进行理论思考的最基本的也是最重要的出发点。

---

① 李岗《交际语言学引论》,中国铁道出版社 1998 年。
② 徐通锵《语言论》,东北师范大学出版社 1997 年。

表达—理解,容错—纠错,解释—学习,对话—讨论,这些就是自然语言处理中计算机的最基本的也是最重要的智能活动或智能行为。

三、关于文本

语言交际可以按照信息载体的形式分为口头交际和书面交际。

信息的第一载体是语言,第二载体是文字,第三载体是电磁波。现在一切载体都可以用数字化方式表示,数字是第四载体,是载体的载体,信息最终转化为数字。

对于电脑而言,现在有广义的"文本",比如声音文本、图像文本、文字文本等,我们所说的大规模真实文本中的"文本",是狭义的文本。我们遵从 GB12200.1—90 对"文本"的定义:"语言的符号串,文字信息的处理对象。"这个定义说明这里的"文本"指的是以文字形式记录的语言的文本,即书面语言。语料库通常就是指这种文本的有序集合。因此,口头交际是指利用有声语言的交际,书面交际就是利用文本进行交际。把口头和书面的方式带进来,前面说的交际行为的类型就从四种变成了八种:

文—语转换实际上是实现 c＋B,语音打字实际上是实现 C＋b,文本型的(书面)人机对话就是 c＋b 或者 b＋c,口头型的人机对话就是 C＋B 或者 B＋C。

目前,自然语言处理的重点是放在文本方面,知识的获取、分析、表达、理解多是基于文本的,基于口头的处理也在进行,并且在逐步加大力度。

如果引入交际的空间概念,无论是口头交际还是文本交际,又都可以有面对面形式和非面对面形式,这样就有更多的交际类型分出来,例如:

  人和人 口头 面对面:对话

  人和人 口头 非面对面:打电话

  人和人 文本 面对面:特殊环境下的笔谈

  人和人 文本 非面对面:两地书、网上交谈

……

写作和阅读是一种特殊形式的人和人的非面对面文本方式的交际。我们以上的交际类型分类只引入了空间概念,尚未引入时间概念。我们假定了任何一种分类的交际,一定都是实时进行的,我们研究的交际总是共时的交际,无论是从交际主体还是从信息载体,或是从是否面对面,哪一种分类看都是如此。**实际上交际并不总是共时的**,写作与阅读这种特殊的交际方式就常常是非共时的。写作表达是一种特殊的表达:在没有电讯的时代,只有文本可以传到远方和留给后人,它的受讯者(听话人,实际上的阅读人)不是一个特定人或者一小群特定人,而是非特定人或者是某一个特定的"言语社团",阅读理解也是一种特殊的理解:即没有前面提到

的交际过程中的"问答"和"讨论",也就是没有"纠错"和"解释"环节的理解。"写作表达—阅读理解"形成了一种特殊的交际方式,这种交际方式常常是非实时的,即历时的交际。我们今天阅读的文本可能是你不认识的人写的,甚至可能是古人写的,这种交际是一种跨时空的交际。徐通锵教授说:"时间观是语言研究方法论的一个重要基础,要改进语言理论的研究,如仍旧保持索绪尔的时间观,那是不会有什么成效的。""索绪尔的语言理论就是建立在他的共时时间观的基础上的。"[1]实际上,不同类型的交际,其交际模式是有差别的。

我们必须区分共时交际和历时交际,文本型交际通常是历时交际。

我们必须区分对话交际和阅读交际,语料库中的文本通常是阅读交际的文本。

我们也要区分口头对话和文本对话,目前的人机对话多数是文本型的对话。

四、关于真实文本

黄昌宁教授认为:"最原始、最可靠的语言证据只能来自使用中的客观的语言材料。这就是语料库语言学的一个基本观点。"他还认为:"在一个专业领域中能否处理未经编辑或非受限的真实文本以及处理文本的数量之多少,本来就是衡量一个自然语言系统究竟是实用化系统还是实验性系统的准则。"[2]

---

[1] 徐通锵《语言论》第 64、73 页,东北师范大学出版社 1997 年。
[2] 黄昌宁《关于处理大规模真实文本的谈话》,载《语言文字应用》1993 年第 2 期。

黄昌宁教授为"真实"至少指出了三点：使用中的、未经编辑的和非受限的。

从这三个特点出发，我们认为"使用中的"、"未经编辑的"、"非受限的"文本有一个基本共同点，就是这些文本一般来说是含有一定错误的文本，或者说是含有非规范用法的文本，**这样的文本才是真实文本**。

我们以往的研究不仅假定了语言是共时的，还假定了文本都是规范的，**这恰恰是不真实的**。我们一般研究"典范的白话文著作"，收集经典作家的经典语料和例句，然后进行"语法规范"，这本没有错。错在语言信息处理的对象是"使用中的"、"非受限的"真实文本，并不仅仅是经典的规范的文本。即使这些"真实文本"都经过了出版前编辑部的编辑加工，也仍然保留有大量的非规范现象。

语言不是静止的，语言在运用中不断地产生变化，**语言的生命力就在于这种稳定中的变化**。这些变化的端倪就隐藏在大规模的真实文本（无论他们是经典的还是非经典的文本）之中，甚至就隐藏在那些非规范现象里。一切新词、新义、新用法一开始总是不在约定和规范之中的，通过"对话"和"讨论"，利用"已知"对"新知"作出"解释"或"纠错"，新知一旦被大家接受并广为传播，最终将进入约定或规范，这就是语言发展的辩证法和规律。如果不能对话或者没有解释，理解就只能是通过上下文进行"容错"式的模糊理解。自然语言理解所面对的众多阅读理解文本，常常就是这种真实文本，只能进行容错式的模糊理解的文本。

我认为一方面语言需要社会规范，一方面个人使用语言时既要符合规范又含有不规范现象，这并不矛盾。规范与发展应该是统一的。我曾经在另一篇谈规范的文章中说:"语言文字是在社会中流通的信息载体,是人类进行社会交际的重要工具。它的使用具有个人行为和社会行为的两重性,也具有相对稳定和永远变化的两重性。了解了语言的这一特性,你就会明白语言既需要规范,也不可能有一个客观上绝对合理的规范,更不可能推出一个人人都认可的规范。"[①]

有序异质语言理论认为:"变异是有序之源,有序是变异改进语言结构的必由之路,只有那些和某种控制因素发生共变关系的变异才能进入有序的行列,不然他们就会在语言运用中无声无息,逐渐消失。""变异在其产生之初,在社会人群中呈无序的、随机的分布,如果变异成分的某一变异形式在言语社团中被某一社会人群接受并开始传播,那么无序的变异就进入有序的行列,意味着演变的开始。如果使用这种变异形式的社会人群在言语社团中具有某种特殊的地位,那么这种变异形式就可能会成为其他社会人群的仿效对象。"[②]

变异是如此重要,而没有那些真实文本中的创新就没有变异。更重要的是创新就隐匿在非规范非约定的现象之中(这一点我们后面还要细说)。因此,在这个意义上的"真实"就显得更加突出。突出表现在两点:1. 不了解这种真实,自然语言理解就只能生存在理想的"无菌环境"之中,无法进入"真实世界"去理解那些含有非规范现象的真实文本。2. 没有这种真实的应用,自然语言理解就没有了生命力,失去了学习新知识的历时环境。

[①] 张普《规范化——98汉字编码键盘输入方法新动向》,载《中国计算机报》1998年5月4日。

[②] 徐通锵《语言论》第69、71页,东北师范大学出版社1997年。

网络电子版的出现使出版行为正在发生质的变化,出版从一件很困难的周期很长的事变得如此容易,甚至自己可以设立一个个人主页,发表自己的作品。出版行为从单一社团行为演变为社团行为和个人行为的两重性行为,出版可以变成一种自主的甚至是自由的活动,当然阅读也有了更多的自主与自由。如果说社团出版的文本还经过了训练有素的职业编辑的加工的话,那么网上自主或自由出版的文本就是真正的"未编辑的""真实文本"了。

这种网上的真正的"真实文本"正在日益增加,**自然语言理解下一个世纪将要面对的正是这种潮涌而来的由社团和个人出版的编辑的或未编辑的大规模真实文本。**

对此,我们务必要有清醒的认识。

五、关于大规模真实文本及统计"垃圾"

大规模真实文本的规模要大到什么程度?

"大规模"是指文本和语料要达到一定的数量和覆盖较广泛的领域,所谓覆盖是指语料和文本在各个不同领域的分布或散布。这些不同领域通常是指由时间轴(反映时代特征)、空间轴(反映地域特征)、学科轴(反映知识特征)、风格轴(反映语体特征)构成的四维模型,语料库中的任何一个文本都可以标记出这四方面的特征。文本也还有其他方面的特征,例如作者、版本、出版者等,国家语委正在建立的"现代汉语语料库"的样本总共有20个描述属性。目前,由于计算机硬软件环境的发展和中文文本的电子版(包括光盘版和网络版)越来越普及,语料库的建设和开发相对而言越来越容易,国内的汉语语料库的规模越来越大,已经从百万级发展到千万级,近年来已经有上亿级的语料库投入使用。

黄昌宁教授认为:"语料库的功能依赖于库存语料的分布和规模,这一点是显而易见的,因为语料的分布直接影响到统计结果的适用范围,而库容量的大小则决定了统计数据的可信程度。"他又说:"'大规模'这个术语其实也包含了广泛的领域覆盖面这层意思。"

但是语料迅速扩充和膨胀也带来了另外一些问题。随着语料规模的不断扩大,统计中的数据稀疏问题、垃圾语料带来的统计垃圾问题、汉语语料统计中的随语料增长的垃圾泛滥问题等等也越来越严重。

这个利害同步增长的矛盾如何解决?这是目前所谓语料库语言学所面临的一个十分棘手的问题。邱超捷、宋柔等在《大规模语料库中词语接续对的统计与分析》[①]一文中认为在统计到的接续对中有许多的接续对是不可靠的,他们把这些不可靠的接续对叫做"接续对垃圾",而把产生接续对垃圾的语料称为"语料垃圾"。他们指出:"用大规模语料库统计接续对,会统计到大量的接续对垃圾。随着语料库规模的增大,新增加的接续对中的垃圾逐渐会占大部分甚至绝大部分。垃圾主要分布在统计到的低频度接续对中,主要来源是分词中专名识别错误。"他们认为要建立一个比较准确的接续对库,应使用 100 兆字节以上的大规模语料库进行统计分析。但是他们同时又发现:"在统计到 50 兆(字节的语料)时,垃圾已占 50% 以上;在统计到 100 兆时,垃圾约占 68%;在统计到 150 兆时,垃圾约占 80%;在统计到 200 兆时,垃圾约占 90%。"为

---

① 载陈力为、袁琦主编《语言工程》第 88—94 页,清华大学出版社 1997 年。

了获得10%的有用的接续对,得同时接收90%的接续对垃圾,实在得不偿失。

实际上,这也可以看成是大规模真实文本语料库的"环境污染"。对于统计中的垃圾也应该可以像治理生活中的垃圾一样寻找治理办法:首先是"垃圾分类",我们在前述已经说到正是在这样的"垃圾"之中隐藏着语言的发展的生机,一切新词、新义、新用法在一开始都是非约定和非规范的,都可能被视为"垃圾"。其次是如何在分类之后"变废为宝",即把被人们认可的语言的新的发展转化为新的知识,这就是"学习"和"反馈"。在这个意义上说,出现"垃圾"之于语言信息处理,不但不是坏事,反而是好事。特别是对于智能化,简直就是至关重要的决定性因素。这里的关键在于什么叫"被人们认可",即前面说的"在言语社团中被某一社会人群接受并开始传播",怎样判定是"被认可""被接受"乃至"开始传播"。第三,把真正的垃圾抛弃掉。

宋柔教授等在另外一篇报告中说明,他们对1亿字的语料进行自动分词,得到接续对61万对,利用辅助工具人工甄别后,将接续对分为3类,其中二字词组近8万条,有接续关系的接续对30余万对,没有接续关系的20余万对。在二字词组的处理中,他们已经将"喷塑"、"蒜农"、"危改"、"市话"、"高检"等新词新语作为"被人们认可"的新知纳入二字结构库了。他们说明第3类没有接续关系的接续对的出现原因是"由于分词错误、原文错误、作者自造生僻词而造成的接续"[①]。这种错误如:"扎加洛到北京"中的"扎加"、"加洛"、"洛到","新药癌康宝"中的"癌康"、"康宝","用固

[①] 宋柔、戴伟长等《现代汉语二字结构工程》,参见ICCIP98国际会议论文集。

体物质"错成"用因体物质"中的"因体","集千家微财"中的"微财"等,这里边的"微财"也还不一定就是该抛弃的垃圾。

我们必须寻找既能分析、驾驭大规模真实文本,又能有效地加工、扬弃垃圾的语料库建设理论和处理方法。

六、关于使用度与散布系数

"使用度"(usage)是自外语中引进的概念,是按一定计算公式得出的压缩了的词次。这个压缩了的词次是综合了词次以及该词语在不同的语料类和不同的篇章中的分布三方面因素计算出来的。这个类、篇、次三者相综合的概念,虽与词的出现次数密切相关,但并不等同。以使用度做标准来衡量词的常用程度,比单纯以出现频次多少为标准更合理。这是因为一些词只看频次可能较高,但是在语料中的分布不均匀,可能只集中出现在一两类语料中,或者只出现在某一篇文章里,那么它的使用度就低于同样频次但是却分布均匀的词语,也就是说不如分布均匀的词语更常用。① 例如:在北京语言学院王还、常宝儒教授的词频统计中,"提纲"和"哨棒"都出现了 13 次,但是"提纲"出现在 3 类 8 篇中,分布均匀,使用度高,"哨棒"只出现在《武松打虎》一篇文章里,分布集中,使用度低。其常用程度也是很清楚的。

使用度与"散布系数"密切相关。散布系数是为了使统计结果更科学、更真实而根据类、篇、次对词频的一种修正,目的是把分布

---

① 常宝儒《现代汉语频率词典的研制》,载陈原主编《现代汉语定量分析》第 30—60 页,上海教育出版社 1989 年。

面小的词的词次向下压低。这种压缩与词的分布面成反比,即散布系数越大的词,被压缩掉的词次越少,散布系数越小的词,被压缩掉的词次越多。

根据 1964 年 A. Juilland(尤兰德)等在统计西班牙语词频时曾利用的一个计算公式,常宝儒教授等推导出一个由词语分布类数和篇数构成的新的散布系数公式:

$$DI_K = \frac{P_K + L_K \times C_1 + C_2}{P + n \times C_1 + C_2}$$

DI_K　为计算词表低频段散布系数

$$DE_K = \frac{1}{2}DI_K + \frac{1}{2}D_K \quad (当词的相对频率 \geq 0.0001 时)$$

DE_K　为计算词表高频段散布系数

具体的使用度公式为:

词的使用度 = DE_K(或 DI_K) × 词的统计频次(详见陈原主编《现代汉语定量分析》中常宝儒原文)

语料库的建设和使用考虑到语言的"使用度",使得科学性和真实性都大大向前推进了一步。所以一般的通用语料库都考虑了语料的分布,例如:由北京航空学院主持的"现代汉语词频统计工程"语料选择社会科学和自然科学各 5 类共 10 个大类,语料选取时间为 1919—1982 年,分为 4 个时期,样本总字数 2 500 万字,社会科学占 70%,自然科学占 30%。[①] 国家语委现代汉语语料库选材年限划分为 5 个时期,语料由人文与社会科学类、自然科学类和综合类三大部分组成,人文与社会科学类划分为 8 大类 29 小类,

---

① 参见刘源等《现代汉语词频测定及分析》,载陈原主编《现代汉语定量分析》第 70—94 页,上海教育出版社 1989 年。

自然科学类划分为6大类,综合类划分为2大类。① 北京语言文化大学与香港理工大学合建的现代汉语语料库取材范围4大类,题材分布9大类,体裁分布4大类等等。

虽然散布和分布的考虑使得语料库的建立进一步科学化,但也仍然存在值得推敲的问题,主要的问题是:

1. 各个分布点所选取的语料量的科学依据是什么?

例如:北航的现代汉语词频统计语料库中"新闻报道"占16.2%,国家语委的语料库中"报纸语料"占13.79%,国家"八五"汉语语料库"报刊语料(含新闻报道和社论述评)"占14.3%,北京语言学院现代汉语语料库(1985)中"报刊政论语料"占24.39%,著名的布朗语料库和LOB语料库中的"报刊语料(含新闻报道和社论述评)"分别占17.6%。②

2. 使用度是否已经完全真实地反映了语言的使用情况?

例如:前些年使用度较高的"粮票"、"万元户"、"脑黄金"、"呼啦圈"、"大哥大",现在已经用得不多了,前些年使用度不高的"证券"、"股票"、"保险"、"互联网"、"光盘"、"手机"、"焗油",现在用得正火,而现在用得正热的"房改"、"下岗"、"分流"、"克林顿"、"回归"过两年使用度又会如何?现在使用度还不高的"欧元"、"埃居"、"天网"、"地网"、"视窗98"、"远程教育"、"全数字电视"等,过几年又会怎样?

这是我们不得不认真面对的一个十分现实的问题。

---

① 参见刘连元《现代汉语语料库选材设计》,载罗振声、袁毓林主编《计算机时代的汉语和汉字研究》,清华大学出版社1996年。

② 参见黄昌宁《关于"八五"汉语语料库选材原则和语料分布的初步考虑》,载陈力为、袁琦主编《中文信息处理应用平台工程》第19—25页,电子工业出版社1995年。

七、关于通用度与 t 阶频度

所谓词语的"通用度",是指词语在语言应用的各个领域里常用性的综合指标。通用度已经兼顾到词语的分布率和频率两个方面,并且把两者有机地结合起来。[①] 通用度的基本计算公式为:

$$T=(\sqrt{n_1}+\sqrt{n_2}+\cdots\cdots+\sqrt{n_k})^2/k$$

其中,T 为某词的通用度,k 为抽样统计的全部语料的分组数,而且每组的语料数量大致相等,$n_1 n_2 \cdots\cdots n_k$ 为该词在各组中分别出现的次数。例如:

	Ⅰ	Ⅱ	Ⅲ	Ⅳ	Ⅴ	频度合计		频度合计	通用度
猿人	0	0	52	0	0	52	欣赏	35	33.9
花园	0	13	0	17	10	40	花园	40	23.7
欣赏	4	7	5	11	8	35	猿人	52	10.4

这里,Ⅰ、Ⅱ……Ⅴ代表 k 组的各组,下面的数字是"猿人"、"花园"、"欣赏"3 个词在各组中出现的次数,可以看到原来按一般频度高低排列的"猿人"、"花园"、"欣赏"3 个词,考虑了分布之后,按照通用度重新排列的常用顺序正好与原来的顺序相反,是"欣赏"、"花园"、"猿人",与人们的直接语感比较吻合。

特别应该指明的是通用度与使用度虽然都是考虑了语料的散布问题,但是通用度比使用度更进一步,尹斌庸、方世增在他们的文章中明确地指出:"通用度概念中所说的'领域',既可以指'空间',也可以指'时间',它既可以指一个词在共时的语言应用中各领域里的通用程度,也可以指一个词在历时的各个时期里的语言

[①] 参见尹斌庸、方世增《词频统计的新概念与新方法》,载《语言文字应用》1994 年第 2 期。

应用中的通用程度。"实际上就是考虑了词语在时间轴的一种散布。他们的一个经过时间轴散布的 8 千多词的"通用度表"(B 表)在与一个仅仅是依据一般的频度取的 8 千多词词表(A 表)进行对比分析时,发现 A 表有 812 个词语应该淘汰,532 个词语应该补充,两者相加共有 1344 个词语有偏差,约占 A 表总词数的 15%。例如:淘汰了"儒法斗争"、"大鸣大放"、"讲师团"、"反潮流"等词语,补充了"感想"、"常识"、"记忆"、"精彩"、"争先恐后"、"移风易俗"等词语。

通用度是一种扩展了的频度,尹、方两位先生引入一个 t 阶频度的新概念来定义扩展后的频度,t 阶频度的公式为:

$$N_t = (\sqrt[t]{n_1} + \sqrt[t]{n_2} + \cdots\cdots + \sqrt[t]{n_k})^t / k^{t-1}$$

公式右边的字母都代表正整数,左边的 N_t(t 阶频度)是一个正实数。

当 t=1 时,$N_1 = n_1 + n_2 + \cdots\cdots + n_k$,即 $N_1 = N$。所以,传统的频度称为一阶频度。

当 t=2 时,$N_2 = (\sqrt{n_1} + \sqrt{n_2} + \cdots\cdots + \sqrt{n_k})^2 / k$。前面的通用度例子就是二阶频度。依此类推可以有三阶频度、四阶频度等。

t 阶频度的基本性质是:假设 $n_1 + n_2 + \cdots\cdots + n_k = N$,则有:

$$\frac{N}{k^{t-1}} \leqslant N_t \leqslant N$$

阶数越高,则分布对频度值的影响越大,频度值收缩越快。

t 阶频度的理论,给词频统计工程找到了新的工具,使统计结果更加具有客观性、合理性和实用性。

八、关于流通度

流通度与使用度、通用度是既有关系也有区别的。

流通度要考察语言在社会交际中的真实使用情况，流通度应该有自己的计算公式，决定语言的流通度的主要因素仍然是语料库的选材，选材不仅要考虑到静态的分布、散布，还要考虑这以外的动态因素，即要考察所选文本的发行量、发行周期、发行地区、阅读率等等。这些与社会语言学有关的因素都决定着文本是否真实流通，我们认为所谓"真实文本"的最重要最核心的问题是文本的"真实流通"。只有在流通度高的文本的基础上计算的使用度才是真实的使用度，才是更加科学的使用度。通用度虽然比使用度进了一步，从空间分布推进到时间分布，但都是一种静态的分布，没有考察"流通"这种动态。

我们提出"流通度"概念，希望对语感加以界定、加以量化，使得"能不能说"，是否已经"被认可"、"被接受"、"开始传播"变得可以通过计算进行判定。进一步还想把"流通度"的知识或者说"流通度"的获取教给电脑，即使电脑获得"语感"，从而获得自学习功能。所以流通度理论不仅是在语言学方面使人的"语感"得以量化，更重要的是在信息处理方面有可能使计算机真正获得语言的自学习能力，使智能化进入一个新的发展阶段。

什么是"流通度"呢？简单而通俗的解释就是："流通度"是人们对一种语言现象的流行通用程度的感觉，也就是所谓"语感"。流行通用程度高，听得多，就感觉能说，否则，就觉得不能说。"语感"处于似有似无或不高不低的就"拿不准"。

例如："打的"、"焗油"、"亮丽"、"亮泽"这样的词语在开始听来（"流通度"不高时）一般很刺耳，认为是不规范的用法、生造词、方言词等等，但是用的人多了（"流通度"高了），甚至出现"面的"、"的哥"、"今天下雨，'的'不好打"之类，说明开始广为传播，现在不但不再刺耳,甚至"面的"、"焗油"已经被收入字词典。不仅对于新词、新义、新用法,流通度是判定的重要条件,就是对于方言词语、术语、文言词语、外来词语等是否进入普通话、是否进入通用、是否规范等,流通度也是极为有用的量化操作标准。这样语料的流通度的选择就显得更加重要。

书面交际的文本的流通度量化可以从以下一些方面进行参数的选择:

● 文本的发行量

一个发行 100 万册和一个发行 1 000 册的文本对于社会交际和语言的影响力是绝对不一样的。《人民日报》、《中国青年报》、《北京青年报》与一份销量不大的报纸的影响力、一部畅销书和一部非畅销书的影响力是不言而喻的。发行量可以定义为"流通量","流通量"与流通度成正比。

● 文本的发行周期

同样是较高的发行量,日报、周报、月刊、季刊、年鉴发行周期大大有别,流通度乃至使用度显然完全不一样。发行周期可以定义为"流通密度",发行周期与"流通密度"成反比,周期越短,密度越大,"流通密度"与流通度成正比。

● 文本的发行地区

同样的发行量、同样的发行周期,只在本地发行和全国发行其影响力显然也不一样。发行地区可以定义为"流通空间",从某种角度看,发行地区也是一种分布或散布,是文本流通在地域方面的散布。"流通空间"与流通度成正比。

● 文本的阅读率

文本的流通度当然取决于流通量、流通密度、流通空间,但是一个读物印量再大,发行周期再短、发行地区再广,大家拿到手不读,也没有什么影响力,一些依靠权力派购的报刊就属于这一类。阅读率可以定义为"流通率",阅读率高的文本才是真实流通的文本,才是对语言的发展有真正影响力的文本。目前的阅读率只能靠社会调查,将来网络电子版的阅读率的计算可能会更方便。

这样,我们可以有一个最简单最基础的流通度参数的计算公式:

流通度参数＝流通量·流通密度·流通空间·流通率······

实际上流通量、流通密度、流通空间、流通率都还要有自己的计算公式以及一定的权值或系数,这是另外的论文的任务了。

九、关于历时流通度曲线

流通度与使用度、通用度是有别的。流通度是对语料库的选材而言,或者说是对文本而言。而使用度、通用度是对词频统计而言,为了让词频对于选择常用词更加合理,提出使用度和通用度的概念,使用度考虑了词在不同的语料类和不同文本中的散布和分布,通用度进一步考虑了在时间方面的散布。当然不是仅仅词频具有使用度和通用度,语言的其他构成成分也有使用度和通用度。

文本的流通度当然也决定了词语等语言成分的流通度,语言成分的流通度又与它们的使用度和通用度有密切关系,只有真实流通并且流通度高的词语其使用度和通用度也才是真的高频的。

但是作为大规模真实文本的"语料垃圾"或者"语言统计垃圾"的治理,仅仅依靠共时的流通度的计算是不行的,我们必须要引入"历时流通度"这个概念。所谓"历时流通度"是要测查语言知识在一个具体的时间段中流通度的变化,绘制各语言现象的流通度曲线,这个流通度曲线就是决定一种语言现象是否开始"广为传播",是否"被接受"的依据,是"被认可"或者被作为垃圾清除的分水岭。

实际上,我们也可以把历时流通度看做语言现象在流通时间中的一种分布或散布,这就是语言研究时间观的改变。今天语言现象在某些方面的变化和测查手段的更新已经允许我们进行这种时间观的改变。

在宋柔教授等人的实验中词语接续对"禹作"出现 300 多次,但是仍然被作为没有接续关系的"垃圾"一类,他们是人工操作处理的。实际上如果有"历时流通度曲线",就可以清楚地看到流通度的大起大落,因为"禹作敏"作为政治舞台上的过客很快就销声匿迹了,这种词语从历时流通度的角度看只是一种历史上的"过路词语"。郭冶方同志早在 80 年代曾提出过"汉字流通频度"的概念,并对汉字使用的"时代特征"和 GB 字符集在"流通频度里的应用"进行过分析。[①] 只是他那时不可能提到语料的流通度和历时流通度的曲线,也没有提出流通度的计算公式,并且仅仅着眼于汉字的流通问题。不过,那已经是很了不起的了。

苑春法、黄昌宁等人在 1995 年著文谈到"第三代语料库"的问题,并且介绍了美国计算语言学学会倡议的数据采取计划 ACL/DCI。认为这一代语料库首先对所有可以得到的语料以文本形式存储起来,它的容量一般为一亿词次以上,21 世纪可望达到万亿词次的量级。[②] 该文主要具体谈及新一代语料库的建设及管理,

---

① 参见郭冶方《新闻信息汉字流通频度统计》,载陈原主编《现代汉语定量分析》,上海教育出版社 1989 年。

② 参见苑春法、黄昌宁等《新一代语料库的建设与管理》,载陈力为、袁琦主编《中文信息处理应用平台工程》,电子工业出版社 1995 年。

虽然没有过多探讨语料库建设的理论问题，但实际上已经将下一代语料库的建设提上议事日程。

本文仅从语言学的角度，基于目前信息处理的水平和今后的动向，在回顾此前语料库建设的前提下，宏观探讨几个与语料库建设有关的理论问题，或许对下一代的语料库建设有所裨益。

关于语感与流通度的思考*

1998年8月在应用语言学的研讨会上,我发表了一篇论文《关于大规模真实文本语料库的几点理论思考》,那篇文章对语料库的建设进行了反思,在回顾多年来语料库建设的成就和当前迫切需要解决的棘手问题的基础上,对于第三代语料库的建设,特别是面对下一个世纪的超大规模语料库的建设,从理论语言学和社会语言学的角度提出了一些想法,其中,非常重要的核心思路是提出了语言的"流通度"的概念,以及流通度的内涵和基本的参数计算公式。

本文就流通度与语感的问题进一步作一些探讨。

一、关于语感

首先,我们需要弄清楚:什么是语感?

迄今为止,语感是语言学界使用频度较高但是又捉摸不透、难于界定的一个术语。

《现代汉语词典》、《辞海》乃至《语言与语言学词典》竟然均未收录"语感"这样的词条。《汉语大词典》收录了"语感",解释为:

---

* 本文获国家自然科学基金重点项目(项目号:69433010)资助。《语言教学与研究》1999年第2期刊发。

"对语言的感觉"。并且引证了朱自清《〈文心〉序》和陈原《社会语言学》为例。《现代汉语新词典》(刘文义主编)的解释是"对语言符号的直觉、感受及理解"。

我们检索了最近10年来的主要语言学刊物及学报,得到论述"语感"的论文26篇,这还不包括此前论及"语感"的名家的著述,如朱德熙《从作文和说话的关系谈到学习语法》(1980)和吕叔湘《中学教师的语法修养》(1985)中都谈到语感,邢公畹则在1981年发表《论"语感"》(载《语文研究》1981年第1期),该文本是为宋玉柱的《现代汉语语法论集》写的序,因为主要谈的是语感,所以单独发表时改为语感的专论。

最近一二十年,不仅是语言学界,哲学、思维科学、认知科学、信息科学等领域都有人对语感、语感能力发生浓厚兴趣。在语言学界,心理语言学、社会语言学、计算语言学、应用语言学、生成语言学等领域都从不同角度对语感、语感能力进行了界定、分类、描述等研究。尤其是语言教学领域(包括对外汉语教学),对于语感的性质、语感能力的训练、语感能力和听说读写等语言能力的关系以及语感在语言(文)教学中的地位等一系列的问题都有探讨。无论围绕着语感和语感能力有多少争论,但在下述几方面应该说已经有了比较清晰的看法:

1. 语感是操某一种语言的人在长期的语言实践中形成的对于这种语言的运用的正误、优劣、常殊的一种直觉(intuition)能力。

2. 语感是一种综合的语言直觉能力。它包括对于语音感、语法感、语义感、语用感等许多方面的敏感的直觉能力。

3. 由于个人的文化素质、生活环境、交际范围、阅读领域、活动空间等各不相同,人们的语感能力千差万别,但是操同一语言的民族总有共同的语感和语感能力,否则就无法进行交际。

4.语感能力也是一种语言能力,广义的语言能力可以也必须包括语感能力。听说读写是最基本的语言能力,而语感能力是听说读写能力的基础和前提。语感能力是对听说读写这种语言运用(performance)起监控作用的一种语言审析能力。

5.语感是在长期的语言实践中逐步地、自然而然地形成的,语感可以通过语言教学实践来培养和训练。传统的语文教学中有许多培养和训练语感的宝贵经验与方法(例如"涵泳"),"书读百遍,其义自见"、"读书破万卷,下笔如有神"、"熟读唐诗三百首,不会吟诗也会诌",都有语感的道理在其中。

总之,语感是客观存在的,语感是重要的。在语言教学中,过去对听说读写等语言运用能力较为重视,而对语感这种语言监控能力研究不够。

二、关于语感的量化

既然语感是一种重要的客观存在,并且需要加强研究,那么我们能不能对语感进行量化的研究呢?能不能使得语感可计算呢?

我们从计算语言学的角度对语感的研究提出了新的目标。当然,实现语感量化和可计算,其更进一步的目的是为了让电脑模拟人的语感,或者说赋予电脑以语感,使电脑获得语言的监控能力,从而具备语言的自学习、自反馈功能。

语感是对语言运用的正误、优劣、常殊的一种直觉,或者说是对表述得正确不正确(即"信")、顺畅不顺畅(即"达")、恰当不恰当(即"雅")的一种直观的认识能力与审析能力。语感是一种"度",一种"分寸"。实际上就是对信达雅的程度感,对于语言运用的分寸感。因此,语感一定是可以量化的,可以计算的。

一种语言事实能不能"被理解"、"被认同"和"被传播",通常是看其"能不能说"。而"能不能说"主要靠的是个人的"语感",个人的语感则与对话双方的许多背景因素有关,甚至连职业、职务、年龄、性别、性格、品德、情感、阅历等也可能影响到人们的语感。因此,可以认为:原则上没有也不大可能有两个语感完全相同的人,即使是同一个人,其语感在不同时期也可能会有所变化。

当然,操同一语言的不同的人,其语感和语感能力还是有强弱之分的。所以有的人表达起来"伶牙俐齿",有的人则"笨口拙舌",有的人领悟起来能够"举一反三",有的人则必须"冥思苦想"。我们把人与人之间的这种语感的差别称为"差别语感",用 C 来表示。"差别感"C 是一个变数,它随着不同人的语感和语感能力强弱的变化可大可小,同一个人的"差别感"也随着影响语感的因素的变化而变化。所以,"差别感"是语感和语感能力中的动态部分,是一种动态语感。

但是,操同一语言的人必定还有共同的语感,这样才能沟通。共同的语感是最基本的语感,最常规的语感,最一般的语感。我们把这种人与人之间存在的共同的语感称为"共同语感",用 G 来表示。"共同感"G 是一个定数,对于所有的人都是一定的。所以,"共同感"是语感和语感能力中的稳态部分,是一种稳态语感。任何一个人的语感(我们用 Y 来表示)都是有稳态部分和动态部分这样两种成分的,所以,语感的公式是:

$$Y = G + C \qquad (Y:语感;G:共同感;C:差别感)$$

我们说 G 是稳态而不说是静态,因为共同感并不是静止不变,只是相对稳定。随着时代、民族、国家的发展,随着人类的进步和世界的交融,"共同感"也会发生变化,只不过无论怎样变化,无论变化大小、快慢,对于每一个人来说,这部分永远是一样的。

我们主要分析差别感。人与人之间的语感差别主要体现在如下一些方面:

● **新旧差别**

这主要表现在新词、新义、新用法方面。语言总是要发展变化的,新词、新义是最活跃的部分,"能指"必须适应"所指",新事物、新思想、新发现带来的新概念常常需要用新词、新义来表达。例如:"网址、彩打、卫视、手机、邮编、电喷、尾气、驾校、拆迁、拥堵、整治、监管、关爱、下岗、转制、磨合、超市、展销、甩卖"等等。青年人思想最活跃、最容易接受新事物,所以,一些新词、新用法往往首先从青年人群开始传播,例如:"爽、酷","帅哥、大款","网虫、黑客","蹦迪、考托","光盘、盗版","帅呆了、酷毙了、很中国"等等。新的语言成分总是有人最先在局部范围内开始使用,传播开并稳定后,就成了被大家接受的新词、新义、新用法;如不然,就逐渐被淘汰,个人或极少数人仍使用,就被视为生造。语感的量化和可计算,应该能够提供一个阈值,从而较为科学地确定一个新的语言成分何时算是"约定俗成",被公众(或者说是被绝大多数人)接受了。

● **学科差别**

这主要表现在词汇中的术语和一般词汇的术语义。一些人(往往是从事某一学科的知识分子或从事某一行业的同行)对本领域的术语和术语义有较强的语感,而该学科领域或行业范围以外的人则没有这种语感。例如:"向量、函数","扇区、总线","臭氧、烃基、等离子、电离层"等。术语或术语义的使用范围有时会扩大,进入一般词汇。例如:"攻坚、突击"(军事),"开刀、瘫痪"(医学),

"票友、反串"(戏曲),"硬件、软件"(计算机),"板块、断层"(地理),"倒计时、软着陆"(航天)等。进入一般词汇后,学科差别消失,成为新的具有共同感的词汇和词汇义。语感的量化和可计算,应该可以寻找到从术语进入一般词汇的阈值。

● **地域差别**

这主要表现在方音、方言词汇、方言义、方言语法等方面。一些人长期生活在方言区,对本方言区的语感较强,不在该方言区生活的人或者不了解该种方言的人,就缺乏或不具备该方言语感。方音、方言词汇、方言义或方言语法有时也会扩大,进入普通话领域。例如:"搞、尴尬、垃圾、靓、焗油、硬是、有售、打工、炒鱿鱼"等。进入普通话后,地域差别消失,成为新的具有共同感的词汇、意义和用法。语感的量化和可计算,应该也可以帮助我们寻找到一个语言成分从方言进入普通话的阈值,达不到这个阈值的就仍然是方言成分,例如:"搞掂、早晨("早安"义)、困觉、行街、有去、过夜"等。

● **文白差别**

这主要表现在文言词语、文言用法在现代汉语中的遗留。一些人出于不同的交际目的或者处于不同的交际环境,常常使用某些文言词语或文言语法,不熟悉文言的人,就不会有文言的语感。例如:"兹、为荷"、"国是、丁忧"、"动之以情、晓之以理"、"是可忍,孰不可忍"、"勿谓言之不预也"等。平常说这叫"转文","白"是指口语,不用口语而用文言,这是一种以文白来表现的风格差别。在特定的场合需要体现出文白的差别,以显示学问的高深或文笔的凝练、庄重等。怎样确定一个语言成分属文言还是白话?现代书面汉语中究竟有多少文言成分的遗留?语感的量化和可计算应该也可以帮助我们找到区分文言和白话的阈值,以确定哪些是文言成分的遗留。

● **翻译差别**

这主要表现在外来词的翻译方面。最初,不同的人或不同的地区对同一事物常常会有不同的译法。例如:"BB机、BP机、拷机、寻呼机、呼机","大哥大、移动电话、手提(持)电话、手提、手机","互联网、国际网、网际网、国际互联网、因特网"等。以后,也许会慢慢趋于一致,或者由有关的标准和规范来统一。例如:取"邮编"废"邮码";取"因特网",废其他。此外,欧化的句式也是出于翻译的影响。语感的量化和可计算,应该也可以帮助我们找到合适的阈值,来确定外来词的恰当的译法。

也许语感还有其他方面的差异,暂不细论。

共同语感G总是稳态的语感,是操同一语言的全体人的语感。差别语感总是动态语感,是操同一语言的部分人的语感,这"部分人"有三种情况:少部分人、大部分人、一半人。刚好一半人说的时候是偶然的,少部分人、大部分人说的时候是必然的。只有当一种语言现象为大部分人或者绝大部分人所接受时,这种语言现象才可以说是比较成熟的,已经流通了。如果需要进行语言规范,除了共同感的部分进入规范外,这种已经为大部分或绝大部分人接受的语言事实也具有进入规范的资格。一大批这种"多数人认同"的语言事实进入规范后,自然对这种事实语感不强的少数人会反对,那是很正常的。只不过我们无从证明反对的人就是代表少数,所以规范常常陷入两难的境地。当然,反对者当时可能代表多数,时过境迁,后来又可能成为少数,语言随时都在发生变化,这也常常使我们的一些语言学家陷入尴尬的境地。例如:当初被极力禁绝的"人均、达标、彩电、面的、邮编、焗油"等,最终顽强地生存下来,有的甚至进入词典或成为规范。

倘若语感可以量化、可以计算,我们就能科学地找到规范化的"多数"的依据,从而以"(数)理"服人,而不仅仅是以权力或权威服人。当然,如前所说,我们进一步的目标是叫电脑模拟人脑。赋予电脑语感,实际上就是给它一个"大多数"的阈值,叫电脑能科学地判定那些"成熟的"、"已经流通的"语言事实,自动地"认可"和"接受",这就是自学习和自反馈,就是人工智能研究所追求的高智能境界。

但是,叫电脑获得语感谈何容易。不说别的,单就科学地确定那个代表"大多数"的阈值,就不是一件容易的事。1998年,中国科协对公众的科学素养及其对科学技术的态度作了一次调查,其中,调查了公众对"分子"、"计算机软件"和"DNA"三个科技名词基本概念的理解,公众自报了解这三个术语的科学概念的分别为32.8%、15.8%和13.3%;对这三个术语不了解的公众分别为36.9%、54.4%和27%;而从未听说过"分子"一词的竟还有25.6%。仅依据百分比而言,了解这三个词的公众都不到"多数",更不到"大多数",那么,这三个词则都还属于科技术语,尚未进入通用词汇范围。[①] 但是,实际上会有许多人关心:此次抽样的原则、范围、方法是什么?文盲、家庭妇女、大学生、教授、科学家等不同人员的比例和权重一样吗?如果不一样又如何确定不同的人员的比例和权重?自报"了解"的依据又是什么?等等。可见语感的量化和计算本身就不是一件容易的事,叫电脑获得语感就更是谈

[①] 参见滕文渊《让科普读物热起来》,载《中国新闻出版报》1998年12月2日。

何容易。

不过,不容易并不等于不可能,只是需要认真研究,选择一条可以操作的途径,来对语感进行量化和计算。

这就必须涉及流通度及流通度与语感的关系了。

三、流通度与语感

倘若我们要知道一个语言事实是否被大多数人认可和接受,即符合大多数人的语感,最科学的办法是向操这种语言的所有人进行调查,但这实际上是不可行的,因为:

1. 就算抛开港澳台和海外华人暂不论,仅以大陆而言,我们实际上无法让13亿人就一个语言事实来回答"Yes"和"No",或"是"和"否"。

2. 何况要调查的语言事实并不是一个,而是一长串、一长篇或一大本,这不是13亿人每一位都能够回答、都愿意回答的。

3. 那一长串、一长篇或一大本需要调查的语言事实,由谁提出?怎样提出?并不是随便谁任意提出一堆语言事实大家就可以认可进行调查的。

4. 更何况要保证这种调查的科学性,实际上还应该不间断地进行调查,因为新的语言成分随时都在产生和增长。我们也不可能一而再、再而三地时常拿这样的问题去打搅13亿人。

当然,很容易想到的可行办法就是在13亿人中进行抽样问卷调查。但那必须具备以下的条件或前提:

1. 有人愿意提供足够的常年语感调查经费。

2. 有人能够并愿意接受常年的语感问卷调查。

3. 能够科学地确定一份从各个角度看都具有代表性的被试名

单，抽样的各种代表的比例和权重首先需要被认可和接受。

这些条件和前提中的任何一条实现起来都是很困难的。因此，我们希望能够寻找测量语感的其他方法。

我们发现语感与流通度之间有十分密切的关系。

我们提出"流通度"概念，希望通过测量流通度来对语感加以数学界定、加以量化，使得"能不能说"、是否已经"被理解"、"被认可"、"被传播"变得可以通过流通度的计算进行判定。进一步还想把"流通度"的知识或者说"流通度"的获取方式教给电脑，使电脑通过获得"流通度"来获取"语感"，或者来自动计算语感，从而获得自学习能力。所以流通度理论不仅是在语言学方面使人的"语感"得以量化，更重要的是在信息处理方面有可能使计算机真正获得语言的自学习能力，使智能化进入一个新的发展阶段。

那么，什么是"流通度"呢？简单而通俗的解释是："流通度"是一种语言事实在社会交际中的流行通用的程度。人们对一种语言现象的流行通用程度的感觉，也就是所谓"语感"。流行通用程度高，听得多，习惯成自然了，就感觉能说，否则，就觉得不能说。"语感"处于似有似无或不高不低之间就"拿不准"。

如果我们能够对某种语言事实进行"流通度"的测量，得知这种语言事实在社会中流行通用的程度，这种"度"也就代表了所有操这种语言的人使用该语言成分的情况，对这种"度"的感觉就是语感。我们发现："度"的高低刚好与语感代表的人是"大部分"还是"少部分"成正比，因此，测到了"流通度"也就大体测到了语感。

那么，如何测量流通度呢？

四、关于流通度与动态语料库

在谈论如何测量"流通度"这个关键问题之前,我们还需要界定一下测量的对象。我们此前界定的"语感"是对语言运用的一种直觉,"流通度"是语言事实在社会中的流行通用的程度,而语言是有口语和书面语之分的。口语的语言成分"流通度"(或"语感")的测量,目前的技术难度较大,本文主要论及书面语的"流通度"的测量方法。

关于口语和书面语的界定,我们接受汉字改革的先驱者之一周有光先生的提法,他认为书面语有两种:一种是文言,是以古汉语为基础经过加工的书面语,与口语的距离很大;一种是白话,是以现代汉语为基础经过加工的书面语,与口语一致。白话也经过了加工,加工体现在两方面:一方面是写共同语(普通话),不写方言;另一方面是对口语要作语法修辞规范化的加工。对于后一种书面语,他认为:"写出来是'语体文',说出来是'文体语','言文一致'。"[①]

我们要测量的"书面语"的流通度,就是周有光先生说的第二种书面语,并且是写出来的"语体文"。他指的说出来的"文体语"和未加工的真实"口语"我们都暂且不论。

我们实际上是主张建立一个动态的大规模真实文本的书面语的语料库。把语料库的建设和使用从静态推向动态,把文本的选择和抽样原则从分布原则推向流通原则,把对语言成分的一般性

---

① 周有光《白话是怎样成为文学正宗的?》,载《北京日报》1998年12月13日文史副刊。

的统计分析推向对语感的推测性统计分析和验证,从而探索使电脑可以逐步获得语感并随时增强和调整语感的路径。

目前大众传播有六大媒体:报纸、杂志、图书、广播、电影、电视,前三种是阅读媒体,后三种是视听媒体。我们说的大规模真实文本的书面语,主要来自前三种媒体,也包括后三种媒体以文字形式出现的剧本、脚本、稿本等。① 现在六大媒体又都可以凭借多媒体光盘和因特网来传播,实际上在网络上传播的文本的流通度可能更容易测量(有关这方面的测量问题我们将另文讨论)。我们先说常规的六大媒体,特别是书面语的主要来源前三种媒体——报纸、杂志、图书的流通度测量问题。

我们主要是基于大规模真实文本的书面语语料库来测量语言成分的流通度,这种语料库与此前的语料库相比,应该具有以下特点:

特点一:动态性

这种语料库是一种动态的语料库。它不确定一个固定的库容量(例如:把库容量目标确定为数百万字、上千万字、数千万字、数亿字等);不确定一个固定的选择文本的时间段(例如:确定为1949年—1982年、1980年—1990年、1990年—1995年的语料等);不确定一个固定的文本选择范围或应用领域(例如:确定为只收现代汉语文学语料,或新闻语料,或科技语料,或中小学生语料等,从而建立一些专门的语料库);它也不确定一些固定的文本抽样对象(例如:《人民日报》、《光明日报》、《人民文学》、《小说选刊》,

---

① 书面语的大众传播还有其他渠道,例如书信、布告、通知、墙报、标语、街头广告等,暂不细论。

或者老舍著作、巴金著作、曹禺著作、毛泽东著作、邓小平著作等)。它是根据大众媒体的传播情况,依据一定的原则,即期抽取的。因此,它是一个历时的动态的语料库,可以观察和测量到流通度的变化情况,可以追踪到语言成分的产生、成长、消亡过程。大众传播媒体的情况是在不断变化的,例如:1978年,我国报纸只有186种,基本上是单一的党委机关报,到1995年年底,已经增加到2202种,平均期印数增加4倍,总印张增加3.5倍,报纸的品种、功能、发行都有了相当大的变化。如果要科学地反应语言的流通应用情况,语料库的容量、选材、抽样等怎么可能一成不变呢?六大媒体中,除了图书类,其他媒体都具有"固定版面"。所谓"固定版面"有时间性固定,以时间定数体现,例如广播、电影、电视,也有空间性固定,以开本页数的定数来体现,例如报纸、杂志。由于时间和空间的"版面"受限,我们就可以依据总品种数和出版物的出版规模和出版频度,来预测这种书面语的年出版总字数。虽然媒体的数量、规模在不断变化,但是我们仍可以依据预测的年出版总字数(即书面语的流通规模),来预定语料库的选材和抽样规模。规模虽然无定,确定规模的原则是有定的。图书类的版面无定,可以从一个印张2万余字的活页文选,到规模为上百个印张的大部头图书,因此,与版面固定的媒体的选取方法不一,但是每年也处于变化中的动态性质却是一样的。

特点二:流通性

这种语料库中的语料的选取不仅要遵循分布的原则,更重要的是要遵循流通的原则,是在流通基础上的分布,或者说是在流通前提下的分布。分布是重要的,但不流通的分布或者流通度低的分布,是不重要的。我们曾经提出一个粗略的书面语流通度选材原则和计算公式,分析了文本的发行量、发行周期、发行地区和阅读率,认为文本的"流通度"与流通量、流通密度、流通空间和流通率有关。① 这里,最困难的是文本流通度的有关数据的获取,我们可以首先利用现成的新闻出版年鉴和类似的国际国内统计数据。例如,据总部设在英国的世界期刊联盟出版的《世界期刊概况》最新版,1997年列入全世界期刊发行量最大的前50名综合类刊物的中国期刊是:《半月谈》(第4位,新华社,半月刊,516万)、《故事会》(第6位,上海文艺出版社,月刊,392万)、《读者》(第7位,甘肃人民出版社,月刊,370万)、《知音》(第11位,湖北省妇联,月刊,298万)、《家庭》(第12位,广东省妇联,月刊,264万)。其他还如在行业类期刊中辽宁省委主办的《共产党员》排名第1位(月刊,150万)。《农民文摘》、《家庭医生》、《党员特刊》、《党的生活》、《大众电影》也都榜上有名。在财经类期刊中,《中国税务》(月刊,138万)排名世界第2。我国的有关主管部门在评定期刊的排行榜时,有时也并不唯发行量论,例如:列入"全国百种重点社科期刊"的也有《小学生天地》(1998年发行350万份)。

在阅读率方面,也已经有"中国市场与媒体研究"的调查可以参照,该项调查是目前国内类似调查中规模最大、访问最深入的年度连续调查,由中国国家统计局中国经济景气监测中心、新生代市场监测机构有限公司、英国市场研究局(BMRB)、美国 TELMAR 数据分析集团等著名媒体研究与分析机构参与数据分析研究。例如,据1997年11月—1998年6月的调查分析,全国周报的阅读率前15名排名如下表。

---

① 参见张普《关于大规模真实文本语料库的几点理论思考》(本书44页)。

刊名	名次	阅读率
足球	1	12.9
南方周末	2	7.3
民主与法制	3	6.7
报刊文摘	4	6.5
中国足球	5	6.4
文摘报	6	
中国电视报	7	5.8
球迷	8	4.4
作家文摘	9	3.7
每周文摘	10	3.5
体坛周报	11	3.5
计算机世界	12	3.2
球报	13	3
舞台与银幕	14	3
健康文摘报	15	2.5

《计算机世界》的读者阅读率排名第12位,在专业性的周报中,排名则为第1位。其读者群是年轻的具有高智力、高科技知识、高收入的三高群体。例如:读者群中16—34岁的年龄段占75.7%,大学以上学历比例占32.6%,专业技术人员比例占34.2%,拥有电脑者的比例占39.4%,男性占68.6%等。[1] 央视调查咨询中心也有1998年的读者调查结果,包括"报纸阅读量市场份额"、"平均阅读率"等数据。如果我们能够获得文本流通度的有关数据,我们就能够给文本在各种分类标记之外,加上流通度标记,各类文本都具有了流通度,我们就可以让电脑计算语感、获得语感了。

---

[1] 参见《〈计算机世界〉读者形态及广告价值分析报告》(新生代市场监测机构有限公司,内部报告)。

即便如此,语感的获得和计算也只是刚刚起步,严密的分析和复杂的计算还没有开始,不过,那已经不是本文的任务了。

但是,从理论语言学和社会语言学的角度看,我们对语感的量化、语感的可计算以及赋予计算机以语感这件事的前途充满信心!

关于网络时代语言规划的思考*

本文将在介绍并论述语言规划和语言规范化的有关理论和方法论问题的基础上,指出信息处理用语言文字规范的两个尚未触及的问题——以"无菌环境"面向"真实世界",用滞后知识面对更新知识。同时,试提出一个面向网络时代的语言规划模型——LC模型。

由于网络时代的语言规划模型是一项超前的研究,并且基本是从宏观和大处着眼来论述,所以本文的主旨可用以下三句话概括:

"形而上者谓之道,形而下者谓之器。"《易·系辞上》

"精于物者以物物,精于道者兼物物。"《荀子·解蔽》

"道之所言者一也,而用之者异。"《管子·形势》

一、网络时代语言规划的任务已经来临

随着网络和信息时代一声紧似一声的脚步,作为时代骄子行业的信息产业把一个又一个的公司迅速推向商业和技术的峰巅。许多面向网络的涉及语言文字的应用软件——诸如网络出版、网络查询、网络交际、网络学习、网络文本分类、网络文本翻译等

---

* 本文获国家自然科学基金重点项目(项目号:69433010)资助。《语言研究》1999年第3期刊发。

等——已经研发并正谋求推广。如果我们把上述涉及自然语言信息处理的应用软件视为网络时代的战役问题或战术行为的话,那么面向信息产业的语言规划研究就是这个时代的战略问题或战略行为。

目前,我们还没有来得及进行网络时代的语言规划研究,甚至还没有真正意识到什么是网络时代的语言规划,令人应接不暇的网络版语言信息处理软件就已经纷纷"新鲜出炉"、"崭新亮相"、"闪亮登场"[①]了。与此同时,一批在语言信息处理技术方面高人一筹的企业集团也已经崛起,作为"集团军",在解决战术战役问题的同时,当然会密切关注战略问题,何况网络本来就是让人运筹帷幄之中、决胜千里之外的一个精灵。

笔者不是商家,也不是技术专家,只是一个网络用户,并且积年从事汉语信息处理的研究,语言既是我的交际工具,也是我的专业,现在又成了计算机进行信息处理的重要对象。语言正随着网络的扩展在一个新的时空中延伸,人类的出版行为、发行行为、阅读行为、交际行为、语言能力等都在潜移默化,无论我们是否觉察、是否愿意,我们都正在走向一个新的生存环境。网络对于语言、语言对于网络可能意味着什么?无论语言是否是"有机体"[②],一旦与网络"精灵"结合将会发生什么变化?语言作为网络交际工具会不会失控或者局部失控暂时失控?语言在没有与网络结合前是否

[①] 这 3 个词组在近来的商品广告中出现越来越频繁,它们的搭配规范不规范,就是本文要思考的现象之一。

[②] 19 世纪欧美语言学家受欧洲有机体学说的影响,对于语言是否是"有机体"曾经有过一番争论。参见惠特尼《语言的生命和生长》William D. Whitney, *The Life and Growth of Language*,NewYork,1979 年重印本(转引自陈原《陈原语言学论著·卷一》,辽宁教育出版社 1998 年)。

受控怎样受控？语言与网络结合后能否受控如何受控？要不要为语言文字立法或为信息立法？如果立法，包不包括网络语言信息处理中的语言文字规范或标准？什么是面向网络的语言文字规范或标准？怎样制订、如何推行这样的规范或标准？这一系列的问题都应该是**网络语言规划**要研究要回答的。

网络语言规划的研究将涉及理论语言学、社会语言学、心理语言学、认知语言学等，当然还要涉及计算机技术、网络技术、通讯技术、多媒体技术等，甚至还应该涉及系统论、控制论。本文着重从人文科学的角度而且主要是从理论语言学和社会语言学的角度进行思考，提出拙见，以供技术专家和商家扬弃。

二、关于语言规划

语言规划（Language Planning）属于社会语言学的一个分支。在西方，它主要是指"通过研究几对语言（方言）之间的关系，或创立新语言系统，来改进方言间或国际间交际的综合努力的统称。虽然试图设计人工辅助语言的努力还没有取得任何明显的成果，但是数种语言的比较在翻译等许多方面都证明是卓有成效的。这方面的工作还包括专门术语的研究与规范化，设计混合语言和文字系统等"[①]。Prescriptive Linguistics 有两种解释，一种是"规定语言学"，或者译作"规范语言学"，指的是"一种对待语言研究的态度，它试图建立正确用法的规则，古希腊和古印度的语法学家曾试图以最著名的文学著作作为范本来确定这种规范。这是一个直到今天许多经

[①] R. R. K. 哈特曼、F. C. 斯托克著《语言与语言学词典》，黄长著等译，上海辞书出版社 1981 年。

典语法著作一再重复的传统"。另外一种解释是"语言规划学",因为在语言规划学(Institutional linguistics)中,"规定"这一术语的所指就是语言规划,并且说明"这种语言规划的宗旨是:在语言和文化都很多样化的国家里创建民族标准语(Standard Language)"。

在我国,语言规范化问题的研究是语言规划的重要组成部分。进入新时期以来,多种社会语言学的专著和译著陆续问世,连续召开了三届社会语言学的学术研讨会,国家语委创办了专门的学术刊物《语文建设》,语言文字应用研究所创办了《语言文字应用》,刊物的宗旨之一就是语言规划。戴昭铭先生的《规范化——对语言变化的评价和抉择》(1986)一文和《规范语言学探索》(1998)一书为我国规范语言学的确立和定位奠定了理论基础,陈原先生的《社会语言学方法论四讲》(1987)对于语言的变异、规范、社会、交际、量化以及它们之间的关系做了全面的论述,不仅涉及规范化的理论,更涉及方法论。吕冀平先生在《给〈语言文字应用〉编辑部的信》中说:"语言规范从宏观的角度看是语言规划(Language Planning)的重要组成部分,而语言规划是一种既针对现在也针对未来的具有前瞻性质的工作。"[①]这就对语言规划进行了明确的界定,本文赞同吕先生的见解。正是出于这种认识,我们认为语言规划研究是一种战略研究。"**网络语言规划**"则更是一个既有现实意义又极具前瞻性质的战略命题。

三、关于语言规范化的讨论

20世纪80—90年代,在中国,对于"语言规划的重要组成部

[①] 戴昭铭《规范语言学探索》第149页,上海三联书店1998年。

分"(吕冀平先生语)——语言规范化,语言学界进行了一场深入的讨论甚至争论,无论学术界目前是否在讨论和争论的一切方面都有共识,我都认为这场讨论已经在理论上和方法论上取得了众多极其重要的成果,涉及一系列面向新时期的有关语言文字规范的重大问题,对于我们的现实生活和未来世界的影响都将是深远的,其历史意义将随着时间的推移愈加凸现,这或许就是作为战略研究的语言规划的能量和力度所在。

不仅是研究语言规范的学者,也不仅是社会语言学和应用语言学的专家要继续关注这场还没有完结的讨论,我觉得其中许多带有根本性的问题应引起整个语言学界和语言信息处理界的高度重视。国家语委、新闻出版总署、国家技术监督局、国家版权局、教育部、信息产业部等若干国家行政部门与语言文字的社会应用密切相关,从立法、执法和行政的角度看,作为具有战略意义的语言规划研究,也应该得到这些部门更强有力的支持。

那场讨论中的一些观点与本文的命题十分密切,并使笔者的主张得到支持,兹征引如下,以简化本文的叙述——

●**语言不是静止的,语言在社会运用中不断地产生变化。**

"变异是普遍存在的一种社会语言现象。""在某种意义上说,社会语言学的中心问题就是变异。"[1](陈原)

"世界上绝没有恒定不变的事物和绝对相同的现象,语言文字也不例外。"[2](戴昭铭)

---

[1] 陈原《社会语言学方法论四讲》第2页,语文出版社1988年。
[2] 戴昭铭《规范语言学探索》第155页,上海三联书店1998年。

我们认为:"语言不是静止的,语言在运用中不断产生变化。"①

●**变化与规范的关系是辩证的。**

"变异同规范是矛盾的统一。没有变异就没有规范,没有规范也就看不出变异。"②(陈原)

"规范是在发展中的规范,发展是在规范下的发展。"③(吕冀平、戴昭铭)

我们认为:"一方面语言需要社会规范,一方面个人使用语言时既要符合规范又含有不规范现象,这并不矛盾。规范与发展应该是统一的。"④"语言文字是在社会中流通的信息载体,是人类进行社会交际的重要工具。它的使用具有个人行为和社会行为的两重性,也具有相对稳定和永远变化的两重性。"⑤

●**语言的规范化与非规范化的对立统一。**

"社会语言学中有一个重要的问题,规范化与非规范化的对立与统一。""语言变异固然有它的消极作用(人们从来是看重这个消极作用的),但还有它的积极作用。因此在语言政策上,一方面要强调规范化,一方面要注意确认变异的合理部分,使它丰富我们的语言。"⑥(陈原)

---

① 张普《关于大规模真实文本语料库的几点理论思考》(本书 44 页)。
② 陈原《社会语言学方法论四讲》第 1 页,语文出版社 1988 年。
③ 吕冀平、戴昭铭《当前汉语规范工作中的几个问题》,载《中国语文》1985 年第 2 期。
④ 同注①。
⑤ 张普《规范化——98 汉字编码键盘输入新动向》,载《中国计算机报》1998 年 5 月 4 日。
⑥ 同注②第 79—80 页。

"语言创新是极为重要的因素,是语言生命力的表现。没有创新就没有语言的发展,否认创新,抵制创新,就等于扼杀语言的生命。"①(戴昭铭)

我们认为:"语言的生命力就在于这种稳定中的变化。这些变化的端倪就隐藏在大规模的真实文本(无论它们是经典的还是非经典的文本)之中,甚至就隐藏在那些非规范现象里。"②

●**语言规范化工作的性质应当是对语言变化的评价和抉择。**

"语言规范化的对象与其称为'不规范的语言现象',不如称为'语言的变化',语言规范化工作的性质应当是对语言变化的评价和抉择。"③(戴昭铭)

"昭铭综合古今中外语言演变的历史和语言规范研究的得失,写出《规范化——对语言变化的评价和抉择》,从而否定了单纯匡谬正俗的规范工作模式,提出新型的动态规范观念和动态规范模式。"④(吕冀平)

"目前比较好的是选择观。认为语言规范化的性质是对语言的变体进行评价,从而选择出规范的一种或者几种。"⑤(于根元)

●**约定俗成对于语言规范化的作用。**

"新词一经约定俗成,就是合法的,就丰富了语言。"⑥(陈原)

"约定俗成虽然有时并不讲'理',可是一旦形成力量可就大得

---

① 戴昭铭《规范语言学探索》第 10 页,上海三联书店 1998 年。
② 张普《关于大规模真实文本语料库的几点理论思考》(本书 44 页)。
③ 同注①第 19 页。
④ 吕冀平《规范语言学探索·序》,载戴昭铭《规范语言学探索》,上海三联书店 1998 年。
⑤ 于根元《二十世纪的中国语言应用研究》,书海出版社 1996 年。
⑥ 陈原《社会语言学方法论四讲》第 605 页,语文出版社 1988 年。

很,甚至不可逆转。"①(吕冀平)

"语言规范究其实质也是一种社会习惯,它只能通过约定俗成的途径建立,而不能由语言机构或语言学家向壁虚构。""我们固然不能说全部语言规范都是对约定俗成说法的追认,却可以说绝大部分是如此。"②(戴昭铭)

"习性原则应该成为确立语法规范的根本原则。"③(邹韶华)

●**约定俗成和语言控制的统一。**

"'语言控制'是指在语言规范化过程中,对语言的使用和发展变化施行积极主动的人为干预。""语言的约定俗成的性质同语言在使用和发展上的可控性并不矛盾。""如果说规范化着眼的是语言运用标准的动态性平衡的话,那么'语言控制'则更侧重于维持语言运用标准的相对稳定。"④(戴昭铭)

"约定俗成是语言文字最惯用的'规律',语言文字在使用过程中发生变异,自动调节和人工调节,达到一种有序的稳态。"⑤"非规范化同规范化是矛盾的统一体。矛盾斗争的结果,达到一个'内稳态'(homeostasis),就是自我平衡。'内稳态'最初是从生理学上提出来的,有人译作'稳态'……'内稳态'的学说后来在控制论、信息论上得到了广泛的应用。维纳在他的控制论里提出了两个重

---

① 吕冀平《给〈语言文字应用〉编辑部的信》,载戴昭铭《规范语言学探索》,上海三联书店1998年。
② 戴昭铭《规范语言学探索》第46页,上海三联书店1998年。
③ 邹韶华《语法规范琐议》,载《语文建设》1991年第11期。《试论语法规范的依据问题》,载《语言文字应用》1996年第4期。
④ 同注②第37—38页。
⑤ 陈原《陈原语言学论著·卷三》第344页,辽宁教育出版社1998年。

要概念,一个是'反馈',一个就是'内稳态'。"①(陈原)

"因此处理好自上而下的规范和自下而上的约定俗成之间的辩证关系,使之相得益彰,应该是政府和学者们不断关注和研究的大问题。"②(许嘉璐)

上述论点涉及理论语言学、社会语言学中的若干重大原则,此外,下文还会谈到其他一些论点,我们要论述的"网络时代的语言规划"正是建立在这样的基础理论和方法论上的。

四、信息处理用语言文字规范的两个"死穴"

正如许嘉璐先生所言,政府和学者们都对语言文字的规范化和标准化给予了越来越大的关注。1985年国务院发出通知:为了加强新时期的语言文字工作,将原中国文字改革委员会更名为国家语言文字工作委员会,并设立了新的中文信息司。进入新时期以来,语言文字规范方面的工作,有了较大的发展,特别是信息处理用语言文字规范和标准的制定、颁布和实施,更受到国家技术监督局和信息产业部门的重视,一批相关的规范和标准在中文信息处理的研究和应用中已经发挥了十分积极的作用,具有深远的意义。例如:

●**主要是面向汉字信息处理的**:

《信息交换用汉字编码字符集·基本集》(GB2312—80)

《信息技术通用多八位编码字符集(UCS) 第一部分 体系结构与基本多文种平面》(GB13000.1)

---

① 陈原《陈原语言学论著·卷一》第536页,辽宁教育出版社1998年。
② 许嘉璐《关于语言文字规范问题的若干思考》,载《语言文字应用》1998年第4期。

《信息处理用 GB13000.1 字符集汉字部件规范》(GF3001—1997)

《现代汉语通用字笔顺规范》

● **主要是面向汉语信息处理的：**

《信息处理用现代汉语分词规范》(GB/T13715—92)

《现代汉语通用词表》(研制中)

《汉语词类及标记集规范》(研制中)

《汉语信息处理词汇　01 部分：基本术语》(GB/T12200.1)

《汉语信息处理词汇　02 部分：汉语和汉字》(GB/T12200.2)

上述这些标准和规范以及今后还要继续颁布的这一类规范和标准，无疑是极其重要的。但是，无论是过去的面向人的语言文字规范，还是目前面向计算机的语言文字规范，拿来作为依据进行自然语言理解时，都有两方面的遗留问题尚待解决：

1. 从"无菌环境"来到"真实世界"。

我们以前所研究的语言材料一般来自"典范的现代白话文著作"，这当然没有错。就像我们前面提到的"规范语言学"，它本来指的就是"一种对待语言研究的态度"，"它试图建立正确用法的规则，古希腊和古印度的语法学家曾试图以最著名的文学著作作为范本来确定这种规范"。并说明"这是一个**直到今天许多经典语法著作一再重复的传统**"。（黑体为笔者所变）

问题是语言信息处理要处理的是大规模的"真实文本"，所谓"真实文本"就是"未经编辑的非受限的文本"，"这些文本一般来说是含有一定错误的文本，或者说是含有非规范用法的文本，这样的文本才是真实文本"[①]。当然，这些"非规范的用法"就是语言运用中的变异或创新，变异或创新一旦传播开，被公众接受，成为公众语

---

① 张普《关于大规模真实文本语料库的几点理论思考》（本书 44 页）。

感,就会成为新的规范,公众不接受,没有传播开,就会逐渐被淘汰,个别人或少数人坚持使用,要么引起反感,遭到指责,要么成为集团语或黑话。规范——不规范——新的规范、稳定——变异——新的稳定、个人语感——公众语感——新的个人语感,这些本来就是"有生命"的语言的自然生存法则,或者叫生存公式。所以一切自然语言的真实文本总是非规范的文本,或者准确地说是含有非规范语言成分(或叫变异)的文本,否则反而是不真实的,是人工语言而并非自然语言的文本。以传统的规范来理解这种文本,就好比从纯净的"无菌环境"来到有污染的"真实世界",语言处理系统的"伤风感冒"是免不了的。黄昌宁先生曾经一针见血地指出:"能否处理未经编辑或非受限的真实文本以及处理文本的数量之多少,本来就是衡量一个自然语言系统究竟是实用化系统还是实验性系统的准则。"[①]

我们需要思考:面对机器理解自然语言这个新问题,传统的规范语言学的做法当然是必要的,但仅仅依靠这样的规范又是不够的。单纯的理性主义和单纯的经验主义可能都有局限,我们需要理性主义和经验主义的结合,或者说为人机语言增加一个新的法则:理性主义——经验主义——新的理性主义。

2. 以滞后知识面对更新知识。

语言是在社会使用中不断变化着的。词汇,特别是一般词汇,是语言的各个层面中最活跃的一个部分,随着社会发展与进步,新事物、新技术、新成果、新概念的涌现越来越多、越来越快,新词语的产生与传播周期越来越短,甚至某些领域的词语衰败和淘汰率也越来越高。但是我们的词典,特别是那些以收词齐全、解释详尽

[①] 黄昌宁《关于大规模真实文本的谈话》,载《语言文字应用》1993年第2期。

而著称的大型词典,往往跟不上越来越迅疾的社会发展速度,不能及时更新再版。这样的工具书通常至少要十年以上的时间才会再版,我们碰到的查词典时查不到新词新义的情况越来越常见,这说明词典的知识已经滞后了。

当然,词典作为一种工具书,作为一种典范,本来就需要稳健和一定的滞后期。事实上学者们早已经注意到了这种情况,既然大部头的工具书来不及修订也必须有一个滞后的"时间差",于是就编纂《汉语新词词典》(1987)、《汉语新词新义词典》(1991)、《现代汉语词典补编》(1990)等"短平快"的词典来填补空当。语言文字应用研究所从1984年就开始整理新词语,1986年进行新词语研究,并在《语言文字应用》连载"新词新语新用法"。1991年3月他们决定编纂《现代汉语新词词典》,收1978—1992年的新词语,并决定从1993年开始每两年出一本补编,次年旋即改为从1991年开始每年出版一部《汉语新词语》的编年本,而《现代汉语新词词典》则收录1978—1990年的新词语。该词典1994年由北京语言学院出版社出版,于根元主编,收录新词语3710条,编年本以1991年为例,从约800条新词语中选编了335条。这些"短平快"的词典,作为一种面向人的工具书,能够给人提供及时的规范化依据,毫无疑问是既有现实意义也有历史贡献的。

但是面对电子版(包括网络版)的大规模真实文本,作为语言信息处理用的词典或语言文字规范,它们又远远不够了。当然,不含这些新词语的未修订的老版本词典就更加不敷使用了。以滞后的语言知识,对待内容新鲜的大规模真实文本,障碍当然是不言而喻的。人可以不那么认真地追究什么是词什么不是词,也可以不必去管词典中是否收录并解释了这些新词,因为人在阅读时能够通过语感、通过汉字和上下文达到模糊理解,但是电脑却不能,至少目前还做不到。电脑要求及时补充新知识,即使有时间差,最好别以年计,更不能以10年计。以北京工业大学计算机学院人工智能研究室的工作为例,他们收集了1991—1997年的《人民日报》、《经济日报》、《新华社电讯稿》约2亿字的电子版语料,以约6万词语(含二字词约5万)作为"启动知识",进行处理,在处理第1个1亿字的语料时,得到二字接续对61万对,人工甄别后得到有接续关系的接续对30余万对,没有接续关系的20余万对,**二字词组**8万条。注意他们称为**二字词组**,而没有叫二字词,是因为不想陷入界定词的学术争论。他们从真实文本中将"喷塑、蒜农、危改、市话、高检"等实用的二字结构收录下来,而不问其是否是词。在第2个2亿字的语料中,又增加了3万条二字词组,所以目前他们的词典中拥有的二字词语的总数是16万条。[①]《现代汉语新词词典》收录12年间的新词3710条,北工大宋柔等的"词典"却从7年的语料中收录了二字词语(包括以前词典不收的和新出现的)11万条,尽管双方收录的原则不尽相同,两个时间段的新词出现率也未必绝对可比,**但是我们还是需要思考:如果处理大规模真实文本的机器需求与人的需求有那么大的差距,或者即使差距不那么大但确实有不同的需求,我们还能够以滞后的语言知识面对语言知识不断更新的大规模鲜活文本吗?因为任何真实文本都是鲜活的。**

  这两个至关重要的问题现在还没有触及,或者触及了也还顾不上去深入研讨。因为比起目前亟待解决的其他问题(例如自动

---

  ① 以上数据由宋柔教授提供,参见宋柔、戴伟长等《现代汉语二字结构工程》,ICCIP98国际会议论文集。

分词、句法分析、语义关系等),这两个问题毕竟还太遥远了。语言信息处理的应用系统,当然需要一步一个脚印,一步一个台阶,不同的台阶有不同层次的应用软件。但是作为面向语言信息处理特别是面向网络语言信息处理的语言规划,不能回避这种新的需求、特点、内容、方法论等的研究,必须重新审视面向人的语言规划的局限和面向机器的语言规划的思路。

我们应该及早触及信息处理用语言文字规范的这两个"死穴",并探求它们的解法。

五、面向语言信息处理的语言规范模型

1. 一个遗留下来的难题

如前所述,专家们讨论面向人的语言规范时,已经深刻地认识到,虽然长期以来流行的"匡谬正俗"的规范模式是功不可没的,但是规范化的主要工作是对语言的变化作出评价和抉择,应该提倡动态规范的观念。并且专家们还分析了实际上存在着的两种规范:一种是"客观规范",是在约定俗成的基础上,遵从趋同、趋雅、趋易等原则自然形成的,是人们完全不能漠视的。一种是语言学家对"客观规范"的描写,称为"主观评价规范"。更重要的是他们还指出:语言规范工作科学性的尺度,也就是主观评价规范同客观规范相符合的程度。完全相符只能是理想化的目标,但应该使主观评价规范尽可能接近客观规范。[①]

不过,如何掌握这个"科学性的尺度",怎样去"接近客观规范",是一个尚未回答,也很难回答的难题。戴昭铭先生曾经指出:

---

① 参见戴昭铭《规范语言学探索》第51页,上海三联书店1998年。

"随着研究的深入特别是随着语言文字信息处理技术的发展,以往在规范问题研究上的不足也日益暴露出来。比如在理论上,对于语言规范的实质尚未得到深入的研究和一致的理解;对于在变动不居的语言现象中如何判定规范、如何建立规范仍未摸索出一套操作性强的具体办法。"[1]

2. 一个可能导致失控的变化

陈原认为:"有序是一种稳定的状态,它保证社会交际的正常进行。"[2]因此,尽管约定俗成地存在着"客观规范",国家仍然把制定并颁布推行相应的语言文字规范作为重要的工作,并且通过规范字词典、学校教育以及传播媒体和出版机构来推行这些规范,以使语言能够纯洁健康地发展。对于不符合规范的语言现象,学校的教师、媒体和出版机构的编辑和校对都有权改正。在信息时代,特别是进入网络时代,这种规范就更加重要,维护网络上语言文字的有序也就是维护网络的稳定。

然而事情发生了另外一些实质性的变化,我们不能不注意。例如:出版行为从单纯的社团行为变成了社团行为和个人行为。至今网络电子出版还没有明确的政府部门进行管理(我们这里指的是对于语言文字的管理而不是政治内容和黄色内容的管理),个人可以自由地注册主页,将自己的"文本"送到网上全世界发行。要知道那些众多的个人主页都是没有"责任编辑"和"责任校对"的,即使那些社团的主页,绝大多数也没有经过职业的编辑和校对之手,一些主页在语言文字方面可以说是错误百出、错误千出。这

---

[1] 戴昭铭《规范语言学探索》,上海三联书店1998年。
[2] 陈原《陈原语言学论著·卷一》第605页,辽宁教育出版社1998年。

可真是"未编辑的"、"不受限的"的真实文本了。这些文本中的"垃圾"甚至"垃圾文本"已经给语言文字的信息处理带来了问题,[①]它们的更深刻的消极作用今天也许还没有表现出来。**在这个至关重要的问题上,我们必须未雨绸缪,我们必须从语言规划的角度提出:这种现象会不会导致网络上的语言规范失控?如何既维护这种新技术给人们带来的"出版自由",又能维护网上语言的有序和稳态发展?失去网络语言的有序和稳态发展,最终导致我们失去自己的"网络家园"。**

我们必须思考一个两全的网络语言规划模型,这就是面向网络的语言规划的重要研究任务。

3. 一个面向网络的语言规划模型

面向网络时代的语言规划模型必须满足以下条件:

- 可以即时获取语言知识
- 可以动态更新语言知识
- 可以及时反馈语言知识
- 可以进行语言规范控制

要做到上面几点,必须建立语言知识的自动获取、更新、反馈和控制系统,而传统的单纯依靠人来进行的语言规划和规范工作基本上不可能满足上述自动化需求。智能化固然是诱人的,但智能化不能一蹴而就,因此,当前要准备一定的"启动知识"并加强语感的量化研究[②],在此基础上方可不断获取滚动知识。我们基于以上设想和前人的研究成果,试提出以下一个面向信息处理的特

---

① 参见张普《关于大规模真实文本语料库的几点理论思考》(本书 44 页)一文的"关于大规模真实文本及统计垃圾"一节。

② 参见张普《关于语感与流通度的思考》本书 67 页。

别是面向网络时代的语言规划模型：

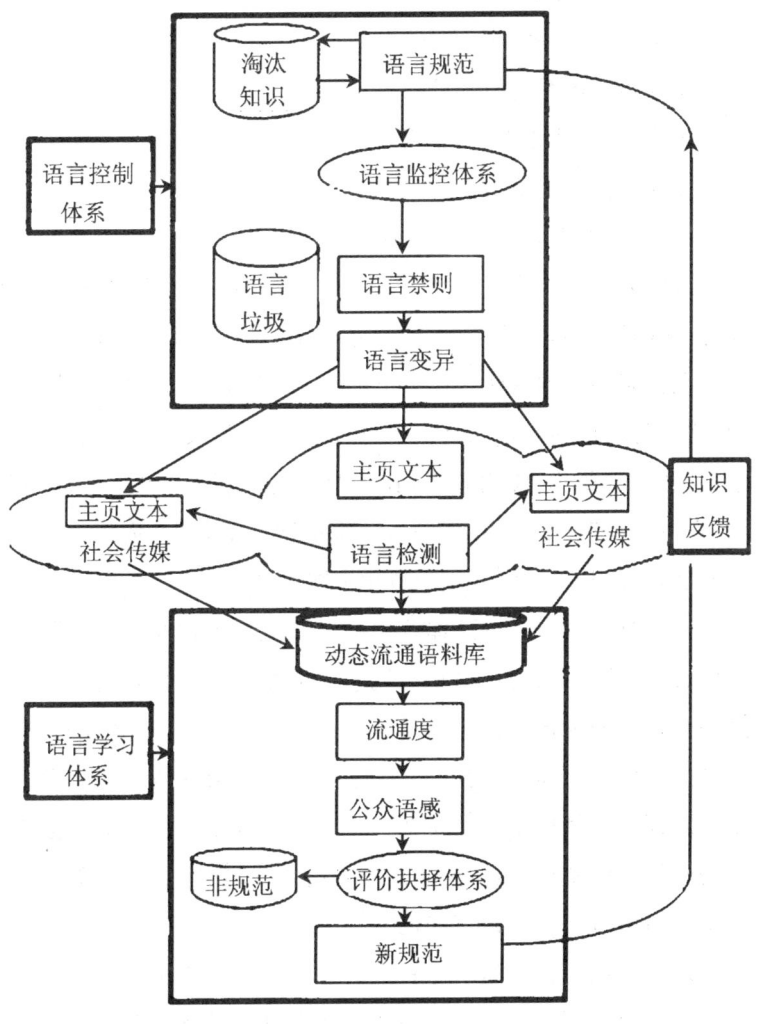

网络语言规划的 LC 模型

这是一个基于社会传媒的网络语言规划模型，模型的上下两

大部分,分别是:

- 语言自动控制体系
- 语言自动学习体系

在这两大体系之间的是:

- 语言知识自动反馈体系

在社会传媒之中的是:

- 主页和文本的自动检测体系

这四大体系构成了一个"学习—反馈—控制—检测"模型,可称为LFCC模型,简称语言的"学习—控制"模型,即LC模型。

在控制和检测这两个体系方面,实际上要伴随一定的政府行为,这是与以往的语言规范化相同的做法,但是政府行为还要依赖于一些时常更新的应用软件(比如"语言巡警"或"语言巡逻兵"、"语言清道夫"、"语言教师"等),以维护网络语言的"内稳态"和健康发展,这是与以往的语言规范化不同的做法。

对于"语言自动学习"体系中的动态流通度语料库、流通度的获取、语感的量化、公众语感与流通度的相似等方面,我们已经有过一些初步的论述,[①]这些论述都还是很粗略的,并且还没有涉及关键的评价抉择体系,我们还将进一步发表详细的论述和计划,并争取对评价抉择体系提出模型和验证。我们希望能够赋予电脑类似公众语感的知识,至少是接近公众语感的知识,以使电脑能走向自动学习(获取)新的语言知识。

理论上我们并不追求这种语言知识百分之百的规范,也不可能达到百分之百的规范。但是它应该做到大部分规范或绝大部分

[①] 参见张普《关于语感与流通度的思考》(本书67页)。

规范。LC模型应该追求的下一个目标是语言的整合和扬弃体系。

信息处理用语言知识动态更新的总体思考[*]

随着信息化社会的推进，人类发送和接收信息的方式也日益变化，人脑的信息处理水平和信息处理量越来越与电脑的信息处理水平和信息处理量息息相关。此前各种语言信息处理软件的"语言知识"都是由语言学家或者领域专家赋予的，随着电子版的文本、数字化的媒体、因特网的网站的几何级数的增加，各种新的知识呈加速度性增长，相应的信息处理用语言知识和规范（首先是词汇、术语知识及规范，其次是语法、语义、语用知识及规范）的动态更新问题已经迫在眉睫。所谓动态更新是与静态更新相对而言的，静态更新是在较长的时期中不定期的更新语言知识及其规范，动态更新是指随着社会语言交际的变化，在较短的时间里定期地或者即期地更新语言知识及其规范。

本文介绍近几年来我们在动态更新语言知识及其规范方面的总体构想。在论述了动态语言知识更新的必要性的基础上，从理论体系、基本方法、系统构成等几个角度对总体构想作了大略论

---

* 本文为2000年6月圣迭哥第12届北美中国语言学国际会议学术报告，《语言文字应用》2000年第2期刊发。收入本论文集时，由于是总论，原文与前面分论的文章重复的部分进行了删除或合并。

述,着重论述了动态流通语料库、流通度与流通度的量化、语感的量化与语感的计算机模拟、结构化的语言知识库等四个方面。

一、语言知识动态更新的必要性

1. 语言自身是每天都在变化的事物,只要有人类社会存在,语言交际就存在,随着人类社会的不断变化,语言也就不断变化,语言的知识和规范实际上处在绝对运动状态。

2. 由于新技术使人类的交际方式、出版行为发生空前深刻的质的变化,语言的变化速度正在加快,当今语言一年的变化可能大于过去十年的变化,而十年的变化可能大于过去一百年的变化。

3. 语言变化的速度使得任何人工编纂的词典(包括术语,下同)和语法规则都难以及时跟进修订。在中国中型词典的修订需要十年以上的时间,大型词典和专业词典的修订周期更长。至今没有任何一部词典能够每年修订一次,更不要说即期修订。

4. 词典是既往语言事实的定格,所以在我们进行大规模真实文本的信息处理时,任何词典都显得相对滞后,信息处理需要有及时更新的词典、即期更新的词典,动态更新的语言知识。我们需要"活"的词典去处理"活"的语言事实。

5. "活"的词典来源于"活"的语言事实。我们无法依靠人工从"活"的语料中随时寻找新的语言变化,以随时编纂新的词典供语言信息处理使用,我们也无法依靠机器自动搜寻以自动生成新的语言词典,因为机器不具备人的语感能力,不能自行评价和判断那些语言中的变化,不能自行进行吸纳和扬弃。目前世界上能够提供的更新语言知识的最好的办法是"机器自动回收——专家进行评价",即有人工后处理的计算机辅助更新,或者叫"协作性知识管理"。①

本文旨在探讨一种可以动态更新语言知识的新设想,为此我们已经进行了一系列的预备性研究,并发表了若干相关的论文。

二、信息处理用语言知识动态更新的总体构想

1. 语言知识动态更新的理论体系和基本方法
- 流通度理论
- 语感的量化和语感的计算机模拟
- 动态流通语料库
- 结构化语言知识库
- 动态语言知识评估
- 启动性语言知识和滚动性语言知识
- 语言知识的学习与扬弃
- 语言知识的提问与解释
- 语言知识的容错与纠错

目前,我们可以比较具体一点说明的是前六项内容的总体设想,后三方面的内容我们以后再细说。

2. 语言知识动态更新的系统构成

---

① 参见(1999.6) D. Vervenne, *Co-operative Knowledge Management Through a Thesaurus — Based Document Indexing Intranet : A Case Study in the Domain of Applied Epistemology*, Synthesis of the Ph. D. dissertation for the degree of Doctor in Philosophy,Promotor: Prof Dr. F. Vandamme UNIVERSITY GENT Faculty of Literature and Philosophy belgium。

信息处理用语言知识动态更新的总体思考　　105

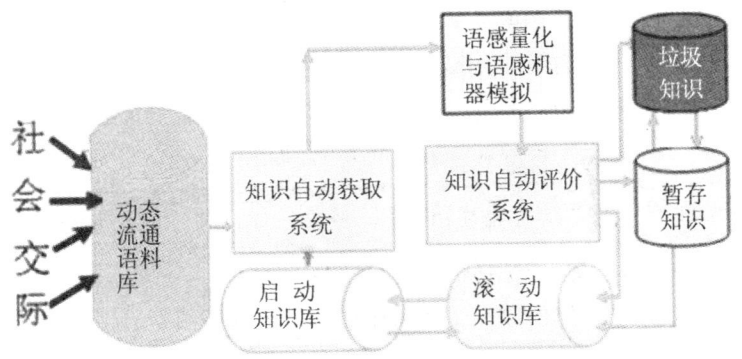

三、语言知识动态更新体系的说明

1. 关于动态流通语料库

(1) 语料库的类型：
- 生语料库和熟语料库
- 单语种语料库和多语种语料库
- 单媒体语料库和多媒体语料库
- 平衡语料库
- 平行语料库
- 监控语料库
- 虚拟语料库
- 动态流通语料库

(2) 三代语料库的划分：

语料库的发展已经历了第一代和第二代，目前正向第三代语料库发展。一般认为这种发展主要表现在以下几个方面：

语料：从单语种到多语种。

数量：从百万级到千万级再到亿级和万亿级。

加工:从词法级到句法级再到语义级和语用级。

就基于语料库的经验主义研究和语言统计分析而言,上述三个方面中,数量自然是衡量语料库的级别的十分重要的标准。

(3)"动态流通语料库"的特点:

我们认为:"动态流通语料库"是第三代语料库。衡量语料库是否进入新的一代,不仅看贮存数量,还要看加工深度,"动态流通语料库"为语料库的深加工提供了两个极为重要的新属性:动态性和流通性。这两个属性使语料库从过去的死语料库成为"活语料库",从而成为"活"的语言知识的生存环境,如果说"活"的词典、"活"的语言知识是鱼,"活语料库"则是水。

- 动态性

"动态流通语料库"的语料是追踪语言的交际不停地即期获取的,从而可以进行历时语言知识的评价和抉择。它的库容量、文本抽取领域、文本抽取媒体、文本抽取时间等都不是一成不变的,而是由一些因素动态决定的,在这方面我们与"监控语料库"和"虚拟语料库"的主张有一些相似之处。[1]

- 流通性

"动态流通语料库"是依据流通度来确定抽样的媒体和文本的,因此"动态流通语料库"的文本均具有一个新的属性:流通度。流通度具有量化的属性值,其量化值取决于文本的发行量、发行周期、发行地区、阅读率等数据,就网络而言,与主页的访问率、链接率、下载率等数据有关。文本的流通度将决定基于这些文本获取

---

[1] 参见 John Sinclair《Corpus Concordance Collocation 语料库、检索与搭配》,上海外语教育出版社 1999 年。

的语言知识的流通度。各种语言成分的流通度首先是基于频度的,但是却比频度更加科学地描述了其流行通用的程度。流通度是语料库的一个极为重要的新属性,它使语料不仅发生量变而且发生质变。我们据此有可能进行人类语感的量化和语感的计算机模拟。

2. 关于流通度和流通度的量化

(1) 流通度定义

"流通度"(circulation)是一种语言现象在社会传播中的流行通用程度。流行通用程度高,人们的视觉、听觉已习惯于接受,就感觉能说;否则,就觉得陌生,不顺畅,不能说。语言的流通度与社会传媒的流通度密切相关。流通度不仅是判定新词、新义、新用法的重要条件,也是判定方言词语、术语、文言词语、外来词语是否进入普通话、是否进入通用领域、是否合乎规范的极为有效力的量化操作标准。这样看来,语料的流通度的选择,首先是社会传媒的流通度的选择,就显得十分重要。

(2) 社会传媒及语言知识的流通度体系

流通度是一个普遍适用的概念,是一种普遍存在的现象,它存在于两大类媒体——书面文本媒体(报纸、杂志、图书等)和口头文本媒体(广播、电影、电视等)——之中,也存在于因特网上。首先是媒体具有流通度的属性和属性值,其次是刊载于这种媒体的文本具有流通度属性和属性值,再次是依据这种文本所获取的语言知识也具有流通度的属性和属性值。我们已经给出这两种媒体的流通度层次框架及其相应的标记体系,可参见本书"**第四部分 应用篇**"中的《1997中文报纸媒体流通度分析》。

(3) 流通度的量化

我们提出书面流通度的最简单最基础的参数计算公式：

$Ct = Vc \cdot Dc \cdot Ac \cdot Fc \cdot \cdots \cdots$ 即：

流通度＝流通量·流通密度·流通空间·流通率·……

流通量(the volume of circulation)、流通密度(the density of circulation)、流通空间(the area of circulation)、流通率(the frequency of circulation)的分析请参见本书"**第一部分　思考篇**"中的《关于大规模真实文本语料库的几点理论思考》。

3. 关于语感的量化与语感模拟

(1) 关于语感

语感(Intuition)是对语言运用的正误、优劣、常殊的一种直觉或者说就是对一种语言现象流行通用程度的感觉。语感能力是一种最基本的语言能力，是对表述得正确不正确(即"信")、顺畅不顺畅(即"达")、恰当不恰当(即"雅")的一种直观的认识能力与审析能力。我们用符号 I 来表示语感。

任何一个人的语感(我们用 I 来表示)都是有稳态部分和动态部分这样两种成分的，所以，语感的公式是：

$I = Id + Ic$ 　　(I:语感；Ic:共同感；Id:差别感)

(本书的《关于语感与流通度的思考》一文中语感的符号用汉语拼音缩写 Y，到本文发表时认为语感的模拟公式对其他语言的研究具有普适性，改为用英文词的缩写字母 I。)我们说 Ic 是稳态而不说是静态，因为共同感并非静止不变，只是相对稳定而已。随着时代、民族、国家、社会的发展，随着人类文明的进步和世界经济的交融，"共同感"也会发生变化，只不过无论怎样变化，无论变化大小、快慢，对于每一个人来说，这部分永远是一样的。我们主要分析差别感。

(2) 关于语感差别

"关于语感差别"的分析请参见本书"**第一部分 思考篇**"中的《关于语感与流通度的思考》。

(3) 关于公众语感

共同语感 Ic 总是稳态的语感,是操同一语言的全体人的语感。差别语感 Id 总是动态语感,是操同一语言的部分人的语感,这"部分人"有三种情况:少部分人、大部分人、一半人。刚好一半人说的时候是偶然的,少部分人、大部分人说的时候是必然的。只有当一种语言现象为大部分人或者绝大部分人所接受时,这种语言现象才可以说是比较成熟的,已经流通了。如果需要进行语言规范,除了共同感的部分进入规范外,这种已经为大部分或绝大部分人接受的语言事实也常常进入规范。我们把这种代表大部分或绝大部分人的语感称为公众语感,用符号 Ip 来代表,Ip>Ic,即公众语感不仅包含了共同语感,其外延还包括一些大多数人认可的部分。

一大批这种"多数人认同"的语言事实进入规范后,自然会遭到对这种事实语感不强的少数人的反对,那是很正常的。只不过我们无从证明反对者就是代表少数,所以规范常常陷入两难的境地。当然,反对者当时可能代表多数,时过境迁后来又可能成为少数,语言随时都在发生变化,这也常常使我们的一些语言学家陷入尴尬的境地。例如:当初被极力禁绝的"人均、达标、彩电、面的、邮编、焗油"等,最终顽强地生存下来,有的甚至进入词典。

(4) 关于语感的量化和语感模拟

倘若语感可以量化、可以计算,我们就能科学地找到规范化的"多数"的依据,从而以"(数)理"服人,而不仅仅是以权力或权威服人。我们进一步的目标是叫电脑模拟人脑。赋予电脑语感,实际上就是给它一个"大多数"的阈值,叫电脑能科学地判定那些"成熟的"、"已经流通的"语言事实,自动地"认可"和"接受",这就是自学习和自反馈,就是人工智能研究所追求的高智能境界。

我们认为,对于操同一种语言的人的公众语感无论进行周遍统计还是抽样统计,都是不现实的,也难以确定科学的抽样原则。我们发现所谓个人语感和公众语感都是对于语言成分的流通度的一种感觉。因此我们提出用流通度相似于公众语感的量化方案,我们说"相似",是因为流通度本身并不是精确的,它已经略去了一些影响语言流通度的因素,例如:个人之间的语言交际也是一种发表和流通,但是受众和影响有限,与大众传媒的复制与流通相比较,对于语言流通度的影响就忽略不计了。此外,还有学校教育、父母教育等。所以,依据大众传媒的流通度计算出来的语言的流通度,客观上只是流通度的一种最大接近值,这一点我们还要另文详述。而公众语感就是绝大多数人对这种流通度的感觉。所以,我们有:$Ip \approx C$。这样我们就可以从流通度的量化进入语感的量化,进而计算语感,模拟语感。这是极其关键的一步,对于计算机的智能化、人性化具有相当深刻的意义。

4. 结构化的语言知识库

(1) 关于启动知识库和滚动知识库

为了动态更新语言知识,我们必须给更新体系注入一定的启动知识,即建立启动知识库。这样的启动知识库我们在此前的语言信息处理中实际上已经基本具备了,如上文所述,这个库好比是"鱼苗",以便它可以在"动态流通语料库"这样的"活水"中渐渐长大,长大的"鱼",就是含有新的语言知识的滚动知识库。滚动知识库又作为新的启动知识库,启动在动态更新环境中的新一轮的滚动,如此不舍昼夜,这样的学习人将莫及。

(2)关于结构化的词典知识库

语言的各个平面并不是以同样的速度在更新,语音、词汇、语法、语义中,词汇和语义是最活跃的部分。就是词汇和语义也不是每个成分的变化都一致。我们认为研究语言变化的规律性,建立适应语言知识动态更新的结构化语言知识库,是实现语言从启动知识到滚动知识的循环往复的重要环节之一。在结构化的语言知识库中,结构化的词典是首先要建立的。

我们提出结构化词典的基本结构设计:

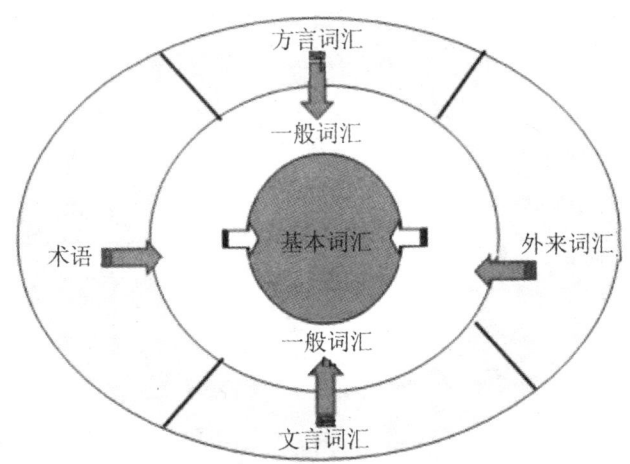

结构化词典的内核是最稳定的部分,越向外层越活跃,变化越大越快,并且有一些语言成分从外向内发展,逐步走向稳定。

四、未结束语

动态更新语言知识的研究工作刚刚开始,我们并不认为这个总体思考是绝对不变的,它也是不断变化和更新的,事实上一些细心的读者会从我们的一系列文章中发现这些变化和更新。不过,它的一些基本理论、基本方法、基本思路是相对稳定的,也是动态更新语言知识体系的内核。

这些内核来自于理论语言学、社会语言学、认知语言学的思考,它们并不是只就汉语信息处理而言的,而是适合信息时代的数字化的普遍语言信息处理的,是跨语言的,超语言的。这些内核将会在实践中越来越完善,越来越稳定。

关于汉语语料库的建设与发展问题的思考[*]

一、汉语语料库的创建

1. 语料库的术语国家标准

在1990年公布的国家标准(GB 12200.1—90)《汉语信息处理词汇 01部分:基本术语》中,对"语言资料库"(即语料库)及其相关的"文本"和"语言知识库"已经都有所界定:

4.2.1.14 文本 text
  语言的符号串,文字信息的处理对象。

4.1.2.15 语言资料库 corpus
  文本的有序集合。各种分类、检索、综合、比较的基础。

4.1.2.16 语言知识库 language knowledge base
  计算机所存储的语言知识的集合,它是计算机从语音、文字、词汇、句法、语义、语用等角度对语言进行信息

---

[*] 本文获国家973重点基础研究发展规划项目"面向大规模真实文本的汉语计算理论、方法和工具"(项目批准号:G1998030507—2)的子项目资助。同时获国家语言文字应用"十五"科研项目"报纸流行语跟踪研究"(项目号:YB105—63E)的资助。刊载于徐波等主编《中文信息处理若干重要问题》,科学出版社2003年。

处理的基础。

这个国家标准是1986—1988年期间经过七稿修订报批的。制定过程中,曾在中国中文信息学会广泛征集意见,几乎当时绝大部分有代表性的语言信息处理专家,包括计算机专家和语言学家两部分学者,都参加了反复的研究和讨论,[①]今天看来,虽然不无可推敲之处,但基本上是正确的。

语料库是文本的集合,但不是随便的集合,而是文本的"有序集合",至于是什么序,则是和建库的目的、研究的目的、加工的目的有关的。这些"目的"被概括为"各种分类、检索、综合、比较",语料库就是这些加工工作的"基础"。

2. 从中文信息处理到汉语信息处理

本来GB 12200.1—90这个国家标准研制的项目叫"中文信息处理词汇研究",不叫"汉语信息处理词汇研究",因为这方面的学会名称也是"中国中文信息学会"。当时在上海还有一个"汉字信息处理系统研究会",和中国中文信息学会一南一北,十分活跃。1989年我曾经说:"很长一个时期以来,在我国学术界没有提'汉语信息处理',甚至一开始也不叫'中文信息处理',而是叫'汉字信息处理'(Chinese character information processing),这是因为汉语信息处理的开端是由'字处理阶段'入手的,这个阶段是汉语处理所特有的。西文无所谓'字',二十六个拉丁字母(或其他字母)及必要的符号解决之后,就直接进入词处理阶段,同时,由于有较

---

① 参见张普《关于制定〈汉语信息处理词汇〉国家标准的若干问题》,载《武汉大学学报》1988年第1期;张普《〈汉语信息处理词汇 01部分 基本术语〉国家标准(草案)的研制说明》。两文均收入张普《汉语信息处理研究》,北京语言学院出版社1992年。

丰富的形态标志,词处理向句处理的过渡也有良好的基础。"①

　　汉字频度、汉字编码、汉字输入法、汉字交换码、汉字内码、汉字点阵、汉字库、汉(字)卡等等一系列的研究,构成了汉语信息处理的字处理阶段,而词频统计、词汇编码、词库设计、自动分词、分词规范、词性标注、电子词典等一系列的研究构成了汉语信息处理的词处理阶段。汉语只有进入了词处理阶段之后,才算是真正开始了语言信息处理的研究。那时候大家的认识是:字处理只不过是汉语信息处理的序曲、奠基或前提,中国中文信息学会的刘涌泉副理事长在一次会议上就曾经风趣地说过:"学会的二级专业委员会中,汉字编码专业委员会寿命最短,别看现在它最热闹,自然语言处理专业委员会寿命最长,尽管现在它最冷清。"因为自然语言处理专业委员会研究的是语言信息处理,在中国主要是汉语信息处理。

　　基于这样的认识,我们在研制《中文信息处理词汇》的过程中,最重要的成果是将项目名称"中文信息处理词汇研究"更名为"汉语信息处理词汇研究"。该标准的第一集"基本术语"最前面的"一般术语"中,第一、二、三条术语收录的就是:"语言信息处理"、"汉语信息处理"、"汉字信息处理",没有收"中文信息处理"这一条,考虑到学会名称和学术发展的历史,在"汉语信息处理"条的解释中,有一句"有时又称中文信息处理"。②

---

　　① 张普《中文信息处理研究与发展前瞻——中国语言研究面临的挑战与机遇》,载《计算机信息报》(现名《中国计算机报》)1989年12月19日。收入张普《汉语信息处理研究》,北京语言学院出版社1992年。
　　② 张普《〈汉语信息处理词汇 01 部分基本术语〉国家标准(草案)的研制说明》,载张普《汉语信息处理研究》,北京语言学院出版社1992年。

正是由于进入语言信息处理层次的汉语信息处理的需求,基于汉语语料库的研究日渐蓬勃,汉语语料库的研究、建造和加工成为计算语言学领域一个重要的分支和强大的支柱。

3. 面向语言本体研究和语言教学研究的语料库

中国语料库的建设始于上世纪70年代末和80年代初,那时的语料库大多不是为了自然语言理解的目的。无论是汉语语料库,还是其他语种的语料库,最早的语料库建设都是面向语言本体研究或语言教学研究的现代化的。[1]

例如:我们在武汉大学建立的"现代汉语语言资料库",收录语料的原则完全遵循传统的"以典范的白话文著作为语法规范"的原则,因此入选的文本当然就是老舍、曹禺、巴金、叶圣陶等诸位先生的名著全文。所以有人把我们的语料库叫做"中国文学名著语料库"。当时那个语料库的软件系统就已经可以进行字的频度统计,生成汉字"频度表",自动编纂"逐字索引",还可以统计专著的句长频度,计算平均句长,可以检索每个字的上下文。语料库的直接作用是为当时编纂的《汉语大字典》补充现代汉语例句,同时还由四川人民出版社出版了一套《现代汉语语言资料索引》,也主要是为语言工作者(那时大家都没有电脑,见到过计算机的人也为数不多)做研究时查找例句使用。第一册书前有吕叔湘先生的《序》,他在最后说道:"他们的工作在语言研究手段现代化这件事上做了一个良好的开端,我希望有更多的语言工作者和计算机专家结合起来,把这项有重大意义的工作推向前进,取得更丰硕的成果。"[2]我

---

[1] 参见黄昌宁、李涓子《语料库语言学》第一章,商务印书馆2002年。
[2] 吕叔湘《序》,载《〈骆驼祥子〉逐字索引》,四川人民出版社1983年。

那时在语言学的"六五"规划会上也是公开地说"我们愿意做大家的资料员"。1980年我在《中国语文通讯》第2期的《关于语言研究手段的现代化》中也说:"不采用现代化的搜集资料的手段,新的研究方法的使用,新的语言理论的产生都要受到局限,我们必须在语言研究现代化的进程中把研究手段的现代化置于格外重要的地位。"到了1983年初,我们就在全国语言学规划会议①和中国中文信息研究会第2次学术年会②上分别报告和散发了《语言自动处理中心和现代化语言资料中心的建设规划》,内容包括一软三库,一软是"语言自动处理软件系统",三库是"语言资料库"、"语言知识库"和"语言数据库"。我在《建设规划》中有一张图,描述语言研究现代化的三个组成部分:

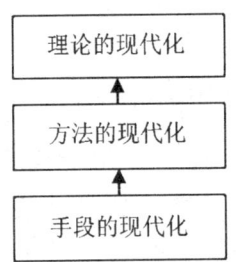

图1　语言研究现代化的三个组成部分

足见早期我们的语料库建设明显地是从语言研究的现代化出发的,说那时的语料库建设的主要目的是为了语言研究的现代化是恰如其分的。

当时杨惠中、黄人杰在上海交通大学做的是"英语语料库",其

---

① 1983年3月在山西太原召开。
② 1983年5月在湖北武汉召开。

进展速度和规模与我们差不多,目的也是为研究语言本身来服务的。

而 1985 年北京语言学院(今北京语言大学)建成的"现代汉语语料库",北京师范大学建成的"中小学语文课本语料库",则都是面向汉语教学的,前者面向对外汉语教学,后者面向国内中小学语文教学。[①]

4. 面向语言信息处理的汉语语料库

差不多同时,早期的面向语言信息处理的汉语语料库建设也开始了。1981 年,由北京航空航天大学为主办单位,北京大学、中国人民大学、武汉大学等 10 所大学为参加单位,承担了国家科委委托国家标准局下达的"现代汉语词频统计"任务,为此建立了一个现代汉语语料库,该语料库从约 3 亿字的选材中抽样采选了约 2500 万字。

"现代汉语词频统计"1986 年 6 月 30 日完成了国家级鉴定。该工程收录的语料从 1919—1982 年,共分为四个时期采选语料,即第一时期(1919—1949 年)、第二时期(1950—1965 年)、第三时期(1966—1976 年)、第四时期(1977—1982 年),每一时期都分为社会科学和自然科学两大类,每一大类又分为五个子类。选材来源包括报纸、期刊、教材、专著、通俗读物(包括科普读物)等。各类都有一定比例,采用随机和有规律抽样的原则来采样。研究的主要目的和结果是要确立"中文信息处理用通用词表",词表的确立考虑了频率(P)、状态数(Z)、均匀性(J)、定型性(D)、覆盖率、词长函数(K)、状态函数(L)等因素。选词函数(F)为:$F = P \times Z \times L \times J \times D \times K$,其中:

[①] 参见张普《现代汉语语料库建设》(本书 353 页)。

P×Z为词的使用度,L×J×D×K为选词因子,其选词函数可以说既考虑了共时因素,也考虑了历时因素。这个语料库的面向语言信息处理的性质是十分清楚的了。由于要建立中文信息处理的"通用"词表,所以在语料的采选方面更考虑其平衡的特点,因此语料库更接近于"平衡语料库"。由于立项的当时还处于"汉字信息处理"阶段,所以词表的建立考虑的是"中文"信息处理通用,而不是"汉语"信息处理通用。甚至可以说当时主要考虑的是汉字编码输入的问题,词表当时"不收单字词"(GB2312字符集中已有),"多字词优先",并明确地说:"以二字词为主。但是,因为三字以上词的收录可以**更好地提高编码输入及传输的效率**(黑体为笔者所变),而且词的字数越大越有利,因而,酌情加大多字词的收录。"[①]这就足以说明其主要是为了汉字编码输入的目的了。

不过,这次词频统计采用了人工分词和计算机自动分词相结合的方法,从自动分词的角度看,是进入语言信息处理的开始阶段了。自这个语料库开始,面向语言信息处理的语料库建设一发而不可收。

所以,从建设的目的来看,我们可以把语料库分为两大类:一类是面向语言的本体研究和语言教学的,一类是面向语言信息处理的。二者之间的目的明显不同,虽有差别,但也可以互相参考或服务。例如:北京语言学院出版的《现代汉语频率词典》本来是为对外汉语教学参考的,但是信息处理界也大量借鉴;北京航空学院的"现代汉语词频统计"本来是为信息处理用的,对外汉语教学领

---

① 刘源等《现代汉语词频测定及分析》,载陈原主编《现代汉语定量分析》,上海教育出版社1989年。

域制定HSK(汉语水平考试)的词汇等级大纲时也作为重要的依据之一。更重要的是,因为要得到面向机器的语言规则,基于语料库的统计分析也需要语言学家的支持和参与,计算语言学专家和计算机专家也采取"将欲取之,必先予之"的做法,帮助语言学界建立语料库和语料库的加工、检索工具。另外,一些接受了对语言进行计量分析和形式分析方法的语言学工作者也同样采取"工欲善其事,必先利其器"的态度,学习语料库的开发或积极与计算机界合作。从上世纪90年代开始,随着国际计算语言学领域向大规模真实文本信息处理的战略转移,我国计算机界与语言学界在语料库语言学领域的合作进入了一个新的阶段。许嘉璐教授在任国家语委主任期间,与已故中国中文信息学会理事长陈力为总工,共同致力推进了国家级语料库的建设,并加快了面向语言信息处理的语言文字标准和规范的研究。[①]

国际上语料库建设与研究的发展历程也大致如此,也是有面向语言研究和教学的现代化的语料库建设和面向语言信息处理的语料库建设两类,并且这两类正在互相支持,互相促进,互相渗透。本文主要谈汉语语料库的建设与发展,因此不过多涉及国际语料库的问题,只在某些时候需要借镜时会提到。

二、大规模真实文本汉语语料库

1. 规范文本与真实文本

从90年代开始,国际自然语言处理领域发生了一些重大变

[①] 参见许嘉璐《关于语言文字规范问题的若干思考》,载《语言文字应用》1998年第4期。

化。其重要特征之一就是转向对大规模真实文本的研究和处理。毋庸讳言,以大规模真实文本为基础的语料库及其语言研究和知识自动获取受到高度重视,并且越来越走向深入和实用。1993年清华大学黄昌宁教授在《语言文字应用》第2期发表《关于处理大规模真实文本的谈话》,指出国际计算语言学界已经把大规模真实文本的处理确定为未来一个时期的战略目标,这将会给语言文字的研究带来巨大的影响,他还认为这种变化和发展给语言文字研究带来的巨大影响之一就是语料库语言学的崛起,该文引起语言学界的注意。

黄昌宁先生还说:"最原始、最可靠的语言证据只能来自使用中的客观的语言材料。这就是语料库语言学的一个基本观点。"他还认为:"在一个专业领域中能否处理未经编辑或非受限的真实文本以及处理文本的数量之多少,本来就是衡量一个自然语言系统究竟是实用化系统还是实验性系统的准则。"①

黄昌宁教授为"真实"至少指出了三点:使用中的、未经编辑的和非受限的。

从这三个特点出发,我们认为"使用中的"、"未经编辑的"、"非受限的"文本有一个基本共同点,就是这些文本一般来说是含有一定错误的文本,或者说是含有非规范用法的文本,这样的文本才是真实文本。

但是面向大规模真实文本的这样的转移,却与语言学界传统的语料收集,特别是语言规范的研究格格不入。《语言与语言学词

---

① 黄昌宁《关于处理大规模真实文本的谈话》,载《语言文字应用》1993年第2期。

典》中"Prescriptive Linguistics"条目有两种解释,一种解释是"规定语言学",或者译作"规范语言学",指的是"一种对待语言研究的态度,它试图建立正确用法的规则,古希腊和古印度的语法学家曾试图**以最著名的文学著作作为范本**(黑体为笔者所变)来确定这种规范。这是一个直到今天许多经典语法著作一再重复的传统"。[①] 我们的早期语料库的语料都是选择语言大师们的作品,所尊崇的原则正是"以典范的白话文著作为语法规范"。

实际上,从事社会语言学和计量语言学研究的学者,已经注意到"规范文本"的限制,专门进行语料库语言学研究的学者更有清楚的认识。John Sinclair 曾说:"如果对于语言的用法我们有一种更趋向现实的看法,我们必须记录下大量普通作家语言的使用法而不是少数几个天才的和聪明的记者的笔法。""为了研究词在文本中的真实情况,我们需要有大量的关于词的出现情况统计。"[②] 而这和国际计算语言学界向大规模真实文本的战略转移又是不谋而合的。

在语言的信息处理方面,面临的问题是:不仅要能处理规范文本,而且必须要能处理大规模真实文本才能走向实用。一方面是处理大规模真实文本的需要,须知按照从"规范文本"提取的语言知识训练出来的语言信息处理系统,就像生活在"无菌环境"中的婴儿,一碰到"真实世界"中的大规模真实文本的非规范现象,动辄"伤风感冒"是必然的。另一方面也是语言本身客观需求,也要看

---

① R. R. K. 哈特曼、F. C. 斯托克《语言与语言学词典》,黄长著等译,上海辞书出版社 1981 年。

② John Sinclair《Corpus Concordance Collocation 语料库、检索与搭配》第一章,上海外语教育出版社 1999 年。

到语言本来就不是静止的,语言各个层面所有的变化,在一开始都会被视为是不规范的现象,但是一旦跟从者众,就会约定俗成。

语言需要社会规范,使用语言进行交际时要遵循规范,这和允许个人使用语言时含有不规范现象并不矛盾。规范与发展应该是辩证统一的。我们甚至可以说一切创新都隐匿在非规范非约定的现象之中,语言的生命力就体现在规范和非规范的不和谐规律之中。例如:一切新词、新义、新用法一开始总是不在约定和规范之中的,通过"对话"和"讨论",利用"已知"对"新知"作出"解释"或"纠错","新知"一旦被大家接受并广为传播,最终将进入约定或规范。如果不能对话或者没有解释,理解就只能是通过上下文进行"容错"式的模糊理解。自然语言理解所面对的众多阅读理解文本,常常就是这种真实文本,只能进行容错式的模糊理解的文本。

因此,在某种意义上说,没有这种面对真实文本的应用,自然语言理解也就没有了生命力,失去了机器学习(新知识)的机会。而在这方面,研究语言的历时变化的社会语言学家,研究变化的成熟度的计量语言学家和研究语言标准和规范化的学者们,同样关注基于大规模真实文本的语言的统计分析。

2. 经验主义与唯理主义

黄昌宁(1993)在同一篇文章中还认为语料库语言学的崛起反映了"现代语言学研究中经验主义思潮的复苏",在语法研究方面促动"从宏观到微观的回归"。

经验主义与唯理主义在计算语言学界的体现常常被归结为:"基于语料库"的和"基于规则"的。基于语料库就是"基于统计"的,基于规则就是"基于内省"的。前者是经验主义的,后者是唯理主义的。这两种基本方法和两种方法的结合对计算语言学界的影响之巨大和深远是众所周知的。除唯理主义方法外,经验主义方法和两者结合的方法都离不开大规模真实文本的语料库。在对唯理主义盛行和经验主义复苏进行了分析之后,黄昌宁等说:"80年代以来语料库语言学的复兴,在很大程度上反映了语言学界的一种普遍心态,即想要恢复语言研究中人工数据和自然数据的平衡。既然语料库的研究方法和基于内省的唯理主义方法各有长短,为什么不能让二者共存或结合,以充分发挥其互补的优势呢?"[1]

无论是从面向语言本体研究看还是从面向语言信息处理研究看,超大规模动态连续的语料库,都是民族的国家的数字化的基础资源,语料库的建设和语料库语言学在世界各国的崛起,国家级语料库的纷纷出现及在世界各国所处的重要战略地位,都应该引起我们的高度重视。

没有一个强大的不断滚动和不断深入加工的国家语料库,即使进入了汉语信息处理阶段,要想在汉语理解方面取得决定性的重大突破也是十分困难的。我们也许可以说:**汉语信息处理的深度是与语料库的加工深度相辅相成的。**

许嘉璐(2000)曾说:"到目前为止,中文信息处理基本上还停留在'字处理阶段',也就是说计算机对汉语的'认知'是一个字一个字地进行。""如果我们说得'宽宏'一些,最多可以说现在是处在'字和词处理之间'阶段。""中文信息处理技术虽然在有些方面有所进步,但至今还没有跨上'语言处理'这个台阶。"[2]如果从应用的角度看,当时的评价也不为过。

---

[1] 黄昌宁、李涓子《语料库语言学》第12页,商务印书馆2002年。
[2] 许嘉璐《现状和设想——试论中文信息处理与现代汉语研究》,载《中国语文》2000年第6期。

3. 语感是理性主义还是经验主义

理性主义是基于内省的,而内省的规则主要是依据语言学家的直觉和语感。理性主义的典型代表是 N. Chomsky、C. J. Fillmore 以及 Schank 等。

但是什么是直觉?语感是怎么得来的?从表面上看,的确是表现为语言学家的主观"理性",这种理性来自语言学家的直觉和语感(俗称"拍脑袋"),而深入追究的话,语言学家的直觉和语感又是从哪里来的?是否是来自先天和遗传?受篇幅所限,本文不准备讨论这个复杂而目前又说不清楚的问题。公认的看法是至少与后天的语言实践有关,语感和直觉的产生,都是后天的语言实践的结果,直觉和语感都是从客观语言实践获取的。因此,每个人的语言实践的历程不一样,直觉和语感就不会相同。① 包括文化水平、阅读范围、交际领域、个人性格等等因素都会影响到直觉和语感的形成与区别。

所以,我认为直觉和语感看似是理性主义的,说到底还是经验主义的。只不过基于语料库的经验主义是用抽样统计的方法获取的大家的(或者说是大众的、公众的)语言实践经验,是一种共时的经验,所以常常费尽心机,务求"平衡";而基于内省的所谓"理性",其实就是某个个人自己的语言实践经验,是个人一生的语言实践的积累的结果,是历时的语言实践经验。

三、语料库的类型

1. 平衡语料库与平行语料库

(1) 平衡语料库主要是从语料代表性与平衡性出发的。我们

---

① 参见张普《关于语感与流通度的思考》(本书67页)。

曾经提出语料采集时的七项原则,即:语料的真实性、语料的可靠性、语料的科学性、语料的代表性、语料的权威性、语料的分布性和语料的流通性。其中的分布性还要考虑语料的学科领域分布、地域分布、时间分布、语体分布等。

何婷婷认为平衡语料库是"预先设计语料库中语料的类型,定义每种类型所占的比例,并按这种比例组成语料库,如众所周知的Brown语料库"。①

黄昌宁和李涓子则认为:"语料库的代表性和平衡性是一个迄今都没有公认答案的复杂问题。里奇(Leech,1991)曾指出,一个语料库具有代表性,是指在该语料库上获得的分析结果可以概括成为这种语言整体或其指定部分的特性。早期布朗或LOB语料库的结构是经过小心设计的,因此它们通常被分别视为美国英语和英国英语在那一特定时期的代表。当然,代表性和平衡的概念在最终的分析中取决于判断,而且只能是近似的。"②

我也曾经在1999年说过:"虽然散布和分布的考虑使得语料库的建立进一步科学化,但也仍然存在值得推敲的问题,主要的问题是:1.各个分布点所选取的语料量的科学依据是什么? 2.使用度是否已经完全真实地反映了语言的使用情况?"③

例如:以"新闻报刊"语料而言,在不同的语料库中所占的"平衡"比例并不一样。北航现代汉语词频统计语料库中占16.2%,国家级现代汉语语料库中占13.79%,国家"八五"汉语语料库中

---

① 何婷婷《语料库研究》,华中师范大学博士论文,2003年。
② 黄昌宁、李涓子《语料库语言学》第26页,商务印书馆2002年。
③ 张普《关于大规模真实文本语料库的几点理论思考》(本书44页)。

占14.3%,①北京语言学院现代汉语语料库中占24.39%,而著名的布朗语料库和LOB语料库分别各占17.6%。哪个比例是科学的?

又如:1999年我曾经列举之前早些年使用度较高的"粮票、万元户、脑黄金、呼啦圈、大哥大",现在已经用得不多了,之前早些年使用度不高的"证券、股票、保险、互联网、光盘、手机、焗油"现在用得正火,而现在用得正热的"房改、下岗、分流、克林顿、回归"过两年使用度又会如何?现在使用度还不高的"欧元、埃居、天网、地网、视窗98、远程教育、全数字电视"等过几年又会怎样?今天看来,当时估计的"高的下去"和"低的上升"都"不幸言中"了,那是因为语言在不断变化,所以我们还需要探讨监测语言变化的动态流通语料库。

(2) 平行语料库一般说有两种含义。一种是在一种语言中的语料上的平行。例如正在建立的"国际英语语料库",共有20个平行的子语料库,来自以英语作为母语或官方语言和主要语言的国家,如英、美、加、澳、新(西兰)、新(加坡)、印(度)等,其平行表现为语料选取的时间、对象、比例、文本数、文本长度等都几乎是一致的。建库的目的是对不同国家的英语进行对比研究。又如:香港理工大学的"内地香港台湾汉语语料库"、香港城市大学的"中文五地区共时语料库"也都是一种平行语料库,要研究华语在不同地区的使用情况和进行对比分析。后者对不同地区采样的媒体、采样的时间以及内容、版

---

① 参见黄昌宁《关于"八五"汉语语料库选材原则和语料分布的初步考虑》,载陈力为、袁琦主编《中文信息处理应用平台工程》第19—25页,电子工业出版社1995年。

面、字数等也都有严格一致的规定。这类平行是语料采样的平行，是文本（外）的平行。

另一种平行语料库是在两种或多种语言之间的平行采样和加工，例如：机器翻译中的"双语对齐语料库"，两种不同语种的同一内容文本内部平行，法国国家科研中心CADAB实验室的"圣经语料库"，收集各种不同语种和版本的《圣经》进行比较研究，多种语言的同一内容文本内部平行。这是语料加工的平行，是文本内的平行。

2. 通用语料库与专用语料库

所谓通用语料库实际上与平衡语料库是从不同角度看问题的结果，或者说是与专用领域对举的结果。为了某种专门的目的，只采集某一特定领域、特定地区、特定时间、特定类型的语料构成的语料库就是专用语料库。例如：新闻语料库、科技语料库、中小学生语料库、中介语语料库、北京口语语料库等。

实际上我们很难界定什么领域是通用领域，什么样的语料属于通用语料。但是对于专业术语而言，我们确实可以把在各个领域都使用的非专业术语的那些词语叫通用词语。所以通常也没有人能建立一个只用通用词语的文本构成的语料库。

一般都是把抽样时仔细从各个方面考虑了平衡问题的平衡语料库也叫通用语料库。何婷婷将国家级语料库称为"现代汉语书面语**通用平衡样本语料库**"，黄昌宁、李涓子在描述台湾地区"中研院"的平衡语料库时说："他们的最初目标是要建立含两百万词次的语料库，几年后又将最终目标确定为五百万词次，接近计算语言学界**通用语料库**的规模。"他们所说的"通用语料库"实际上都是某一种平衡语料库。

3. 共时语料库与历时语料库

(1) 所谓共时语料库是为了对语言进行共时研究而建立的语料库。按照索绪尔的观点,共时研究是研究大树的横断面所见的细胞和细胞关系,即研究一个共时平面中的元素与元素关系。中文五地共时语料库就是收集的典型的共时语料,由香港城市大学建立的这个语料库预计采集大陆、香港、澳门、台湾地区和新加坡五地的 1995—2005 年 10 年内的报纸语料,每 4 天采选一天的报纸,包括社论、第一版、国际和地方版以及特写和评论等内容。每天各地均采集 2 万字。[①] 无论所采集的语料的时间段有多长,只要是研究一个平面上的元素或元素关系,就是共时研究,就是共时语料库。例如北航的现代汉语语料库,采样从 1919 年到 1982 年,跨度约 60 多年,共分 4 个时间段采样,1919—1949、1950—1965、1966—1976、1977—1982,各时间段占不同比例,最后统计出现代汉语词频。时间段的抽样只是一种时间轴的散布,再加上领域轴的散布等,可以使得抽样更合理,频率的科学性得到进一步的调整,但是这个频度表仍然是现代汉语的共时频度表,语料库仍是共时语料库。

(2) 所谓历时语料库是为了对语言进行历时研究而建立的语料库。按照索绪尔的观点,历时研究是研究大树的纵剖面所见的每个细胞和细胞关系的演变,即研究一个历时切面中的元素与元素关系的演化。他说:"共时语言学研究同一个集体意识感觉到的各项同时存在并构成系统的要素间的逻辑关系和心理关系。历时语言学,相反地,研究各项不是同一个集体意识所感

[①] 参见黄昌宁、李涓子《语料库语言学》第 87 页,商务印书馆 2002 年。

觉到的相连续要素间的关系,这些要素一个代替一个,彼此间不构成系统。"①"历时和共时的对立在任何一点上都是显而易见的。"他认为它们是"在方法上和原则上对立的两种语言学"。因为"共时'现象'和历时'现象'毫无共同之处:一个是同时要素间的关系,一个是一个要素在时间上代替了另一个要素,是一种事件"。②

根据历时语料库得到的统计结果就不像共时语料库的统计结果是一个频次点,而是依据时间轴的等距离抽样得到的若干频次变化形成的演变曲线,我们把这种曲线称为变化的"走势图"。例如:下面是"短信"(2002)和"唐装"(2001)的走势图:

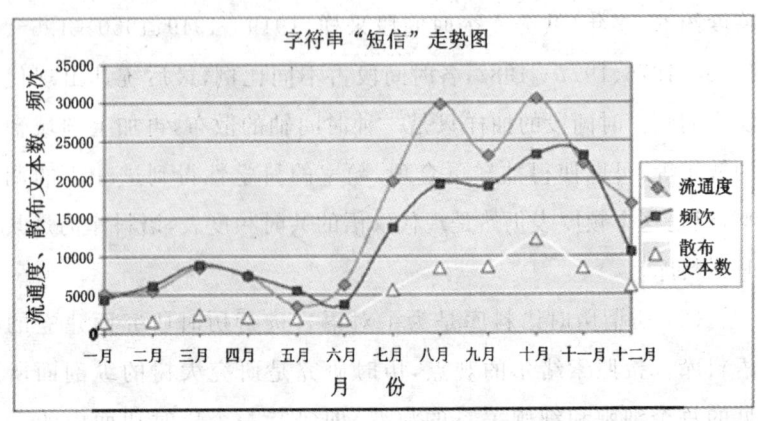

---

① 费尔迪南·德·索绪尔著,沙·巴利、阿·薛施蔼编《普通语言学教程》第143页,高名凯译,岑麒祥、叶蜚声校注,商务印书馆1980年。
② 费尔迪南·德·索绪尔著,沙·巴利、阿·薛施蔼编《普通语言学教程》第131页,高名凯译,岑麒祥、叶蜚声校注,商务印书馆1980年。

关于汉语语料库的建设与发展问题的思考　　131

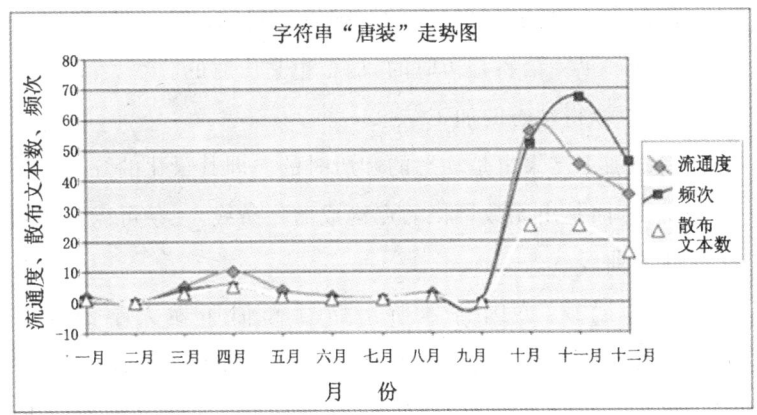

图 2　词汇动态变化曲线图

当然,只要进行了时间轴的抽样设计,一个共时语料库也可以进行历时的研究,一个历时的语料库,除了获得走势图外,当然也可以获得累计和平均的数据,进行共时的研究分析。这就是历时中包含有共时和共时中包含有历时的**相对时间观**。[①]

我们认为:是否是历时语料库,有 4 条基本原则,即:

(1)是否是动态语料库。

语料库必须是一个开放的语料库,活语料库。其语料的采集是动态的,其库容量将逐步逼近测量种族的信息量。[②]

(2)语料库的文本是否具有量化的流通度属性。[③]

所有语料都来源于大众传媒,都具有采用不同计算方法的与传媒特色相应的流通度属性。其量化的属性值也是动态的。

(3)语料库的深加工是否基于动态的加工方法。

---

① 参见张普、石定果《论历时中包含有共时与共时中包含有历时》(本书 203 页)。
② 参见张普《关于控制论与动态语言知识更新的思考》(本书 149 页)。
③ 参见张普《关于语感与流通度的思考》(本书 67 页)。

语料的加工方法也是动态的。随着语料的动态采集,语料也进行动态的加工。语料是历时的,加工也是历时的。

(4)是否取得动态的加工结果。

语料的加工结果也是动态的和历时的。即其量化的统计结果不是一个点,而是由无数量化的点构成的一条线,一条可以观察到历时变化的曲线。

据资料记载:英国科林斯出版社和伯明翰大学建立的COBUILD语料库、芬兰赫尔辛基历史英语语料库、中国国家语委的国家现代汉语语料库、北京语言大学应用语言学研究所DCC博士研究室的"DCC动态语言知识更新语料库"都被认为是动态的或历时的语料库,我们可以用上述标准进行衡量。

4. 其他分类

语料库当然还可以按照其他标准来分类,例如按照语种可以分为单语种语料库和多语种语料库;按照媒体可以分为单媒体语料库和多媒体语料库;按照地域可以分为国家语料库和国际语料库等。例如欧洲和日本都建有多国多语种语料库,英语建有国际平行语料库,受篇幅所限,不具体论述。

四、汉语语料库系统构成

我们曾经这样概括一个语料库系统的总体构成,即由以下5部分组成,简称一软四库:

1. 语言自动处理软件系统　　2. 语言资料库
3. 语言知识库　　　　　　　4. 背景知识库
5. 语言数据库

我们这样来描述一软四库之间的关系:

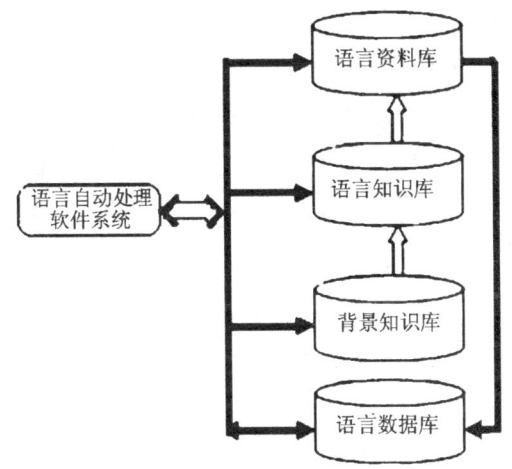

图 3　语料库自动处理总体系统图

每一个部分还有自己的次级构成。例如,语言知识库是对语料库进行深加工处理的基础知识,至少还要分为 6 个子库:语音知识库、词汇知识库、语法知识库、语义知识库、语用知识库和汉字知识库,目前已经拥有较多知识的是词汇知识库和汉字知识库。以汉字知识库而言,就包括字音知识、字型知识、字形知识、字义知识、字量知识、字序知识等。再以字形知识而言,又先分为整字字形知识、部件知识、笔画知识等,整字字形知识还可以再分为繁简体知识、异体知识、新旧字形知识等等不一而足。①

五、汉语语料库的标记

我在讲述语料库的建设时,一直把语料库的标记分为两大类:

---

①　参见张普《语言自动处理中心及现代化语言资料中心的建设规划》,载《语言自动处理》,武汉大学出版社 1988 年。

文本内的标记和文本外的标记。

1. 文本内的标记

业界通常所说的语料库标记指的就是文本内的标记,文本内的标记是对文本的语言进行标记。如分词标记,因此需要制定分词规范;又如词性标记,因此需要制定词性标记集的规范。长期以来学术界高度重视这种标记,这是对语料库进行深加工的基础,也是做到资源共享、避免大规模重复劳动的必要前提和条件。但是信息处理用的标准和规范的推进举步维艰,目前主要制定的是分词规范和词性标记规范。

2. 文本外的标记

文本外的标记指的是对文本本身进行的标记。例如:文本的作者、出处、分类等有关的属性信息。与"作者"有关的信息可能包括姓名、笔名、生卒年月、籍贯、性别等,与"出处"有关的信息可能包括媒体、出版社、版次、印数、发行日期等,与"分类"有关的属性可能包括学科分类、语体分类、体裁分类、题材分类等等。国家现代汉语语料库在建立时拟订了25种基本的文本属性作为标记。一些特殊性质的语料库还要有另外的属性,例如:北京语言大学建立的"中介语语料库",采集的留学生语料还包括学生国别、母语背景、学习年限、使用教材等信息。

我们认为:"大规模"真实文本是指文本和语料要达到一定的数量和覆盖较广泛的领域,所谓覆盖是指语料和文本在各个不同领域的分布或散布。这些不同领域通常是指由时间轴(反映时代特征)、空间轴(反映地域特征)、学科轴(反映知识特征)、风格轴(反映语体特征)构成的四维模型,语料库中的任何一个文本都可以标记出这四方面的特征。文本也还要有其他方面的特征,如作者、版本、出版者等等,这种对于文本本身特征的标记可以叫文本标记,准确地说是文本外标记。带有各种特征标记的文本集合就是文本的有序集合,研究者可以随意提取各类不同文本的集合或交集、并集来进行研究。① 这样,我们就可以做到资源共享,由一个母语料库生成各种子语料库。可惜对于文本外的标记虽然都有关注,但是这类标记的规范研制至今还没有提上议事日程。②

六、汉语语料库的流通度属性

1. 动态流通语料库的新属性

国际国内的语料库都在不断进步,有人分为第一代、第二代、第三代语料库。所谓监控语料库实际上还没有建立,虚拟语料库是要把网络上的一切资源视为一个大语料库,用的时候再根据需要提取,这实际上是取消主义的原则,很难实施。网上的语料也是动态的,并不为什么人专门保存什么语料。动态流通语料库正在艰难推进,它与其他语料库的最大不同是:其他语料库的语料都是静态的,或者说是"死"的语料,做共时研究的语料,而动态语料库的语料是不断动态补充的,是"活"的语料,可以做历时研究的语料。而动态流通语料库不仅语料是动态的,它与其他动态语料库的不同是语料又多了一种"流通度"属性,这是一种具有量化的属性值的属性。语料库的比较如下:

---

① 参见张普《现代汉语语料库建设》(本书353页)。
② 现在已经提上日程。

表1　语料库比较表

项目 类型	时期	数量	语种	加工深度	文本方式	流通度属性
第一代语料库	60、70年代	百万级	单语种	词汇级	抽样	无
第二代语料库	80年代	千万级	有多语种	句法级	全文	无
第三代语料库	90年代	亿级 万亿级	有多语种	句法语义	真实文本	无
监控语料库	90年代中	不限量	有多语种	未建立	真实文本	无
虚拟语料库	90年代末	不限量	有多语种	未建立	真实文本	无
动态流通语料库	90年代末	不限量	有多语种	词语级（目前）	真实文本	有

2. 流通度的进步

量化的流通度的属性是在频度、使用度、通用度、T阶频度的基础上发展而来的①，其发展可以用下表表示：

表2　频度、使用度、通用度、流通度比较表

项目 分类	频次	文本散布	时间散布	文本复制与阅读
频度	√			
使用度	√	√		
通用度	√	√	√	
流通度	√	√	√	√

---

① 参见张普《关于大规模真实文本语料库的几点理论思考》(本书44页)。

3. 流通度在判断新词新义中的作用

我们提出的流通度这种属性是判定新词、新义、新用法是否成熟的重要条件。我们提出"流通度"概念,希望通过测量流通度来对语感加以数学界定、加以量化,使得"能不能说"、是否已经"被理解"、"被认可"、"被传播"变得可以通过流通度的计算进行判定。

流通度也是判定方言词语、术语、文言词语、外来词语是否进入普通话、是否进入通用领域、是否合乎规范的一种有效的量化操作标准。①

流行语中的一部分就是新词新语,如"万元户、克隆、伟哥、非典、疑似、SARS"等。流行语的变化曲线是有其变化特点的,我们曾经把这种曲线的特点概括为四点,即:1. 起点基本为零;2. 上升迅速,曲线上升斜度大;3. 峰值达到相对的高度;4. 达到高峰后有一定的持续期。②

4. 流通度在监测语言变化中的作用

我们还曾经强调过"历时流通度"这个概念。所谓"历时流通度"就是要测查语言知识在一个具体的时间段中流通度的变化,绘制各语言现象的流通度曲线,这个流通度曲线就是决定一种语言现象是否开始"广为传播",是否"被接受"的依据,是"被认可"或者被作为垃圾清除的分水岭,也是判定一个词语是否从某一个领域(例如方言、术语、文言、外来等)已经进入了通用领域的量化指标,这也是语言的变化。例如:我们可以检测和公布港台词语进入普通话领域的状况;可以检测和公布 IT 领域的术语进入通用领域

---

① 参见张普《信息处理用动态语言知识更新的总体思考》(本书 102 页)。
② 参见张普《基于 DCC 的流行语动态跟踪与辅助发现研究》(本书 278 页)。

的状况;可以检测和公布近年来字母词在出版物中的使用和变化的状况等等。实际上,我们也可以把历时流通度看做语言现象在流通时间中的一种分布或散布,这就是语言研究时间观的改变。今天语言现象在某些方面的变化和测查手段的更新,已经允许我们进行这种时间观的改变。

流通度的不同曲线还可能帮助我们判定一些过去无法判定的语言事实,为我们提供可视化的判定方法。例如:过去我们对于基本词汇只能进行举例式的说明,很难进行量化的周遍式的描述,现在则有可能发现基本词汇的一种流通度曲线类型。某些一过性的政治词语、新闻词语等也有自己的特有曲线类型。动态流通度的曲线类型研究,将会是一门很有意思的学问。①

5. 流通度在"语感模拟"和自学习方面的作用

我们进一步还想把"流通度"的知识或者说"流通度"的获取方式教给电脑,使电脑通过获得"流通度"来获取"大众语感",或者说是量化语感和计算语感,使语感这个"黑箱"得到流通度这个"白箱"的类比,从而使语言信息处理获得自学习能力。自学习能力的重要前提是自评估自判断能力,人的语言自评估和自判断能力来自于语感或直觉,机器需要模拟人的语感能力,特别是模拟公众语感能力,才能进行学习后的正确评估和判断。所以流通度理论不仅是在语言学方面使人的"语感"得以量化,更重要的是在信息处理方面有可能使计算机真正获得语言的自学习能力,使智能化进入一个新的发展阶段。②

---

① 参见张普《基于DCC的流行语动态跟踪与辅助发现研究》(本书278页)。
② 参见张普《关于控制论与动态语言知识更新的思考》(本书149页)。

七、汉语语料库建设存在的问题

1. 只注意语言的标记规范忽视语料库建设规范

我们重视文本内的语言标记规范,花了大量的人力、物力研制相应的语言规范标准,这当然是正确的。但是我们没有及时制订语料库的规范,对于文本的属性这一更高层次的规范,至今没有立项,这是造成语料库大规模重复建设的原因之一。

没有规范语料库的属性,没有规范语料库中文本的属性,语料库的资源就很难重复使用。虽然语料库的文本内的标记是有规范的,这些语言规范保证了基于语料库的语言统计分析结果可以共享,但是很难进行语料库与语料库之间的整合,很难由一些母语料库去整合生成一些新的子语料库。

实际上我们可以由母语料库去生成一些分类的子语料库。例如:

我们可以由国家语料库生成地方语料库;我们可以由平衡语料库、通用语料库生成专用语料库、分类语料库;我们还可以由历时、动态语料库生成共时、静态语料库等等。

我们必须精心设计和着力建设的应该是国家的、历时的、动态的、通用的、平衡的语料库。

2. 大规模低水平重复劳动

大规模真实文本的语料库的建设越来越受到人们的重视,于是有不同类型的、不同级别的语料库陆续投入建设。国家级、部委级、省市级、单位级的语料库都有,863、973、自然科学基金、社会科学基金都立项,大陆、香港、台湾地区、新加坡都投资,国内、华语圈建立,国外的大学和研究机构也建立。仅国内的大学,就有不下

15所建立和拥有不同规模的汉语语料库,有的学校一校就建立不同目的不同规模或不同时期的语料库多个,例如北京语言大学就拥有5个现代汉语方面的语料库。

就生语料而言,从几百万的量级到了几千万的量级,又从几千万的量级到了亿级,在本世纪初的几年里,生语料库的数字又迅速攀升到几亿、十几亿、几十亿的数量级,我曾听到有单位声称拥有100亿的汉语语料库。

多数熟语料库的加工深度,也长期停留在自动分词和词性自动标注,经费与人力充足的单位,分词和标注后的语料要组织人工校对,否则,就听其自然。做到句型标注和统计的、建立树库的寥寥可数。

由于缺乏统一的语料库的建设规范和文本外的标记规范,或者还没有解决知识产权问题,多数语料库还没有做到资源共享,因此可以说语料库的建设基本上还停留在大规模低水平的重复劳动上。

3. 汉语语料库的知识产权

汉语语料库和世界各国的语料库一样都面临着知识产权问题,这个问题不从根本上解决,就将严重影响我国的语料库建设及其应用,也会严重影响我国的汉语信息处理进程,当然也包括影响我国少数民族的语料库建设和语言信息处理进程。

汉语语料库的知识产权包括两个方面:文本的知识产权和语料库的知识产权及其衍生产品。

文本的知识产权已经受到我国的《中华人民共和国著作权法》的保护,该法规1990年9月7日颁布,1991年6月1日第七届全国人民代表大会第15次会议通过实行,同时实施国家版权局的《中华人民共和国著作权法实施条例》。计算机软件的知识产权在《计算机软件保护条例》1991年颁布后也受到相应的保护。1998年更成立了中国版权保护中心,不断加强各种版权保护的力度,并加强与国际知识产权保护组织的交流。同时,《著作权法》、《计算机软件保护条例》和《实施条例》陆续在2001—2002年进行了修订;原国家版权局颁布的《中华人民共和国著作权法实施条例》作废,升格为国务院总理签署(2002年国务院359号令)的国务院条例。在相关法律法规颁布之后,计算机软件、计算机网络著作、数字化音像制品的版权保护也都陆续得到研究和加强。

但是,语料库的知识产权却没有得到保护,至今在著作权法、语言文字法、计算机软件保护等相关法规和实施条例中,语料库的知识产权都是空白。在语言信息处理领域举足轻重的语料库,由于介于语言、计算机、信息科学与技术、认知科学之间,成了三不管地带。这就严重阻碍了语料库的建设与发展,使得语料库的建设一方面要面对所有入库文本的权利要求,一方面对于语料库花费巨大精力进行了深加工之后的衍生物又得不到权利主张。其实无论是面向信息处理的语料库,还是面向语言本体研究的语料库,更多的衍生物都是基于语料库的统计成果和计算分析。著作权法除保护署名权外,还保护发行权、摄制权、改编权、翻译权等,但是恰恰没有涉及统计权。

我们建议: 为了发展我国的信息产业,为了应对信息社会和数字化生存,为了提高我国语言信息的处理量和处理水平,我们必须尽快组织专门人员,研究相关的知识产权法、语言文字法、信息法、**计算机软件保护条例等,通过正式的立法或提案渠道,向国务院或**

人大常委会提出单独的"国家语料库开发保护条例"。

4. "国家级语料库"不等于国家语料库

"国家现代汉语语料库"是由国家语言文字工作委员会主持建立的一个现代汉语书面语通用平衡样本语料库,它于1993年开始建设。该语料库的第一批语料数据是1919年至1992年的语料,共7000万字,以后每年递增1000万字,是目前最大的现代汉语平衡语料库。[①] 这个语料库通常被称为"国家级"语料库,但是如果叫"国家级"语料库,就只是一般的语料库建设行为,只是级别高而已,此外还有部委级、省市级、院校级的语料库,自己为了某种研究的需要也可以建立一个个人的语料库。

我们认为:所谓"国家语料库"的建设、开发、保护应该是一种国家行为,在信息社会和数字化生存时代,我们要把语言资料的收集、保护、开发提高到一种对待国家资源的高度来认识。国家要像对待人力资源、地矿资源、国土资源、森林资源、水资源一样对待语言资源,语言资源是国家最重要的信息资源。语料库的建设、保护、开发要站在国家面向未来的一种战略决策高度,要作为一种对待国家资源的行为,才能得到法律的保护,纳入法制的轨道。国家语言文字工作委员会、新闻出版总署、国家版权局、国家版本库、信息产业部要联合参与"国家语料库"的建设、开发与利用。李宇明同志表达了同样的意思,他说:"当前,愈来愈多的人已经认识到了环境保护、物种保护、水土保护、文物保护等的重要性和迫切性,社会宣传的力度、采取的保护措施和投入的人力物力都比较大。但

[①] 参见何婷婷《语料库研究》,华中师范大学博士论文,2003年。刘连元《现代汉语语料库研制》,载《语言文字应用》1996年第3期。

是非常遗憾的是,却很少有人意识到语言保护的重要性和迫切性。"①

我们认为:未来社会的一个经济大国,必定同时是一个语言大国。衡量一个语言大国的标准,不仅仅是操这种语言的绝对人口数量,更重要的还有以下八条标准:

- 以这种语言为载体的大众传媒数量,即报纸、图书、杂志、出版社、广播、电视台站、电影厂、网站等的数量。
- 这些大众传媒的发行量。如印数、广播时数、拷贝数、网页数等。
- 这些大众传媒的传播率。如阅读率、收视率、收听率、点击率等。
- 这些大众传媒进入国际传媒排行榜的情况。
- 以这种语言作为第二语言的人口数。
- 以这种语言作为国际文件的数量。
- 这种语言的语言信息处理水平和处理量。
- 是否建立了这种语言的国家语料库或国际语料库。

迄今为止,建立了国家语料库和国际语料库的语言,只有英语。为此,我们呼吁要尽快建立我国的国家汉语语料库,并筹划华语的国际语料库。

---

① 李宇明《努力培养双言双语人》,载《长江学术》第四辑,长江文艺出版社 2003 年。

第二部分 控制论篇

1. 控制论与语言学的关系极其密切——主持人的话
2. 关于控制论与动态语言知识更新的思考
3. 关于种族信息量的测定与语感模拟
4. 关于"约定俗成"的约定俗成

控制论与语言学的关系极其密切
——主持人的话

陈原先生在他的《语言与控制论札记》[①]中说："维纳作为语言学家的儿子——他的父亲是语言学家——论述作为信息系统的语言问题，值得注意。"

我们是在读了陈原先生的文章之后才开始关注《控制论》，关注控制论与语言学的关系，特别是认真思考控制论与动态语言知识更新的关系。我们在上个世纪末提出"动态语言知识更新"的时候，只是出于对基于语料库的语言研究的成果的回顾，希望将静态的语料库建设推向动态的语料库建设，把对语言的共时观察和计算分析推向历时的观察和计算分析，但此时，我们尚未来得及认真研读控制论的理论，特别是方法论。

1948年N.维纳的《控制论（或关于在动物和机器中控制和通讯的科学）》一书出版，宣告了作为一门新科学的控制论正式诞生。此前，在罗森勃吕特和N.维纳周围，曾经聚集了若干位多学科的杰出科学家，他们常常一起讨论有关科学方法的问题，他们大多是

---

* 本文《语言文字应用》2001年第4期刊发，原文是该期"关于控制论与语言学的讨论"板块的《主持人的话》，标题为收入本书时所加。

① 参见陈原《陈原语言学论著·卷三》第729页，辽宁教育出版社1998年。

有理想有抱负的年轻人。其中就有如今在IT领域享有盛誉的冯·诺意曼,他是博弈论和二进制计算机的创始人,迄今为止我们所使用的一切计算机,仍旧没有超出冯·诺意曼的原理。

控制论与语言学的关系极其密切。无论是研究人类社会还是研究计算机的"控制和通讯"(见《控制论》副标题),都不能不研究语言,这差不多已经是今天的常识。我们的前辈早在半个世纪之前就开始注意到并认真研究这个问题了。那时,计算机刚刚诞生不久,这不能不令我们十分钦佩。更让我们想不到的是,我们十分尊崇的语言学大师赵元任先生,早在1953年就应维纳的邀请出席了"第十届控制论会议",并做了题为《语言的意义及其获取》的学术报告。读过此文之后,才知道赵先生关心控制论与语言学的问题并不是从1953年才开始的,他的论文中多处提及以往历届控制论会议中的论文,特别是那些与语言学相关的论文。

本期首次发表赵元任《语言的意义及其获取》一文的中译本(论文原为英文本)。此文由李芸和王强军配合翻译,他们一位是语言学专业出身,一位是计算机科学专业出身,现在都在北京语言文化大学攻读语言信息处理博士学位。他们的译文有幸得到全如瑊先生在高级翻译课上的悉心指教,又蒙赵世开先生于百忙之中认真校译,其间并经陈原先生、赵新那女士指点。如果译文还能将赵元任先生的本意准确表达出来的话,首先要感谢几位前辈的无私帮助。

赵元任先生兼具多方面的知识结构,他的文章主要是"关于自然语言的语义和语用方面的论述"(按:赵元任先生语),但涉及意义、形式、音位、语素、认知、心理、第二语言学习、儿童语言学习等各个方面,他的文章中甚至谈到"翻译机器",谈到"两种媒体(画面和声音)"，谈到"经验"、"内省"和"语境"，谈到"形成庞大的多语、双语及单语词典体系"，谈到建立包括颜色、图形、气味、时间、方位等分类体系的"意义的中央博物馆"，今天读来仍然是那么新鲜而深刻。顺便提及：著名的 106 字的《施氏食狮史》，也出于此文。

  本期的另两篇文章，一篇是学习赵先生的文章的心得，一篇是学习《控制论》的心得，后文从控制论的角度重新审视动态语言知识更新的一些问题，都是粗浅的体会，期待时贤教正。

关于控制论与动态语言知识更新的思考*

引 言

我们将"控制论"与动态语言知识更新联系在一起,并非要哗众取宠。我们较为仔细地阅读了 N. 维纳的《控制论(或关于在动物和机器中控制和通讯的科学)》一书,认真地将这两个概念放在一起,从控制论的角度重新审视动态语言知识更新问题,并进行思考。主要的视点有:

一、关于"信息和通讯作为组织化机制";

二、关于"通讯和控制的时代";

三、关于"牛顿时间和柏格森时间";

四、关于"反馈"和"稳态";

五、关于"种族信息量的测定";

六、关于"本书的教训之一"和"反内稳定的因素";

七、关于"学习"和"自生殖机";

---

* 本文是 2000 年 4 月上海中文信息处理发展国际研讨会报告,后收入《HNC 与语言学研究》,武汉理工大学出版社 2001 年;《自然语言理解与机器翻译》清华大学出版社 2001 年。《语言文字应用》2001 年第 4 期刊发。

八、关于"白箱"和"黑箱";

九、关于"可信的程度只能到达头几位数字"。

我们这样做的起因是陈原先生的《语言与控制论札记》[①],该文使我们注意到语言学与控制论的紧密联系。他说:"维纳作为语言学家的儿子——他的父亲是语言学家——论述作为信息系统的语言问题,值得注意。"而维纳本人在出版《控制论》和《人有人的用途》时都写明:"献给我的父亲莱奥·维纳——曾任哈佛大学斯拉夫语言学教授,我最亲密的诤友和挚爱的论敌。"

到1982年更有弗朗克在《控制论语言学》中明确地提出"语际语言学可以成为控制论的一个分支"。他说:"语际语言学的主题因此属于控制论的主题——更准确地说,属于语言控制论的主题。"[②]

我们并不一定是"语言控制论"或"控制论语言学"的拥护者或者反对者。我们只是希望实事求是地探求控制论对动态语言知识更新的理论支持或方法论支持,我们相信控制论的科学性,相信控制论对于"动物和机器"在宏观上的控制和把握。而我们的动态语言知识更新的重要机制之一,正是要用机器来模拟人的语感,为机器建立语感模型,关涉"动物和机器"二者。

其次,我有一次和中国大百科全书出版社的全如瑊先生讨论动态语言知识更新与控制论的关系时,他向我谈起:"我个人认为语言学是20世纪向其他学科渗透得最厉害的学科之一。语言与控制论的确也有不解之缘,30年代以来,维纳等一批研究控制论

---

① 参见陈原《陈原语言学论著·卷三》第729页,辽宁教育出版社1998年。
② Frank H.G. *Sprachkybernetik* (1982),转引自陈原《陈原语言学论著·卷二》第759页,辽宁教育出版社1998年。

的科学家经常在美国聚会讨论与控制论有关的问题,其中有一年他们邀请的是赵元任先生,谈的就是语言学与控制论的问题。"全先生并告诉我,他曾藏有这一次会议的文集,可惜在"文革"时期失去了。全先生是学医学的,曾住在燕大,维纳的控制论最初正是首先与一批医学家合作研究的,故全先生有此文集并不奇怪。我的学生王强军博士已经从其他渠道查到赵元任先生这篇英文论文的原文,他和他的同学李芸正在合作翻译成中文,得到授权后将会发表赵先生的此文的中译本。①

再次,我和中国科学院声学所黄曾阳研究员谈到维纳的控制论时,他告诉我:"三十年代维纳曾在清华大学工作过,他认识赵元任先生,并邀请他去国际会议报告语言学与控制论问题也在情理之中。"这位物理学家黄曾阳先生著有《HNC 概念层次网络理论——计算机理解语言研究的新思路》,由清华大学出版社出版。他的父亲恰巧是中国传统语言学家。

最后,我想引维纳本人在 1947 年于墨西哥国立心脏学研究所写的《控制论》"导言"开头的一段话:"这本书是我和当时在哈佛医科学校、现在墨西哥国立心脏研究所的阿托罗·罗森勃吕特博士共同研究的成果。在那些日子里罗森勃吕特博士(他是已故的华尔特·皮·堪农博士的同事和合作者)领导了一个每月举行的关于科学方法的讨论会。参加者大都是哈佛医科学校的青年科学家,我们一起在日德毕尔特大厅围着圆桌子吃饭。谈话是活泼的,毫无拘束的。这可不是一处鼓励任何人或者使任何人有可能摆架

---

① 参见 Yuen Ren Chao, Meaning in language and how it is acquired, Transactions of the Tenth Conference, April 22,23 and 24,1953, Princeton, N. J.。

子的地方。饭后,由某一个人,或者是我们这个集体中的一员,或者是一位邀请来的客人,宣读一篇关于某个科学的论文,一般地这是一篇其首要思想,或者至少其主导思想是关于方法论问题的论文。宣读者必须经受一通尖锐批评的夹击,批评是善意的然而是毫不客气的。这对于半通不通的思想,不充分的自我批评,过分的自信和妄自尊大真是一剂泻药,受不了的人下次不再来了。但是,在这些会议的常客中,有不少人感到了这对于我们科学的进展是一个重要而经久的贡献。"[1]

我在2000年第2期《语言文字应用》为"动态语言知识更新"专题栏目写的《主持人的话》中说:"动态语言知识更新是面向信息社会、网络社会的一项战略性研究。我们从现在开始努力,20年后,我们的新新新人类能够享用语言知识动态更新的各种信息处理软件,就已经很不错了。本期发表的几篇关于动态语言知识更新研究的论文,只是这个进程的一个开端,但愿有更多的人关注和参与这方面的研究。但愿通过大家的努力,这个时间表可以提前。"

对于这样一项将耗费巨大人力、物力和时间资源的战略性工程研究,我们认为事先花上两年时间进行理论上和方法上的探讨实在是必要的。尽管有人迫不及待地要我们"列出一条公式,拿一些具体材料算算看",本文可能会令其失望,仍然是"抽象的猜测性议论"。

尽管这件事绝不是一条公式或一些具体材料就可以算出来的,但是这个进程已经开始,我们已经启动了"基于第三代语料库

---

[1] N. 维纳著《控制论》(第二版)导言第1页,郝季仁译,科学出版社1963年。

的通用领域报纸词汇动态词表研究"和"信息技术领域动态流通语料库建设及术语自动提取研究"两个项目,准备进行小小的但是具体的推进。[①]

我们倒是盼望"毫不客气的然而是善意的批评"或者是"一剂泻药"。本文探讨控制论与动态语言知识更新的关系,也是为了使这种小小(但是是数以亿计)的推进在理论上和方法论方面更加稳妥,不拉肚子。

一、关于"信息和通讯作为组织化机制"

维纳说:"至于说到社会学和人类学,十分明显,信息和通讯作为组织化机制不但对于个体是重要的,而且对于集体也是重要的。"[②]

我们认为:语言交际是人类社会的重要的"组织化机制",语言正是人类社会的"信息和通讯"的工具。语言或者说言语既是个体的行为,也是社会的行为。语言交际既受社会的约定俗成的行为规范的制约,也受个人表达的创造意愿的激励。语言对于人类的个体和集体都是十分重要的。

语感就集体而言是一个民族有史以来的语言经验的积累,就个体而言是一个人一生的语言经验的积累。就时间序而言,语感不是一个定数,而是一个变数。社会在发展,语言在变化,语感也在变化。所以,第三代语料库向动态语料库发展、收集一个民族积

[①] 参见张普《1997中文报纸媒体流通度分析》(本书252页)。邢红兵《信息领域汉英术语的特征及其在语料中的分布规律》,载《术语标准化与信息技术》2000年第3期。

[②] N.维纳著《控制论》(第二版)第19页,郝季仁译,科学出版社1963年。

累的语言经验是理所当然的,只是受计算机软硬件发展的限制,前人不具备制作的条件。

所谓"语言经验积累"的结果,就是每一个体都在"信息和通讯"的组织化行为机制中,感受到了作为信息和通讯载体的语言符号的流通度,知道怎样表达是大家可以接受或认可的表达,也知道怎样在大家都认可的表达中夹进个人的语言创造。"组织化机制"对于社会的语言交际而言是形成公众语感,对于个体而言是影响个人语感中的共同语感。

我们所谓的"公众语感",就是大家或者绝大多数人的语感。绝大多数人的语感被假定(目前,这种"假定"仅仅是"猜测",将来也许还是"猜测"。但是,我们的出发点是:说客观流通度是绝大多数人的语感,总比说客观流通度是一个人或几个人的语感,风险要小一点。)为最接近语言符号的客观流通度。

我们以前表述过:"我们是否可以认为:说到底理性主义也是经验主义,是语言学家的个人语感经验,这种个人语感由于其经历、素养等的影响,有时候对于语言的描写,与客观事实很接近,或者说是与公众语感很接近。而经验主义是通过文本的抽样来尽量公平地表述公众语感,或者说经验主义描述的是公众的经验,理性主义描述的是权威性个人(或者一些权威性个人)的经验。"[①]

我们的整个研究工作主要就是寻找客观流通度的最大近似值,然后寻找流通度与公众语感的最大近似值。所谓语感模型或

---

① 张普《关于第三代大规模真实文本语料库的几点理论思考》,载《自然科学基金重点项目结题报告》(内部),清华大学1998年。

者说模拟语感就是建立在这种最大近似值的基础上的。

二、关于"通讯和控制的时代"

维纳说："如果17世纪和18世纪初叶是钟表的时代,18世纪末叶和19世纪是蒸汽机的时代,那么现在就是通讯和控制的时代。"①

"我们研究着这样一种自动机,它不仅通过能量流动和新陈代谢,而且通过印象和传入消息的流动以及由传出消息引起的动作的流动和外界有效地联系起来。"②

"在自动机运转的时候,它的操作规则本身会按照过去通过接收器的数据的情况而多少发生变化,这就像是学习的过程。"③

"我们决定把这个关于既是机器中又是动物中的控制和通讯理论的整个领域叫做 Cybernetics(控制论),这个字我们是从希腊字 κυβερνητης 或'掌舵人'变来的……我们也想提到这个事实:船舶的操舵机的确是反馈机构的一种最早而且最发达的形式。"④

我们认为:虽然今天已经有了信息时代和网络时代的说法,但是原则上并没有超出维纳的"通讯和控制的时代"的命题,控制论在今天仍具有指导意义,只是通讯的技术更加先进,信息传播的速度、领域、方式前所未有。

网络帮助了信息传播,电脑帮助了人脑做信息处理。网络和电脑也是一种"具有为善和作恶的巨大可能性"的"技术发展",如

---

① N. 维纳著《控制论》(第二版)第39页,郝季仁译,科学出版社1963年。
② 同注①,第42页。
③ 同注①,第43页。
④ 同注①,第11—12页。

果说个人电脑是增强了人类个体的"信息和通讯"的"组织化机制"的话,网络就是增强了人类集体的"信息和通讯"的"组织化机制"。因此,电脑时代、信息时代、网络时代更需要控制论。信息处理,就是因为信息需要处理。不处理就将出现信息爆炸、信息泛滥、信息失控。今天信息已经到了"多多不益善"的时代,出现了"过犹不及"。所以要研究信息加工、信息筛选、信息提取等等。

对大规模真实文本的信息加工、筛选和提取需要动态语言知识更新的技术支持,我们曾经提出过:

"面向网络时代的语言规划模型必须满足以下条件:

- 可以即时获取语言知识
- 可以动态更新语言知识
- 可以及时反馈语言知识
- 可以进行语言规范控制

要做到上面几点,必须建立语言知识的自动获取、更新、反馈和控制系统,而传统的单纯依靠人来进行的语言规划和规范工作基本上不可能满足上述自动化需求。智能化固然是诱人的,但智能化不能一蹴而就,因此,当前要准备一定的'启动知识'并加强语感的量化研究[①],在此基础上方可不断获取滚动知识。"

我们还提出了一个基于社会传媒的网络语言规划模型,模型的上下两大部分是:

"语言自动控制体系"和"语言自动学习体系"。在这两大体系之间的是"语言知识自动反馈体系",另外还有在社会传媒之中的"主页和文本的自动检测体系"。这四大体系构成了一个学习—反

[①] 参见张普《关于语感与流通度的思考》(本书67页)。

馈—控制—检测模型,可称为 LFCC 模型,简称语言学习—控制模型,即 LC 模型。①

显然,我们追求的目标是一个网络时代的或者说是信息时代的语言信息处理"自动机",它具有学习、反馈、控制语言的能力,不断地"新陈代谢",把我们同社会交际这个语言外界"有效地联系起来"。我们不认为这是一件轻而易举的事情,维纳计算过不等于我们计算过,更不等于语言学习——控制模型即 LC 模型可以计算成功。但是我们认为这件事符合控制论的基本思想,我们需要并研究的是一个网络时代的"反馈机构",是网络语言的"操舵机"。

三、关于"牛顿时间和柏格森时间"

维纳说:"由牛顿时间可逆到吉布斯的时间不可逆这个转变是有哲学方面的反响的。柏格森曾经强调指出物理学的时间和进化论与生物学的时间的不同:前者是可逆的,其中没有什么新事物出现;后者是不可逆的,其中总是发生着新奇的事物。"②

"因此,近代自动机跟生命体一样,都存在于柏格森的时间中。按照柏格森的观点,我们没有什么理由认为生命活动的基本方式一定和模拟生命体的人造自动机有所不同。"③

我们恰恰把语言看做类似有生命的东西。语言有活语言和死语言,语言有自己的新陈代谢,语言的各个成分都会经过诞生、成长、衰老、死亡的历程,语言本身也是不断进化的,没有一成不变的语言。语言的活动方式符合生命活动的基本方式,语言的时间应

---

① 参见张普《关于网络时代语言规划的思考》(本书 83 页)。
② N. 维纳著《控制论》(第二版)第 38 页,郝季仁译,科学出版社 1963 年。
③ 同注②,第 44 页。

该是柏格森的进化论与生物学的时间。

我们恰恰也把第三代语料库视为类似有生命的东西。我们认为第三代语料库应该是动态语料库,是历时语料库,是活语料库。我们非常赞同并曾经引用过徐通锵先生的观点,他说:"时间观是语言研究方法论的一个重要基础,要改进语言理论的研究,如仍旧保持索绪尔的时间观,那是不会有什么成效的。""索绪尔的语言理论就是建立在他的共时时间观的基础上的。"①我们还认为:就语言的发展而言,历时中包含有共时,共时中包含有历时。②

我们恰恰也把基于第三代动态语料库获取的语言知识作为类似有生命的东西。我们曾形象地把第三代动态语料库称为"水",基于这种语料库获取的语言知识称为"鱼",我们说"活水养活鱼"。因此,我们也十分赞同台湾简立峰先生提出的"活的字典"的概念,这不是我们一般意义上所说的形容某人知识渊博的"活字典"。

我们提出的 LC 语言学习—控制模型,正是一种符合维纳所说的现代自动机理论的模型,是一种把人和语言交际这个外界有效地联系起来的模型。信息的传递与控制是这一代自动机的理论基础。

这种模型正是符合柏格森时间的生物进化论的模型。进化的过程是从简单走向复杂,主要研究基因、遗传、变异、偶然变异和突变等等。统计理论、概率、测度等等是重要的研究手段和研究方法。维纳说:"不够清楚的地方也许就在于灵敏自动机的理论是一个统计的理论,通讯工程的机器,根据单独一次输入而产生的动作

---

① 参见徐通锵《语言论》第 64、73 页,东北师范大学出版社 1997 年。

② 这一观点我们还会另文论述。(另文的论述已经收入本书,参见 203 页《论历时中包含有共时与共时中包含有历时》)。

是不会使人感到兴趣的。这种机器如果要能充分发挥作用,它就必须对全部输入都做出令人满意的动作。这也就是说,对一类从统计上预期要收到的输入做出统计上令人满意的动作。"这也正是 LC 语言学习—控制模型追求的目标。

四、关于"反馈"和"稳态"

维纳:"我们不要忘记反馈的原理在生理学上还有一个重要的应用。在很多场合,一定形式的反馈不仅是生理现象中常见的例子,而且它对生命的延续也是绝对必要的,我们在所谓稳态(homeostasis)情形中可以看到这点。"[①]

"高级动物的生命,特别是健康的生命,能够延续下去的条件是很严格的。体温只要有摄氏半度的变化,一般就是疾病的征候;如果有长时间的五度变化,就不能保持生命。血液的渗透压和它的氢离子浓度必须保持在严格限度内。体内的废物在浓度达到有毒以前必须排泄出去。此外,白血球和抵抗感染的化学防疫作用必须保持适当的水平;心搏率和血压必须既不太高也不太低;性生殖周期必须符合种族的生殖需要;钙代谢必须既不使我们的骨质松化,也不使我们的骨质钙化,等等。一句话,我们内部组织中必须是一个由恒温器、氢离子浓度自动控制器、调速器等等构成的系统,它相当于一个巨大的化学工厂。我们把这些总起来叫做稳态机构。"[②]

任何一本关于控制学的教程,都应当透彻详尽地讨论稳态的

---

① N. 维纳著《控制论》(第二版)第 115 页,郝季仁译,科学出版社 1963 年。
② 同注①,第 115—116 页。

过程。我们很赞同并引用过陈原先生的论述:"约定俗成是语言文字最惯用的'规律',语言文字在使用过程中发生变异,自动调节和人工调节,达到一种有序的稳态。"① "非规范化同规范化是矛盾的统一体。矛盾斗争的结果,达到一个'内稳态'(homeostasis),就是自我平衡。'内稳态'最初是从生理学上提出来的,有人译作'稳态'……'内稳态'的学说后来在控制论、信息论上得到了广泛的应用。维纳在他的控制论里提出了两个重要概念,一个是'反馈',一个就是'内稳态'。"②

我们也曾经有过关于"内稳态"的提法。在《关于网络时代的语言规划的思考》一文中,我们曾说:"在控制和检测这两个体系方面,实际上要伴随一定的政府行为,这是与以往的语言规范化相同的做法,但是政府行为还要依赖于一些时常更新的应用软件(比如"语言巡警"或"语言巡逻兵"、"语言清道夫"、"语言教师"等),以维护网络语言的'内稳态'和健康发展,这是与以往的语言规范化不同的做法。"③

我在同一篇文章中还说过:"网络语言规划的研究将涉及理论语言学、社会语言学、心理语言学、认知语言学等,当然还要涉及计算机技术、网络技术、通讯技术、多媒体技术等,甚至还应该涉及系统论、控制论。限于笔者功力,本文着重从人文科学的角度而且主要是从理论语言学和社会语言学的角度进行思考,提出拙见,以供技术专家和商家扬弃。"

现在我们正在从控制论的角度重新审视动态语言知识更新。

---

① 陈原《陈原语言学论著·卷三》第 344 页,辽宁教育出版社 1998 年。
② 陈原《陈原语言学论著·卷一》第 536 页。
③ 张普《关于网络时代语言规划的思考》(本书 83 页)。

动态语言知识更新的关键也是反馈和稳态。学习新的知识已经很不容易,如何将那些个体产生的语言变异学习进来并归结为语言的突变,是自动学习系统的任务。但是更不容易的是如何反馈这些学习来的变异。

在学习和反馈的过程中,我们绝对不认为可以做到百分之百的正确或准确,我们认为不可能也没有必要这样追求。但是为了维持动态语言知识更新体系的"稳态",就必须还要研究这个系统的"体内的废物在浓度达到有毒以前必须排泄出去"的功能,要研究语言自动更新的"恒温器"、"氢离子浓度自动控制器"、"调速器"等等,这些构成语言自动更新体系的"稳态机构",这是更难和更重要的研究,只有突破了这一点,才能实现启动知识自动地更新为滚动知识,滚动知识又自动地成为新的启动知识,语言知识的"遗传"和"变异"才得以在进化中实现。

流通度和语感模拟,也许还有别的,就是在进行这方面的探讨。

五、关于"种族信息量的测定"

维纳说:"人的相互通讯包括全部复杂的语言和文献以及其他许多东西。"[①]

"不管一个种族用什么通讯方式,这个种族所使用的信息量总是可以测定的,并且可以把对种族有用的信息量同对个人有用的信息量区别开来。当然,对个人有用的信息并不就是对种族有用的信息。除非它能改变个人对于其他人的行为,而且这种行为还

---

① N. 维纳著《控制论》(第二版)第 156 页,郝季仁译,科学出版社 1963 年。

可能没有种族的意义,除非别人能把这个行为同其他的行为方式加以区别。因此,要决定某一种信息是属于全族的还是纯粹对个人有用的,就要看个人所采取的行动方式是否被种族中其他成员看做特定的行动方式,以及是否能逐一影响这些成员的行动等等。"①

我们曾提出"流通度"的概念,其中许多说法与维纳的说法相一致,或者说维纳的论述差不多就是对语言的变异和语感的论述。重要的是他说"这个种族所使用的信息量总是可以测定的",我们希望通过测量流通度来对语感加以数学界定、加以量化,使得"能不能说",是否已经"被理解"、"被认可"、"被传播"变得可以通过流通度的计算进行判定。进一步还想把"流通度"的知识或者说"流通度"的获取方式教给电脑,使电脑通过获得"流通度"来获取"语感",或者来自动计算语感,从而获得自学习能力。所以流通度理论不仅是在语言学方面使人的"语感"得以量化,更重要的是在信息处理方面有可能使计算机真正获得语言的自学习能力,使智能化进入一个新的发展阶段。②

我们认为"流通度"是一种语言事实在社会交际中的流行通用的程度。人们对一种语言现象的流行通用程度的感觉,也就是所谓"语感"。流行通用程度高,听得多,习惯成自然了,就感觉能说,否则,就觉得不能说。

我们还指出:"共同语感 G 总是稳态的语感,是操同一语言的全体人的语感。差别语感总是动态语感,是操同一语言的部分人

---

① N.维纳著《控制论》(第二版)第 157 页,郝季仁译,科学出版社 1963 年。
② 参见张普《关于语感与流通度的思考》(本书 67 页)。

的语感,这'部分人'有三种情况:少部分人、大部分人、一半人。刚好一半人说的时候是偶然的,少部分人、大部分人说的时候是必然的。只有当一种语言现象为大部分人或者绝大部分人所接受时,这种语言现象才可以说是比较成熟的,已经流通了。……倘若语感可以量化、可以计算,我们就能科学地找到规范化的'多数'的依据,从而以'(数)理'服人,而不仅仅是以权力或权威服人。"

我们还说过:"我们实际上是主张建立一个动态的大规模真实文本的书面语的语料库。把语料库的建设和使用从静态推向动态,把文本的选择和抽样原则从分布原则推向流通原则,把对语言成分的一般性的统计分析推向对语感的推测性统计分析和验证,从而探索使电脑可以逐步获得语感并随时增强和调整语感的路径。"

我们实际上是通过对种族信息量流通度的动态测定,来相似于捉摸不定的语感。我们相信控制论中"不管一个种族用什么通讯方式,这个种族所使用的信息量总是可以测定的"。维纳所说的"对种族有用的信息量"和"对个人有用的信息量"大致相当于我们的"共同语感"和"个人语感"。

六、关于"本书的教训之一"和"反内稳定的因素"

维纳说:"对于社会所有这些反内稳定的因素来说,通讯工具的控制是最有效也是最重要的。"[①]

"本书的教训之一就是,任何组织所以能够保持自身的内稳定性,是由于它具有取得、使用、保持和传递消息的方法。在一个过

---

① N.维纳著《控制论》(第二版)第160页,郝季仁译,科学出版社1963年。

于大的社会里,社会成员无法直接相互接触。因此,出版物(包括书籍和报纸)、无线电、电话网、电报、邮递、剧院、电影院、学校、教堂就都成了取得、使用、保持和传递信息的工具。它们除了具有作为通讯方法这个内在重要性以外,还有其他的次要作用。"①

"什么通讯系统比所有别的系统应该对社会内稳定性更有贡献,它就直接被掌握在那些最醉心于争权夺利的人的手中,而我们已经知道,这种争夺是社会中主要的反内稳定性的因素。"②

我们在研究"流通度"时,和维纳同样重视"出版物(包括书籍和报纸)、无线电、电话网、电报、邮递、剧院、电影院、学校、教堂"这些"取得、使用、保持和传递信息的工具",我们从今天的角度称为"公众传媒",我们略去了学校、教堂等等。我们曾经说过:"流通度是一个普遍的概念,是一种普遍存在的现象,它存在于两大类媒体之中:书面文本媒体(报纸、杂志、图书等)和口头文本媒体(广播、电影、电视等),也存在于因特网上。首先是媒体有流通度属性和属性值,其次是刊载于这种媒体的文本有流通度属性和属性值,再次是依据这种文本所获取的语言知识也具有流通度的属性和属性值。"

我们已经给出这两类公众媒体的流通度层次框架及其相关的标记体系(参见本书"**第四部分 应用篇**"《1997中文报纸媒体流通度分析》)。

我们还说过:"我们发现所谓个人语感和公众语感都是对于语言成分的流通度的一种感觉。因此我们提出用流通度相似于公众

---

① N.维纳著《控制论》(第二版)第160页,郝季仁译,科学出版社1963年。
② 同注①,第161页。

语感的量化方案。"我们提出了：Ip≈C 的语感的基本计算公式。"这样我们就可以从流通度的量化进入语感的量化，进而计算语感，模拟语感。这是极其关键的一步，对于计算机的智能化、人性化具有相当深刻的意义。"①

我们选择当代的六大常规媒体和网络这种新的媒体作为测量流通度的主要依据，而略去其他一些次要因素，以求获得研究语言的稳态的数据，应该也是符合控制论的基本估计的。

七、关于学习和自生殖机

维纳说："学习的能力和生殖自己的能力是我们公认的作为生命系统的特征的两种现象。"②

"如果行为方式有遗传不变性，那么在各种有了变异的行为类型中，那些被传播开的行为方式，总可以发现它们对于种族的继续生存有某些好处，因而能使自己稳定下来，另外一些对种族继续生存有害的行为方式也就会被消灭。与个体的个体发育的学习比较，上述结果就是某种种族的或系统发育的学习。个体发育和系统发育的学习都是动物根据周围环境来调节自己的方式。"③

"个体发育和系统发育的学习，特别是后者，不只是适用于所有的动物，而且适用于植物，适用于所有从任何意义上看来是有生命的有机物。"④

我们过去说过："新的语言成分总是有人最先在局部范围内开

---

① 张普《信息处理用动态语言知识更新的总体思考》(本书102页)。
② N.维纳著《控制论》(第二版)第167页，郝季仁译，科学出版社1963年。
③ 同注②，第167页。
④ 同注②，第167页。

始使用,传播开并稳定后,就成了被大家接受的新词、新义、新用法,如不然,就逐渐被淘汰,个人或极少数人仍使用,就被视为生造。语感的量化和可计算,应该能够提供一个阈值,从而较为科学地确定一个新的语言成分何时算是'约定俗成',被公众(或者说是被绝大多数人)接受了。"①

我们还引用过徐通锵先生的话:"变异在其产生之初,在社会人群中呈无序的、随机的分布,如果变异成分的某一变异形式在言语社团中被某一社会人群接受并开始传播,那么无序的变异就进入有序的行列,意味着演变的开始。如果使用这种变异形式的社会人群在言语社团中具有某种特殊的地位,那么这种变异形式就可能会成为其他社会人群的仿效对象。"②

我们认为语言的生命力就在于这种稳定中的变化。这些变化的端倪就隐藏在大规模的真实文本(无论它们是经典的还是非经典的文本)之中,甚至就隐藏在那些非规范现象里。一切新词、新义、新用法一开始总是不在约定和规范之中的,通过"对话"和"讨论",利用"已知"对"新知"作出"解释"或"纠错",新知一旦被大家接受并广为传播,最终将进入约定或规范,这就是语言发展的辩证法和规律。③

我们相信维纳论证的"系统发育的学习""适用于所有从任何意义上看来是有生命的有机物"的这一论点,他强调了"所有"和"任何",而我们恰恰强调了语言的有生命和生命力。我们论证的"动态语言知识更新"正是将语言看成是不断产生变异的"活"的东

---

① 张普《关于大规模真实文本语料库的几点理论思考》(本书 44 页)。
② 徐通锵《语言论》第 69、71 页,东北师范大学出版社 1997 年。
③ 同注①。

西,将动态流通语料库看成是"活"的东西,将启动语言知识库和滚动语言知识库都看成是"活"的东西。我们论证的"个人语感",就是语言的"个体发育学习"的关键,"公众语感"就是语言的"系统发育学习"的关键。

八、关于"白箱"和"黑箱"

维纳说:"我们已经成功地做到的是:制造一个能模拟任何非线性变换器的特性的白箱,然后把它与一给定的黑箱变换器进行类比,方法是给两者加上同一随机输入并把它们的输出以适当方式连接起来,使它们不需要人的干预就能达到一种适当的结合。"

他还说:"请问这个过程,与另一些过程——基因作为一个样板,从氨基酸和核酸的一种比例不定的混合物中,形成与它相同的另一些基因分子,或者,病毒把从它的寄主的组织和体液中形成的其他同种病毒分子引变成自己那种类型——从哲学观点看来是否有很大不同。我并不完全指望这些过程在细节上也是相同的,但是我却相信从哲学的观点看来,它们是非常类似的现象。"[①]

我们的看法是:所谓语感——无论是个人语感还是公众语感,类似于一个"黑箱",社会组织和其每一个个体是如何依据话语"通讯"经验的积累来获得语感能力,如何约定俗成地实行语言"控制",我们是看不到的。但是"出版物(包括书籍和报纸)、无线电、电话网、电报、邮递、剧院、电影院、学校、教堂"等这些"取得、使用、保持和传递信息的工具"——我们今天称之为媒体(还有维纳没有或不可能提到的电视、因特网等)的东西却是看得见、摸得着的,我

[①] N.维纳著《控制论》(第二版)第178页,郝季仁译,科学出版社1963年。

们可以有多种途径测知其流通的情况,这类似于一个"白箱"。然后我们将"白箱"和"黑箱"进行相似性类比,将白箱的量化数据传递到黑箱。

我们的类比方法当然不同于维纳的类比方法,我们同样也"并不完全指望这些过程在细节上也是相同的",但是我们一样也"相信从哲学的观点看来,它们是非常类似的现象"。

九、关于"可信的程度只能到达头几位数字"

维纳说:"在社会科学中,极难使被观察的现象和观察者之间的耦合减到最低限度。相反,观察者能够对他所关心的现象施展巨大影响。虽然我十分尊敬我的那些人类学家朋友的智慧、本领和诚实目的,但是我并不认为他们所考察的任何社会以后将永远不变。"

"另一方面社会学家没有从永恒的、与时间地点无关的角度来冷静观察他的科目的那种便利。"

"总之,不管我们在社会科学中的研究是统计性的或是动力学性质的——这种研究一定具有两可的性质,它们可信的程度只能够到达头几位数字,一句话,它们不能给我们提供大量的可以验证的、有意义的信息,如同我们在自然科学中可以希望得到的那种信息一样。我们不能忽视这些信息,但我们对这些信息的可靠性不要抱着太大的希望。"[①]

我想这两段话可以作为我们对于研究结果的预期。动态语言知识更新的研究结果,其可信程度如果可以到达头几位数字,就已

---

① N.维纳著《控制论》(第二版)第163—164页,郝季仁译,科学出版社1963年。

经是我们非常满意的了。

我认为：如果人脑不能保证学进来的东西百分之百的正确，如果人脑的知识每天都有改变，如果每个人的语感都有不同之处，如果同一个人的语感也会有变化，我们如何能够要求电脑的处理语言时的"准确率"、"召回率"、"正确率"达到百分之百呢？动态语言知识更新的验证标准如果有的话，也会是动态的、相对的。

我还是希望用控制论中维纳的话来做结尾：

"我们不必提出这样的问题：能不能制造一部能像冯·诺意曼所说的最优棋局的机器。就是最好的人脑也无法做到这一点。但是另一方面，无疑地可以制造那样一种机器，不管下得好下得坏，它总是按照规则来下棋。我认为可以制造一部比较粗糙但绝不平凡的机器来实现这一目的。"[1]

---

[1] N.维纳著《控制论》(第二版)第163—164页，郝季仁译，科学出版社1963年。

关于种族信息量的测定与语感模拟[*]

一、控制论与语言学

我在《关于控制论与动态语言知识更新的思考》[①]一文中,谈了控制论在动态语言知识更新研究中九个相关方面的问题,其中谈到"关于种族信息量的测定"问题,未及展开论述,本文拟就种族信息量的测定与语感模拟问题进一步谈谈我们的见解,也想从一个方面继续深入揭示控制论与语言学的不解之缘。

我们还希望有更多的人可以理解:为什么控制论会和语言学发生关系?为什么控制论诞生之后,国外会有弗朗克《控制论语言学》[②]问世?为什么国内的陈原先生会在1986年写下《语言与控制论札记》[③]?从而理解为什么我们中国的语言学大师赵元任先

---

[*] 本文获国家973重点基础研究发展规划项目"面向大规模真实文本的汉语计算理论、方法和工具"(项目批准号:G1998030507—2)的子项目资助。刊载于《中国人工智能进展》,邮电出版社2003年。

① 参见张普《关于控制论与动态语言知识更新的思考》(本书149页)。

② 弗朗克《控制论语言学》(Frank H. G. *Sprachkybernetik* (1982),转引自陈原《陈原语言学论著·卷三》第759页。

③ 参见陈原《陈原语言学论著·卷三》第729页,辽宁教育出版社1998年。

生,早在50年前(1953年)就应维纳的邀请出席了"第十届控制论会议",并做了题为《语言的意义及其获取》的学术报告。① 他的报告中多处提及历届控制论会议中的论文,特别是那些与语言学相关的论文。

二、关于人类种族信息量的测定

维纳说:"人的相互通讯包括全部复杂的语言和文献以及其他许多东西。"②

"不管一个种族用什么通讯方式,这个种族所使用的信息量总是可以测定的,并且可以把对种族有用的信息量同对个人有用的信息量区别开来。当然,对个人有用的信息并不就是对种族有用的信息。除非它能改变个人对于其他人的行为,而且这种行为还可能没有种族的意义,除非别人能把这个行为同其他的行为方式加以区别。因此,要决定某一种信息是属于全族的还是纯粹对个人有用的,就要看个人所采取的行动方式是否被种族中其他成员看做特定的行动方式,以及是否能逐一影响这些成员的行动等等。"③

这里,他提出了几个十分重要的命题。

命题一:种族信息量的可测性。

他指出一个民族,无论采用什么通讯方式,其**"所使用的信息量总是可以测定的"**。他说**"人的相互通讯包括全部复杂的语言和文献以及其他许多东西。"**(黑体为笔者所变)维纳还说过:"在一个

---

① 参见本书322页。
② N.维纳著《控制论》(第二版)第115页,郝季仁译,科学出版社1963年。
③ 同注②,第115—116页。

过于大的社会里,社会成员无法直接相互接触。因此,出版物(包括书籍和报纸)、无线电、电话网、电报、邮递、剧院、电影院、学校、教堂就都成了取得、使用、保持和传递信息的工具。它们除了具有作为通讯方法这个内在重要性以外,还有其他的次要作用。"[1]维纳没有列出电视、传真、移动通讯、电脑和互联网,因为他没有看到。我们认为移动通讯、电脑和互联网的出现,使得人类的通讯手段进入一个划时代的革命时期。如果说蒸汽机的出现是延伸了人类的四肢,计算机的出现是延伸了人类的大脑的话,那么移动通讯就是延伸了人类的"控制和通讯"的能力(别忘了《控制论》的副标题是"或关于在动物和机器中控制和通讯的科学"),而互联网的出现则是延伸了整个人类社会的交际能力。网络社会既是虚拟社会,也是真实社会的投影,是数字化的真实社会。

如果说今天我们测量人们的"全部复杂的语言和文献"还有相当难度的话,那么,明天,在未来的信息社会,语言和文献都已经数字化了,人们的一切通讯手段都已经数字化了,人们在数字化中生存,这样获取一个民族所使用的信息量将会变得相对容易,新的容许超大海量存储的存储器和存储介质也会出现。

命题二:种族信息量具有可区别性。

他指出一个民族的信息量中包括"对种族有用的信息量"和"对个人有用的信息量",并且,我们"**可以把对种族有用的信息量同对个人有用的信息量区别开来**"(黑体为笔者所加)。什么是对种族有用的信息量?什么是对个人有用的信息量?在我们看来,无论是信息的发送方(又叫"传讯"或"表达")还是信息的接收方

---

[1] N.维纳著《控制论》(第二版)第160页,郝季仁译,科学出版社1963年。

（又叫"受讯"或"理解"），都有区别两类信息量的问题，当然主要是指传讯方或表达方。细分析的话，"对种族有用"还可区别为是对种族的整体有用还是对种族的部分人有用的问题。"爱护水资源，保护地球环境"，可以认为是对种族整体有用的信息，甚至是对全人类都有用的信息；"拜心同（一种治疗高血压的药）每天吃一片"，可以认为是对种族的部分人有用的信息。当然如果较真儿的话，对部分人有用说到底应该还是对种族整体有用。维纳又说我们"可以把对种族有用的信息量同对个人有用的信息量区别开来"，但是他没有说如何进行这样的区分，这是我们应考虑的重点。

命题三：信息量具有可扩展性。

维纳说："**要决定某一种信息是属于全族的还是纯粹对个人有用的，就要看个人所采取的行动方式是否被种族中其他成员看作特定的行动方式，以及是否能逐一影响这些成员的行动等等。**"（黑体为笔者所加）例如：二战时英国首相丘吉尔创造伸出食指和中指做出"V"字形表示胜利的意思，但是后来"被种族中其他成员看做特定的行动方式"，并且"逐一影响这些成员的行动"，现在大家都愿意伸出这样的手势表示胜利或有信心，个人的创造就成为对全族有用的信息。又如：在衣服匮乏的年代，一件衣服常常是老大穿了给老二，老二又传老三。穿太小的衣服常被笑为是穿"童子军服"，那时没有人嗜好穿小衣服，并标榜这是"童化"。如果有人喜爱"童化"，那么"童化"就只是对个人有用的信息量；但是到了服装丰富多彩的今天，有一个女孩儿首先穿了一件小衣服，小到露出肚脐，并且为种族所接受，进而成为时尚，许多年轻人都来效仿，新词语"脐装、低腰裤"也就随之成为对种族有用的信息。更有甚者，今天又有一些二三十岁的成年人，整天穿着印有蜡笔小新的T恤，别着史努比徽章,喜欢用系列婴儿产品,比如用奶瓶喝水之类,"后儿童现象、装嫩"这些词语就开始流行了。差不多一百年前索绪尔就曾经说过:"一切变化都是在言语中萌芽的。任何变化,在普遍使用之前,无不由若干个人最先发出。……但不是任何的言语创新都能同样成功,只要它们还是个人的,我们就没有考虑的必要,因为我们研究的是语言。只有等到它们为集体所接受,才进入了我们的观察范围。"①

语言的发展正是遵循这样的规律,个人创造的词语不被公认,就只能是对个人有用的信息,别人视为"生造";一旦逐步为大家接受和使用,就视为"约定俗成";如果编入词典,进入词表,就可能成为典范。语言的发展离不开个人创造,也离不开约定俗成,这恰恰就是从对个人有用走向对种族有用的过程。语言之所以能作为交际工具,既保持一个系统的稳定,又随着社会的发展和人类认识的发展不断更新,约定俗成是极其重要的调节机制。约定俗成使语言保持了"内稳态"②,控制了语言的"新陈代谢",使语言具有了生命力。我认为:从控制论的角度看,我们对语言约定俗成的认识,以及应该给予这一理论的重要性评价都还远远不够。③

起始于个人"生造"的词语,怎样就算是已经"约定"了?怎样就算是"俗成"了?过去对词语成熟情况的判定,一直是依据人们的语感,而没有一个可操作的量化方法,如果我们找不到一个量化成熟度和成熟期的指标,就只能"仁者见仁,智者见智"。维纳所说

---

① 费尔迪南·德·索绪尔著,沙·巴利、阿·薛施蔼编《普通语言学教程》第141页,高名凯译,岑麒祥、叶蜚声校注,商务印书馆1980年。
② 参见 N. 维纳著《控制论》(第二版),郝季仁译,科学出版社1963年。
③ 关于"约定俗成",笔者还将另文论述。

的"可以把对种族有用的信息量同对个人有用的信息量区别开来"也就永远实现不了,因为各人的语感是绝对不相同的。

但是每个新词语的成熟度和成熟期却是客观存在的,我们的动态流通语料库的研究,正是为了逐步接近这个目标。

三、关于语感

关于语感,语言学家已经研究的很多了。

我们曾经说过:"语感(Intuition)是对语言运用的正误、优劣、常殊的一种直觉,或者说就是对一种语言现象流行通用程度的感觉。语感能力是一种最基本的语言能力,是对表述得正确不正确(即'信')、顺畅不顺畅(即'达')、恰当不恰当(即'雅')的一种直观的认识能力与审析能力。"[1]"语感是一种'度',一种'分寸'。实际上就是对信达雅的程度感,对于语言运用的分寸感。因此,语感一定是可以量化的,可以计算的。"[2]这个观点是绝大多数研究语感的学者的共识,无论他们是从语言学的角度还是从教育学、心理学、认知科学的角度去认识,大都会这样来定义语感。但是提出语感可以量化,可以计算的,目前却只有我们一家。当然大家未必都同意这样的判断,或者说目前大家还看不出计算语感的可能性。

为此,我们对于语感进行了进一步的细化分析,我们提出了语感可以分为"个人语感"和"公众语感";"共同语感"和"差别语感";"空间语感"和"时间语感"这样三对下位语感概念来细化分析认识:

---

[1] 张普《信息处理用动态语言知识更新的总体思考》(本书 102 页)。
[2] 张普《关于语感与流通度的思考》(本书 83 页)。

1. 语感可以细分为"个人语感"和"公众语感"。

我们所谓"个人语感"就是一个种族中每一个"个体"的语感。

我们认为个人的语感与对话双方的许多背景因素有关,阅读范围、交际范围、生活圈是影响人的语感的重要因素,甚至连职业、职务、年龄、性别、性格、品德、情感、阅历等也可能影响到人们的语感。因此,可以认为:原则上没有也不大可能有两个语感完全相同的人,即使是同一个人,其语感在不同时期也可能会有所变化。[①]

我们所谓的"公众语感",就是大家或者绝大多数人的语感。

"公众语感"代表了一个种族全族人的语感。维纳说:"在一个过于大的社会里,社会成员无法直接相互接触。因此,出版物(包括书籍和报纸)、无线电、电话网、电报、邮递、剧院、电影院、学校、教堂就都成了取得、使用、保持和传递信息的工具。"上文我们曾说这些是维纳见到的传递信息的工具,还有他没能见到的电视、传真、移动通讯、电脑和网络,今天这些被统称为大众传媒,就传媒学而言,六大传统的大众传媒是:报纸、杂志、图书、广播、电影、电视。现在还有一个大媒体是因特网,所有的传统媒体都可以上网,网上另外还有自己的信息。所以,今天的公众语感实际上主要与大众传媒有关,是公众从大众传媒所获得的语感。

在我们的理论中,我们认为:绝大多数人的语感(也就是公众语感),最接近语言符号的客观流通度,也就是最接近语感的定义中指称的"一种语言现象流行通用的程度"。这种流行通用的程度,客观上是与语言的成熟度和成熟期成正比的。而人们对这种流行通用的程度的感觉,主要是从大众传媒上获得的。

---

① 参见张普《关于语感与流通度的思考》(本书83页)。

我们过去还说过:"语感就集体而言是一个民族有史以来的语言经验的积累,就个体而言是一个人一生的语言经验的积累。就时间序而言,语感不是一个定数,而是一个变数。社会在发展,语言在变化,语感也在变化。"

任何语言现象,对于任何个体而言,过去都可能觉得不能说,现在觉得可以说了,例如:"很专业"、"挑战美国队"、"柔嫩你的肌肤"、"完美你的人生";或者现在觉得不能说,将来就变得可以说了,例如:"东东"、"MM 和 GG"、"亮泽"、"装嫩"。而对于任何集体而言,则是一些渐渐为公众接受的"个人"的发明创造,遵循约定俗成的原则,不断地进入成熟期,瓜熟蒂落,成为新的"对种族有用的信息"。

2. 语感(I)还可以细分为"共同语感"(Ic)和"差别语感"(Id)。

无论个人语感怎样的千差万别,没有两片完全相同的树叶,但是操同一语言的人必定还有共同的部分、共同的语感,这样才能互相沟通,才能有共同语言。共同的语感是最基本的语感,最常规的语感,最一般的语感。我们把这种人与人之间存在的共同的语感称为"共同语感",用 Ic 来表示。"共同语感"Ic 是一个定数,对于所有的人大体上都是一定的。所以,"共同语感"是语感和语感能力中的稳态部分,是一种稳态语感。有了共同语感,语言才成其为交际工具,同一个种族的人与人之间,才能沟通、理解与交流。

当然,操同一语言的不同的人,其语感和语感能力还是有强弱之分的。所以有的人表达起来"伶牙俐齿",有的人则"笨口拙舌",有的人领悟起来能够"举一反三",有的人则必须"冥思苦想"。所以交际起来也会产生"沟通困难",甚至"误解"和"没有共同语言"。我们把人与人之间的这种语感的差别称为"差别语感",用 Id 来表示。"差别语感"Id 是一个变数,它随着不同人的语感和语感能力强弱的变化可大可小,同一个人的"差别语感"也随着影响语感的因素的变化而变化。所以,"差别语感"是语感和语感能力中的动态部分,是一种动态语感。

但是,任何一个人的语感(我们用 Ip 来表示)都是有稳态部分和动态部分这样两种成分的,所以,个人语感的公式是:

$$Ip=Id+Ic$$

(Ip:个人语感;Ic:共同语感;Id:差别语感)

我们说 Ic 是稳态而不说是静态,因为共同语感并不是静止不变,只是相对稳定。随着时代、民族、国家的发展,随着人类的进步和世界的交融,"共同语感"也会发生变化,只不过无论怎样变化,无论变化大小、快慢,对于每一个人来说,这部分大体上是一样的。

3. 语感还可以细分为"空间语感"和"时间语感"。

我们所谓的"空间语感",就是对语言的结构和关系的感觉。

无论是组合关系还是聚合关系,我们都会有一种感觉,也就是我们常说的对于言语是不是符合语言的理据性的感觉。比如:你对"伙夫、马夫、车夫、脚夫、挑夫、船夫、轿夫、农夫"有语感,一般你会接受"清洁夫、清道夫",感觉符合理据。又比如:你接受了"很中国、很历史、很文化、很男人",但是你目前一定不接受"很桌子、很钢笔",因为你会觉得这种说法不合理据,"很"一般不修饰名词。

我们所谓的"时间语感",就是对于语言的成熟度的感觉。一种新的语言现象,刚刚产生时总令大家有一种生疏感,经过一定的时间之后,如果已经被大家认可,大家都已经这样说了,你会有一种感觉,这种感觉就是对于言语的约定俗成的感觉。例如"非典",严格说起来,不如"严重急性呼吸系统综合征"准确,因为"非典"只说明了不是什么(典型性肺炎),没有说明是什么。所以开始有人也叫 SARS 或者"萨斯"。但是大家都叫"非典",并且有"非典热线"、"非典病人"、"防治非典小组"、"抗击非典"、"非典疫情"、"非典疫苗"、"非典医院"等等一系列的组合,你就会觉得无论它的内涵是否科学,大家已经接受"非典"这个词了。就像人们都已经接受"生前友好"这种说法,没人再较真儿那其实是"死前友好"一样。你是否选择说"非典"而不用其他的说法,就是根据你对"非典"的约定俗成的感觉,你在语言的运用上总是会凭着这种感觉而"随大流儿"。

我们曾经说过:"语感说到底就是人们对语言的空间态和时间态的一种感觉,是对语言的一种空间感和时间感。空间感是对要素与关系的感觉,或者我们常说的是对语言的理据性的感觉;时间感是对要素与关系的流通度或者说是成熟度的感觉,通常我们说是对是否已经约定俗成的感觉。"[①]

我们主张:既要观察语言的共时状态,也要观察语言的历时状态,这样的观察才是全面的观察。共时状态是语言的空间态,历时状态是语言的时间态,从时间与空间的双重状态来观察分析,才是全方位的,从物质世界的宏观研究到微观研究,无不如此。有结构系统,就有关系,就有空间态;有沿革过程,就有历史,就有时间态。就语言而言,语言的时间状态和空间状态都是客观存在着的,而语感则是使用语言的人基于言语经验对语言的正误与否、得当与否的一种感觉。

---

① 张普《论历时中包含有共时与共时中包含有历时》(本书 203 页)。

四、关于流通度和语感模拟

流通度本是各大传媒传播和流通的程度。流通度对于语言的流行和通用,对于人们的语感有巨大的影响力。

传媒、大众传媒、现代传媒已经是现代国家和现代世界的一股绝对不容忽视的巨大力量,它们已经深深地进入了人们的政治生活、经济生活、法制生活、教育生活乃至日常生活的方方面面。焦点访谈、纪实报道、黄金时段、头版头条、报眼、封面都是对人们、对社会影响极大的页面和板块,也是各大传媒中流通度极高的部分。阅读率、收听率、收视率、点击率等等,都是流通度的反应,也是各大传媒和广告业界关注的核心。

传媒学与社会学和语言学的关系十分密切。社会学和语言学都是传媒专业的必修课程,英国的传媒专业甚至直接开设"社会语言学"。

语言的流通度与社会传媒的流通度密切相关。我们曾经说过:"流通度是人们对一种语言现象的流行通用程度的感觉,也就是所谓语感。流行通用程度高,听得多,就感觉能说,否则,就觉得不能说。"[①]后来我们又进一步补充说:"'流通度'(circulation)是一种语言现象在社会传播中的流行通用程度。流行通用程度高,人们的视觉、听觉已习惯于接受,就感觉能说,否则,就觉得陌生,不顺畅,不能说。语言的流通度与社会传媒的流通度密切相关。流通度不仅是判定新词、新义、新用法的重要条件,也是判定方言词语、术语、文言词语、外来词语是否进入普通话、是否进入通用领

---

① 张普《关于大规模真实文本语料库的几点理论思考》(本书 44 页)。

域、是否合乎规范的极为有效力的量化操作标准。这样看来,语料的流通度的选择、首先是社会传媒的流通度的选择,就显得十分重要。"①

我们希望通过测量流通度来对语感加以数学界定、加以量化,使得"能不能说",是否已经"被理解"、"被认可"、"被传播"变得可以通过流通度的计算进行判定。进一步还想把"流通度"的知识或者说"流通度"的获取方式教给电脑,使电脑通过获得"流通度"来获取"语感",或者来自动计算语感,从而获得自学习能力。所以流通度理论不仅是在语言学方面使人的"语感"得以量化,更重要的是在信息处理方面有可能使计算机真正获得语言的自学习能力,使智能化进入一个新的发展阶段。②

我们的看法是:所谓语感——无论是个人语感还是公众语感,类似于一个"黑箱"。社会组织和其每一个个体是如何依据话语"通讯"经验的积累来获得语感能力,如何约定俗成地实行语言"控制",我们目前是无法看到的,也无法测量,无从进行量化分析;但是"出版物(包括书籍和报纸)、无线电、电话网、电报、邮递、剧院、电影院、学校、教堂"等这些"取得、使用、保持和传递信息的工具"——我们今天称之为媒体(还有维纳没有或不可能提到的电视、因特网、移动电话等)的东西却是看得见、摸得着的,我们可以有多种途径测知其流通的情况,这类似于一个"白箱",然后我们将"白箱"和"黑箱"进行相似性类比,将白箱的量化数据传递到黑箱。③

对于这样的类比,维纳并没有绝对化,他说:"我并不完全指望

---

① 张普《信息处理用动态语言知识更新的总体思考》(本书102页)。
② 参见张普《关于语感与流通度的思考》(本书67页)。
③ 参见张普《关于控制论与动态语言知识更新的思考》(本书149页)。

这些过程在细节上也是相同的,但是我却相信从哲学的观点看来,它们是非常类似的现象。"①

我们提出的"流通度"的概念,其中许多说法是与维纳的说法相一致的,或者说维纳的论述差不多就是对语言的变异和语感的论述。重要的是他说"这个种族所使用的信息量总是可以测定的",我们实际上是通过对种族信息量流通度的动态测定,来相似于捉摸不定的语感。我们相信控制论中"不管一个种族用什么通讯方式,这个种族所使用的信息量总是可以测定的"。维纳所说的"对种族有用的信息量"和"对个人有用的信息量"大致相当于我们的"共同语感"和"个人语感"。

所谓"语言经验积累"的结果,就是每一个体都在"信息和通讯"的组织化行为机制中,感受到了作为信息和通讯载体的语言符号的流通度,知道怎样表达是大家可以接受或认可的表达,也知道怎样在大家都认可的表达中夹进个人的语言创造。"组织化机制"对于社会的语言交际而言是形成公众语感,对于个体而言是影响个人语感中的共同语感。

这个"机制"极有可能就是约定俗成。

我们正在建立一个动态的大规模真实文本的书面语的语料库。把语料库的建设和使用从静态推向动态,把文本的选择和抽样原则从分布原则推向流通原则,把对语言成分的一般性的统计分析推向对语感的推测性统计分析和验证,从而探索使电脑可以逐步获得语感并随时增强和调整语感的路径。

---

① N.维纳著《控制论》(第二版)第178页,郝季仁译,科学出版社1963年。

关于"约定俗成"的约定俗成[*]

引 言

1999年,我们在研究动态语言知识更新的第一篇论文《关于大规模真实文本语料库的几点理论思考》中,就提出"语言不是静止的,语言在运用中不断地产生变化,语言的生命力就在于这种稳定中的变化。这些变化的端倪就隐藏在大规模的真实文本(无论它们是经典的还是非经典的文本)之中,甚至就隐藏在那些非规范现象里。一切新词、新义、新用法一开始总是不在约定和规范之中的,通过'对话'和'讨论',利用'已知'对'新知'作出'解释'或'纠错',新知一旦被大家接受并广为传播,最终将进入约定或规范,这就是语言发展的辩证法和规律。"我们虽已提及"新知一旦被大家接受并广为传播,最终将进入约定或规范。"但是当时并没有进一步说明约定和规范都是怎样形成的。

首先,就"规范"(或标准)而言,今天的任何规范(或标准)都有一个研制或制定过程,经过若干严格规定的程序,最终由政府的相应职能部门来颁布推行。国家甚至于已经规定了制定标准的标

---

[*] 此文是陈建民先生生前约稿在"第四次全国社会语言学学术研讨会"报告的论文,谨以此文悼念尊敬的陈建民先生。收录于《语言规划的理论与实践》,2006年9月语文出版社出版。本文部分引用资料承史中琦同学协助查检。

准：《标准化工作导则》(GB/T1.1—2000、GB/T1.2—2002)《标准化工作指南》(GB/T20000.1—2002、GB/T20000.2—2001、GB/T20000.3—2003、GB/T20000.4—2003)、《国家标准制定程序的阶段划分和代码》(GB/T16733—1997)等。

至于"约定"，它的形成过程是怎样的？一个"新知"究竟是如何"最终进入"社会大众约定的？或者说语言中任何新成分的"约定"究竟是如何"俗成"的？这正是本文要探讨的内容。我们探讨的不是"约定俗成"这一成语的本义，而是语言学界大家实际上已普遍认同的关于"约定俗成"概念的约定俗成的理解。

一、对"约定俗成"的约定俗成

我们在《关于第三代大规模真实文本语料库的几点理论思考》一文中曾经引证如下一些观点：

"新词一经约定俗成，就是合法的，就丰富了语言。"[①]"约定俗成是语言文字最惯用的'规律'，语言文字在使用过程中发生变异，自动调节和人工调节，达到一种有序的稳态。"[②]（陈原）

"约定俗成虽然有时并不讲'理'，可是一旦形成力量可就大得很，甚至不可逆转。"[③]（吕冀平）

"语言规范究其实质也是一种社会习惯，它只能通过约定俗成的途径建立，而不能由语言机构或语言学家向壁虚构。""我们固然不能说全部语言规范都是对约定俗成说法的追认，却可以说绝大

---

① 陈原《社会语言学方法论四讲》第605页，语文出版社1988年。
② 陈原《陈原语言学论著·卷三》第344页，辽宁教育出版社1998年。
③ 吕冀平《给〈语言文字应用〉编辑部的信》，载戴昭铭《规范语言学探索》第149页，上海三联书店1998年。

部分是如此。"①(戴昭铭)

"习性原则应该成为确立语法规范的根本原则。"②(邹韶华)

上述见解都不约而同地认为经过社会大众的"约定"而最后"俗成",是语言发展的"社会习惯"、是一种"习性原则"、是遵循的"最惯用的'规律'",一旦俗成之后的力量强大,甚至"不可逆转"。

我在《关于汉语语料库的建设与发展问题的思考》中也提出:"语感说到底就是人们对语言的空间状态和时间状态的一种内化的把握,是对语言的空间感的认知和时间感的认知。空间感是对要素与关系的感觉,或者如我们常说的,是对语言的理据性的感觉;时间感是对要素与关系的流通度或者说是成熟度的感觉,如通常我们所说,是对'约定俗成'程度的感觉。"

在《关于种族信息量的测定与语感模拟》中我还说过:"语言的发展正是遵循这样的规律,个人创造的词语不被公认,就只能是对个人有用的信息,别人视为'生造';一旦逐步为大家接受和使用,就视为是'约定俗成';如果编入词典,进入词表,就可能成为典范。""语言之所以能作为交际工具,既保持一个系统的稳定,又随着社会的发展和人类认识的发展不断更新,约定俗成是极其重要的调节机制。是约定俗成使语言保持了'内稳态'③,控制了语言的'新陈代谢',使语言具有了生命力。我认为:从控制论(或关于在动物和机器中控制和通讯的科学)的角度看,我们对语言约定俗成的认识,以及应该给予这一理论的重要性评价都还远远不够。"

---

① 戴昭铭《规范语言学探索》第46页,上海三联书店1998年。
② 邹韶华《语法规范琐议》,载《语文建设》1991年第11期;《试论语法规范的依据问题》,载《语言文字应用》1996年第4期。
③ 参见 N.维纳著《控制论》(第二版),郝季仁译,科学出版社1963年。

可见,对于"约定俗成",语言学界是有共识的,也算是一种约定俗成吧。

二、"约定俗成"考

"约定俗成"已经是语言学中的一个基本词语,"约定俗成"出自《荀子·正名》:"名无固宜,约之以命,约定俗成谓之宜,异于约则谓之不宜。名无固实,约之以命,约定俗成谓之实名。"荀子所谓的"约定俗成"未必就是今天大家所理解的语言发展的"社会习惯"、"习性原则"、"最惯用的'规律'"等等。因为《正名》篇有其立说的历史背景,他是为了在礼崩乐坏的战国晚期,维护"君君,臣臣,父父,子子"的社会秩序,反对一些人乱名改作,以是为非。他说:"今圣王没,名守慢,奇辞起,名实乱。是非之形不明,则虽守法之吏,诵数之儒,亦皆乱也。若有王者起,必将有循于旧名,有作于新名。……故知者为之分别制名以指实,上以明贵贱,下以辨同异。贵贱明,同异别,如是则志无不喻之患,事无困废之祸,此所为有名也。"

徐通锵先生曾指出:"所以'约定俗成'的实际含义是'王者制名,其民相效,而不是人们(或社会)的共同意向决定。'这一解释比较符合荀子正名论的原意。"他告诫:"我们需要从这种理论体系中去考察荀子关于'约定俗成'理论的真实含义,而不能望文生义,以今人的理解代替古人的认识。"[①]我们姑且将荀子使用的"约定俗成"的义项就作为这个词语的"本义"或"古义"保留。本文要探讨的则是前文所述的"语言成分必须经过社会的'约定'和大众的'俗

---

① 徐通锵《语言论》第 30 页,东北师范大学出版社 1997 年。

成'才能走向成熟"的意思,即"约定俗成"的今义。这也可以认为就是该词语在语言学界的约定俗成义。

由于《荀子》一书的重要历史地位,不仅研究语言的人考证"约定俗成",研究中国哲学史、思想史和逻辑史的学者对"约定俗成"都有涉及。比如:冯友兰先生在他的《中国哲学史新编》"荀子的逻辑思想"一节中就两次说到"约定俗成",一次他说:"荀子认为什么'实'用什么'名',是由于'约定俗成'。荀子这个思想,表示他认为'名'是社会的产物,是具有社会性的……"(1956年版第537页)还有一次他又说:"荀子认为名是由'王'制定的。在开始制定的时候,甚么'实'用甚么'名',本来没有一定。但是既经'约定'而且'俗成'之后,那就成为'正名',不能随便改动。……他也确切地认识到名是表达思想的必要工具。他要把制名之权归之于'王',使统治者能统一思想,只提倡他所需要的思想。"李葆嘉先生认为"大家约定"与"王者制名"是"两个完全不同的概念",冯友兰先生的两处不同的论述只有一处是正确的,他认为"显而易见,是后一处"。[①]

荀子的本意究竟是"王者制名"还是"大家约定"这是关于"约定俗成"的第一个分歧点。多数人认为荀子的本意是"王者制名",有大量书证可引,此不赘述。分歧主要表现在"约定"的"王权性"和"社会性"的对立,关于"俗成"却没有绝对的分歧,就是王者依靠"强权和暴力"制的名,最后也得要"其民相效",普遍接受,语言毕竟是人类社会共用的交际工具,王者制名,总不能只是为了自说自

---

① 李葆嘉《荀子的王者制名论与约定俗成说》,载《徐州师范学院学报(哲社版)》1986年第4期。

话、自言自语。

但是也有权威的学者认为荀子是主张社会性的,胡适先生在《先秦名学史》中说:"荀子提出的观点与那种维护名的原始的标准含义的旧观点不同,他认为凡经社会约定(through social conventions),或者政府批准而变成流行的名就是正确的。政府应当批准的名,是那些因某种默契而已经流行了的名。一切名词术语的创新都要由法律禁止。"[1]而在他的《中国哲学史大纲》(上卷)中,他就径直表述道:"荀子讲正名只是要把社会上已经通行的名,用国家法令制定;制定之后,不得更改。"(第13版,第329页)"此处当注意荀子知道名有社会的性质,所以说'约定俗成谓之宜'。正名的事业不过是用法令的权力去维持那些'约定俗成'的名罢了。"(第335页)[2]

李葆嘉先生认为胡适先生的观点,被其后的人多加转引,语言学界大概是"移植"罢了。

三、语言学界"约定俗成"的今义比古义常用

是不是"移植"没什么关系,重要的是这种观点已经"多加转引",在语言学界已经形成了一种差不多是不言自明的认识。除了上文摘录的陈原、吕冀平、戴昭铭、邹韶华诸位的观点,我们还可以再征引若干:

"在以往的语言研究中,关于语言是约定俗成的说法为人们再

---

[1] 胡适《先秦名学史》(学林出版社,1983年汉译本),转引自李葆嘉《荀子的王者制名论与约定俗成说》,载《徐州师范学院学报(哲社版)》1986年第4期。

[2] 参见李葆嘉《荀子的王者制名论与约定俗成说》,载《徐州师范学院学报(哲社版)》1986年第4期。

熟悉不过了。"①

"'语言是约定俗成的'这一观点在现代语言研究中得到了广泛的认同,很少有不同的意见出现。"②

"应该特别引起留意的是,语言是一种社会现象,是人们交流思想的工具。因而,约定俗成是语言的形成与发展,亦即在社会实践过程中发挥其交际工具职能并随之而日趋丰富的客观规律。"③

"语言是一种约定俗成的符号体系,这已经是语言学的常识。"④

而李葆嘉先生在他的《荀子的王者制名论与约定俗成说》⑤一文中,虽然他认为把约定俗成说的"王者制名"理解为"社会的自由选择"和"人们的共同约定"是"背离了《正名》篇中的原义",但是他在该文的开篇还是先引证了语言学上对"约定俗成"说的"通行的解释"。诸如:《辞海·语词分册》的"依据人们的共同意向";岑麒祥先生《语言学史纲要》的"完全决定于社会的自由选择";王力先生《中国语言学史》的"只要人们共同约定就行了,约定俗成的是合理的,不合于约定的名称就是不合理的";邢公畹先生《谈荀子的"语言论"》的"社会约定了管这件事物叫个什么就叫个什么了。……'社会'这个术语,荀子称为'群',所谓'人之生不能无群'";等等。重要的是在征引之后李先生还说了"众

---

① 宁春岩《语言是约定俗成的吗?》,载《现代外语》1996年第1期。
② 廖益清、丁建新《也谈语言的约定俗成性》,载《外语教学》1997年第3期。
③ 南生杰《约定俗成是语言发展的一条规律》,载《汉中师范学院学报》1983年第1期。
④ 戴昭铭《语言习惯、约定俗成和语言描写》,载《语文建设》1992年第4期。
⑤ 李葆嘉《荀子的王者制名论与约定俗成说》,载《徐州师范学院学报(哲社版)》1986年第4期。

多的语言学著作中都作如是理解，此不赘引。这种解释的权威性和公认性，使荀子的约定俗成说成了语言学的一条公理，可以与索绪尔的符号任意性原则媲美（这里暂不去讨论任意性原则的片面性与神秘色彩）"。

既然对"约定俗成"的这种"社会性"、"大众性"、"人们的共同约定或共同意愿性"的解释都已经成了"一条公理"，具有了普遍的"公认性"和在大众或者说在语言学界的大众中的"权威性"，说明这种解释本身也已经是约定俗成了。我们不妨就把这种已经"背离了荀子的原意"的解释作为"约定俗成"的另一个义项也保留下来，视其为现代义或语言学义。或者，也就是我们这篇论文的题目所指："关于'约定俗成'的约定俗成"。

今天，"约定俗成"的这种义项恐怕比起符合荀子原文意义的"古义"义项要常用得多。

四、约定俗成与现代大众传媒

我们强调这个关于"约定俗成"的约定俗成义，就在于尊重"约定俗成"在语言发展中的那种力量。语言的"约定俗成"是具有社会性、大众性的，无论是谁首先创立，一个语言成分必须在交际中经过社会的"约定"和大众的"俗成"，才能走向成熟。特别是在现代社会，这种约定俗成的力量对于语言的发展就更加重要，人们的趋同、趋众的心理；社会的从众、从俗的力量，凭借现代大众传媒的高度覆盖面和渗透力，得到前所未有的发挥。

对荀子讲的"约定俗成"的本义严格加以厘清的徐通锵教授，也论述过："编码不是哪一个人的个人活动，而是一个言语社团千百万人的共同创造。"他还说："所谓'交际'，其实质就是交流对现时的认知。"①他在论述语言的变异时又说:"变异在其产生之初,在社会人群中呈无序的、随机的分布,如果变异成分的某一变异形式在言语社团中被某一社会人群所接受并开始传播,那么无序的变异就进入有序的行列,意味着演变的开始。如果使用这种变异的社会人群在言语社团中具有某种特殊的地位,那么这种变异形式就可能会成为其他社会人群的仿效对象,从而使它从这一人群扩散到那一人群,完成演变的过程。"可以认为约定俗成正是语言的生命力、创造力的体现,正是作为人类最重要交际工具的语言,本来就有的一种调节机制。总括来说约定俗成是维持语言的生命力的社会"稳态"机制。②

徐先生说到了"传播"对约定俗成的作用,但没有谈及现代传媒的变化。他曾非常强调我们必须改变我们的语言研究的时间观,对此我们是很赞同的③。现在我们还要补充说,我们也需要改变我们的现代传媒观,其核心就是改变信息传播观。在人类的文明史上,信息的传播及随即带来的语言的变异,曾经一直都是波浪式传播的,即渐进的,徐缓的,特别是语音的变化和传递,从发生到完成,常常需要持续数个世纪。

而什么是现代大众传媒的传播方式?首先,最重要的特点就是可以在瞬间将消息(包括任何新词新语新义)发送到全世界,不再是那种传统的波浪式的传播方式,其效率和速度都是过去无法想象的:2003年3月18日,德国和中国香港中文大学的实验室用电子显微镜拍到了一种病毒。5分钟之内,该病毒的照

---

① 徐通锵《语言论》第21页,东北师范大学出版社1997年。
② 参见张普《关于控制论与动态语言知识更新的思考》(本书149页)。
③ 参见张普《论历时中包含有共时与共时中包含有历时》(本书203页)。

片就通过网站发布出来,以供其他实验室的科学家参考。3月21日晚上,香港大学的裴伟士又向"全球病毒实验室"各成员发了一个电子邮件,宣称从患者组织中分离了一种病毒——冠状病毒。很快这项实验在美国、加拿大等其他成员实验室中重复出来。其次,就是现代大众传媒的复制规模"无上限",平面媒体的报纸和杂志的印刷量越大成本越低,读者越广,而广播、电视、网络的运作,就是真正进入广域传播,传信方并不限制受信方的规模和数量,正在酝酿的大规模并播(IPTV)模式,将会再一次改变我们的现代传播观。"9·11"事件发生时,凤凰卫视立即捕捉这一新闻主题,实时实地24小时全程追踪报道。不仅是事件报道速度上争分夺秒,24小时连线世界各地反应的全天候、全程化、全球化的"三全"传播方式,也使语言的传播随之"提速"、"加急"和"升级","'9·11'事件、世贸大厦、地标性建筑、零地带、后'9·11'时代"之类的热门词语也迅速传遍全世界。总之,现代大众传媒在传播速度和传播广度两个方面正在改变语言约定俗成的进程。

现代大众传媒还利用自己对公众的影响力,透过新闻评论,或者就是透过媒体,刻意将消息的某一点放大或缩小;相应的,有关语言的流通度也随之得到有效提升或沉降。索绪尔基于他所处的时代的特点,基于对中世纪靠人的口耳相传的语音传播规律研究,而得出的语言须经历3—5个世纪带来的历时变化,就有可能在现代大众传媒面前显得过时了。现代大众传媒带给今天的语言的变化,特别是新词新语和新义的问题,是非常明显的、突出的,可谓日新月异,与时俱进。现代传媒技术使得语言新成分的成熟度获得一种空前的动力,成熟期大大缩短,因而语言约定俗成的周期也大大缩短。如果某个新词或新义、某种新的表述方式,出自具有权威性的或有影响力的媒体、文献、话者(包括"×家"、"×星"、"×腕儿"等),其约定俗成几乎成为"约定速成"。

五、约定俗成的力量

语言是一种流,它不是静止的,无时无刻不处于动态之中。任何语言的任何变化,无论是哪位个体成员的发明创造,只要有了本言语社团的大众跟从和社会传播,就能够生根、发芽,成长为一个新的语言成分,而缺少这个约定俗成的过程,即使再合理、再贴切的发明创造,也只能永远是个人的行为,被大众视为"生造"。大众的跟从与社会的传播,甚至可以"以讹传讹,习非成是",即使是看上去不合理、不贴切的语言成分和用法也会顽强地生存下来,甚至成为标准或规范,可见约定俗成的力量,这种力量也可以说就是语言的生命力、创造力的体现。试看:

"自行车"和"脚踏车"

"菜油"和"菜子油"

两组词中,语义上合理、贴切的应该是后者,但是实际上通行的却是前者。"生前、养病、吃亏、晒太阳、红墨水、打扫卫生、恢复疲劳"细推敲似乎都不合理,但是现在大家都用,都理解它们的正确含义。

最新最典型的例子应该是"非典",非典只告诉我们不是什么(不是典型传染性肺炎),但是没有告诉我们是什么;"萨斯(SARS)"才告诉了我们"是什么",即:"严重急性呼吸道综合征"(Severe Acute Respiratory Syndrome),简称 SARS。但是在 2003 年,有人统计某网站上有"非典"字样的网页 39458 个、有"SARS"

的网页却只有12410个、而有"萨斯"字样的网页更少,只有1660个。①

据我们查寻,2003年1月后,一种新发现的疾病在中山、佛山、广州市出现,它被命名为"非典型传染性肺炎",后来很快被简称为"非典";而世界卫生组织(WHO)则在2003年3月15日将这种疾病正式定名为"严重急性呼吸道综合征"(Severe Acute Respiratory Syndrome),简称SARS。3月21号,世界卫生组织开始使用SARS来称呼这个新的疾病。我们的"动态流通语料库"(DCC)在对中国主流报纸的统计分析中,共搜集了《北京青年报》、《北京日报》、《北京晚报》、《法制日报》、《光明日报》、《环球时报》、《今晚报》、《南方周末》、《人民日报》、《深圳特区报》、《新民晚报》、《羊城晚报》、《扬子晚报》、《中国青年报》等14份报纸的全年语料56万2000多个文本,总字数426805177字,即约4亿3千万字。我们可以观察到"非典"在全年的走势图,每个月都有统计数据,全年的统计数据的变化构成一条动态的变化曲线,我们可以看到"非典"一词,基本上是3月起升,4—5月陡升,直到顶点,6、7月又回落,直至基本如初。这个词语的流通情况差不多就是非典突发灾难"发生—扩散—控制—终止"全过程的真实记录,那段令人揪心的日子我们至今记忆犹新。而"非典"这个词也就永远留在我们的词典之中,无论语义上是合理还是不合理,"非典"这个词就这样在几个月之内迅速地"约定俗(速)成"了。

---

① 参见俞允海《非典还是SARS》,网络文章,原文网址:http://www.huayuqiao.org/articles/yuyunhai/yyh04.htm。

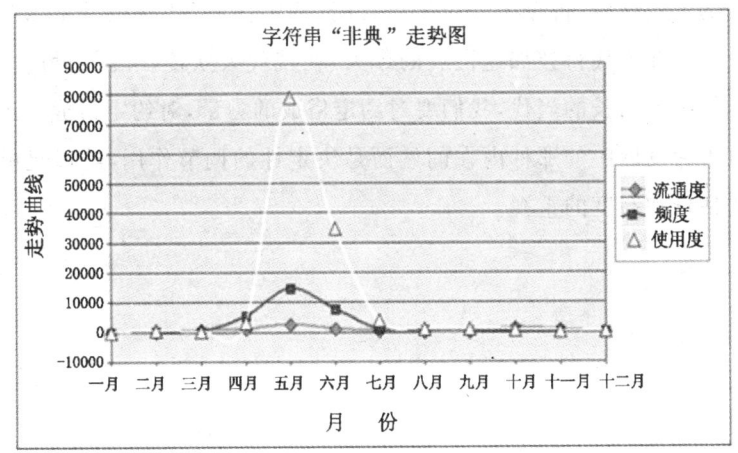

余论

与中国的先秦的名实之争相类似,欧洲在古希腊时期有按本质规定与按习俗约定之争,简称"规定说"与"约定说"。这样的争论也一直持续到近现代。亚里斯多德、特雷克斯都是约定论者,他们的语法理论是后世语法研究的基础,其影响远远超过主张规定说的斯多葛学派。后世的谱系树说、青年语法学派、索绪尔的语言理论和结构语言学派也都超过了他们争论的对立面。为什么会出现这种情况?徐通锵先生说:"其终极的原因可能就是印欧语对现实的编码原则以约定性为基础,或者说,它偏重于约定性。"[①] 这里,受篇幅所限,我们不再继续详细论及西洋的"规定说"和"约定说"。

但是,"以约定性为基础"和"偏重于约定性",这是我们最感兴

---

① 徐通锵《语言论》,东北师范大学出版社 1997 年。

趣的。应该说:古今中外对于语言的"约定俗成"的认识是基本一致的。在现代科技加速发展的今天,在现代大众传媒的传播产生几何级数增长的当代,我们要对约定俗成的力量,对约定俗成在语言生命发展中的那种内在的然而是决定性的调节作用,给以足够的估价和高度的重视。

第三部分　理论篇

1. 语言信息处理领域的一个新的命题——主持人的话
2. 论历时中包含有共时与共时中包含有历时
3. 关于动态语言知识更新与流通度问题
4. 当前字、词、语量化研究的五个深化方向

语言信息处理领域的一个新的命题*
——主持人的话

"语言知识动态更新"是语言信息处理领域的一个新的命题。

一种语言,只要仍在为人类的交际服务,就是"活"的语言,就随时在进行"新陈代谢"。随着社会经济、科学技术的加速发展,语言的变化也越来越快,特别是新词、新义、新术语的增长更是我们难以估计的。那些现已死亡的语言,也曾经一度活跃过。只要活着,更新就不可避免,更新是事物的生命力所在,只有更新,才能永恒。

所谓动态更新是与静态更新相对而言的。语言静态更新是在较长的间隔时段后不定期地更新语言知识及其规范,动态更新是指随着社会语言交际的变化,在较短的时间里定期地或者即期地更新语言知识及其规范。语言知识及其规范不更新是不可能的,而静态更新已经越来越难以适应信息社会的需求,所以要研究动态更新。

今天的世界发展是那么迅速,以至于你只要几个月、几周不接

---

* 本文为"动态语言知识更新研究"一组论文的《主持人的话》,《语言文字应用》2001年第4期刊发。标题为收入本论文集时所加。

触媒体和他人,常常会恍如隔世,听不懂别人在说什么。人类生理年龄的"代"在延长,而语言年龄的"代"在缩短,代沟首先是语言沟。这一代的语言你还没学会,新一代的语言便又开始更新了。现在的新一代叫"新人类"还不够,要叫"新新人类",或者干脆自诩为"另类"。他们互相叫"帅哥",喊"美媚"(或 MM),他们"纹眉"、"隆鼻"、"丰乳"、"瘦身"甚至"塑身",总之自己跟自己过不去,并不危害社会和他人。他们看着自己哪儿哪儿都不顺眼,所以需要"形象设计",在身上一切可能的地方都"激光穿孔",再安上些环儿、链儿、坠儿、钉儿的。你还没看惯"健美裤"、"超短裙",街上已经流行"太阳裙"、"热裤"、"脐装"、"透明装"了。更加前卫的"人体彩绘"、"行为艺术"、"热吻比赛"、"裸体摄影"不管你接受不接受就在商厦和当街进行了。你批评男孩的"披肩发"女孩的"小平头"正带劲儿,更新的人类们已经染着斑斓"彩发"鼓着或黄或蓝的"隐型"眼珠子在看你了。你已经搞不清喷"发胶"、涂"紧肤水"、穿"松糕鞋"、使唤"护翼"的都是第几代的"人类"了。你永远追不上新新新人类的时尚变化,你刚刚认可了"迪斯科"、"滑板"、"碰碰车";新人类已经在"攀岩"、"蹦极"跳"地毯舞"了。你才学会说"酷毙"、"爽呆"了;新人类们已经在满口的"巨×"、"很 in"了。你还没有习惯喝"扎啤"和"太空水";新人类们已经在喝"AD 钙奶"、"非常甜橙"了。你恐怕搞不清楚什么是"双频手机"、"纯平彩电"和"数字图书馆";你也未必弄得明白什么叫"卫星定位"、"精准农业"、"衍生孵化器"、"量子计算机";你兴许更看不懂"IT 产业"、"OEM 协议"、"BOT 投资方式"、"E-MAIL 信箱"、"ICP 软件"。光是每天报纸上的"知本家"、"创业板"、"概念股"、"克隆牛"、"外星人"、"千年虫"、"费改税"、"债转股"已经够叫你眼花缭乱的了,就是那些"二手房"、"房改房"、"复式公寓"、"生态小区"、"电喷"、"尾气"、"悬浮颗粒物"、"空气污染指数"、"退路进厅"、"退二进三"这些跟你的生活直接相关的词语也够你学一气的了。而最新的"@一代",他们是"网民"、"网虫"或"黑客",他们有自己的"网页"、"网址"、"网友"和"版主",他们建立自己的个性化网络"聊天室"、"讨论区"和"虚拟社区",他们互相称呼自己的"网名"——石头、毛毛虫、雨过天晴、舞蹈的落叶等等,他们读"网络大学",当"网络记者",看"网络影视",听"网络音乐",玩"网络游戏",写"网络小说",发"网络贺卡",他们喜欢"网络购物",尝试"网络生存",他们甚至有自己的"网络情人"、"虚拟情人",进行"网恋",他们在"网站"、"主页"、"桌面"、"界面"中生活,他们把越来越多的时间放在自己的"网络社会",他们不断在"真实世界"和"虚拟世界"之间"交互"。其实就连"BP机、VISA卡、NBA比赛、KTV包房、卡拉OK、WTO、CD"这样的词你也懂了;就是你不赞成的事情你也懂那个词——"可卡因、冰毒、摇头丸、艾滋病、同性恋、黑手党"等等。一切都在改变,什么都在滚动,"滚动窗口、滚动栏目、滚动新闻、滚动信息、滚动报道",电脑和电视屏幕上都出现了"滚动条、滚动按钮"。这世界滚动得这么快,变化这么多,语言知识不滚动更新行吗?你不接受反映新世界新事物的新语言,就只能生活在你的语言的旧世界。

  动态语言知识更新是信息社会和网络发展的一种必然趋势。没有信息或者信息不灵不行,但是信息太多、信息爆炸也不行,多多不一定益善,过犹不及。在信息社会,人必须借助计算机和语言信息处理软件来帮助自己处理潮涌而来的信息,包括浏览、检索、翻译、分析、提取、筛选、过滤这些信息。计算机软件做这些事都离不开语言知识,最终是离不开即时更新的语言知识。目前的计算机做这些事所依靠的都是已定格的"死"语言知识,一切最鲜活的新知识却都不具备,来不及补充。不但没有动态更新,连静态更新也没有,而是基本上守旧,不更新。

今天,信息处理用的语言文字的标准和规范已经不可能颁布一次就多年有效或者长远执行,那种语言标准和规范超稳定持续的时代已经过去了,或者即将过去。国际上美、英、德、法、比、日等国家或我国的台湾地区都已经高度关注语言知识的动态更新,有的已经组建专门的研究机构,启动国家级或跨国的研究项目,监控语言的变化,获取动态的语言知识。

但是语言知识的动态更新谈何容易,叫计算机辅助人工(专家)更新都不容易,更不要说由计算机自动更新语言知识了。目前世界上一切正在尝试的语言知识动态更新的系统,不是基于人工前处理就是基于人工后处理的,完全由计算机自动更新的系统或体系还没有见到。人(专家)可以根据语感对语言的变化进行判断和评估,以决定吸收和扬弃,完成语言知识的新陈代谢。计算机则不行,计算机没有语感,计算机不能自己作出评价以实现自动更新。

然而,真正的动态语言知识更新却又必须依靠计算机来进行,必须摆脱对人的依赖才有实用的价值和意义。新词、新义、新术语、新用法只能靠计算机收集,人工收集的结果只不过是挂一漏万、以偏概全地举举例子。新词、新义、新术语、新用法也只能靠计算机才能做到随时随地进行评价,以决定是把它们增入系统中的滚动知识库,还是放在暂存知识库,亦或是作为非语言知识或错误进行删除。

动态语言知识更新是面向信息社会、网络社会的一项战略性研究。20年前,我在《关于语言研究手段的现代化》(参见《中国语文通讯》1980年第2期)一文中说:"我们从现在起着手努力,到2000年,能够实现语言研究的现代化,首先是研究手段的现代化,那就很不错了。"现在我愿意再说一句:我们从现在开始努力,20年后,我们的新新新人类能够享用语言知识动态更新的各种信息处理软件,就已经很不错了。

本期发表的几篇关于动态语言知识更新研究的论文,只是这个进程的一个开端,但愿有更多的人关注和参与这方面的研究。

但愿通过大家的努力这个时间表可以提前。

论历时中包含有共时与共时中包含有历时[*]

一、问题的提出

在《关于控制论与动态语言知识更新的思考》[①]一文中,我们讨论了控制论与动态语言知识更新研究的九个方面的问题。在讨论关于"牛顿时间和柏格森时间"时,我们引证了维纳的话:"由牛顿时间可逆到吉布斯的时间不可逆这个转变是有哲学方面的反响的。柏格森曾经强调指出物理学的时间和进化论与生物学的时间的不同:前者是可逆的,**其中没有什么新事物出现**;后者是不可逆的,**其中总是发生着新奇的事物**。"(注:黑体为笔者所变)[②]

我们认为:语言属于进化论与生物学的时间,即柏格森时间。

在那篇文章中,我们的观点主要有:

1. "我们恰恰把语言看做类似是有生命的东西。语言有活语

---

[*] 本文获国家973重点基础研究发展规划项目"面向大规模真实文本的汉语计算理论、方法和工具"(项目批准号:G1998030507-2)的子项目资助。2002年首届社会语言学国际研讨会报告,《语言教学与研究》2003年第3期刊发。

[①] 参见本书149页。

[②] N. 维纳著《控制论》(第二版)第42页,郝季仁译,科学出版社1963年。

言和死语言,语言有自己的新陈代谢,语言的各个成分都会经过诞生、成长、衰老、死亡的历程,语言本身也是不断进化的,没有一成不变的语言。语言的活动方式符合生命活动的基本方式,语言的时间应该是柏格森的进化论与生物学的时间。"

2. "我们恰恰也把第三代语料库视为类似是有生命的东西。我们认为第三代语料库应该是动态语料库,是历时语料库,是活语料库。"

3. 我们非常赞同并曾经引用过徐通锵先生的观点,他说:"时间观是语言研究方法论的一个重要基础,要改进语言理论的研究,如仍旧保持索绪尔的时间观,那是不会有什么成效的。""索绪尔的语言理论就是建立在他的共时时间观的基础上的。"①

4. 我们还认为:**就语言的发展而言,历时中包含有共时,共时中包含有历时。**②

只是限于篇幅和文章的中心议题,上述最后一个观点我们没有展开,但在附注中我们已经说明:"这一观点我们还会另文论述。"本文就主要论述"**历时中包含有共时,共时中包含有历时**"问题。

二、索绪尔的时间观

我们下面要分析的"索绪尔的时间观",主要依据高名凯先生译,岑麒祥、叶蜚声先生校注的《普通语言学教程》。③ 这本书是在

---

① 徐通锵《语言论》第 64、73 页,东北师范大学出版社 1997 年。
② 参见张普《关于控制论与动态语言知识更新的思考》(本书 149 页)。
③ 费尔迪南·德·索绪尔著,沙·巴利、阿·薛施蔼编《普通语言学教程》,高名凯译,岑麒祥、叶蜚声校注,商务印书馆 1980 年。

1913年德·索绪尔去世之后,由他的学生巴利和薛施蔼等根据同学们的笔记和索绪尔的一些手稿及其他材料编辑整理而成的,1916年在巴黎出版,1922年再版,1949年出第三版。各国语言学家先后把它译成德、西、俄、英、日等国文字,使它的影响遍及全世界。该书问世64年后,始有高先生的中译本。

由于《普通语言学教程》并不是索绪尔亲笔所著,再加上他又"是一个不断革新的人",所以这里所说的"索绪尔的时间观"如有曲解索绪尔原意之处,那可能是他的学生、译者或者我们的表述造成的,只是众多的当事人大都已经作古,无从申辩了。好在岑麒祥先生在《前言》中早就有言在先:"但是我们必须提醒读者,德·索绪尔在书中提出的各种见解和主张,不能看做语言学中的定论——看来他本人也从来没有这种想法——他的有些办法,例如废弃近代语法的内容,而代之以句段关系和联想关系等等,就连他的嫡系的门徒,如法国的许多语言学家也是没有接受的。"岑先生还说:"尽管这样,整个说来,这本书在世界语言学发展过程中仍不失是一本继往开来的重要著作。"

在《普通语言学教程》中编入了索绪尔提出或论述的一系列重要的理论、方法和概念,诸如语言和言语、音位和符号、能指和所指、静态与演化、共时与历时等等。我们认为他的这本书中的核心内容就是"共时语言学"与"历时语言学"。书中附录一共五篇,第二篇讲"共时语言学",第三篇讲"历时语言学",其他各篇也大都与共时或历时的研究有关。公平地说,就内容的分量而言,索绪尔对"共时语言学"和"历时语言学"是相提并重的。他在多处论述到有关的问题:

1. "共时语言学研究同一个集体意识感觉到的各项同时存在

并构成系统的要素间的逻辑关系和心理关系。历时语言学,相反地,研究各项不是同一个集体意识所感觉到的相连续要素间的关系,这些要素一个代替一个,彼此间不构成系统。"①

2."历时和共时的对立在任何一点上都是显而易见的。"它们是"在方法上和原则上对立的两种语言学"。因为"共时'现象'和历时'现象'毫无共同之处:一个是同时要素间的关系,一个是一个要素在时间上代替了另一个要素,是一种事件。"②

3."但是为了更好地表明有关同一对象的两大秩序的现象的对立和交叉,我们不如叫做共时语言学和历时语言学。有关语言学的静态方面的一切都是共时的,有关演化的一切都是历时的。同样,共时态和历时态分别指语言的状态和演化的阶段。"③

4."为了表明共时态和历时态的独立性及其相互依存关系,我们可以把前者比之于物体在平面上的投影。事实上,任何投影都直接依存于被投影的物体,但是跟它不同,物体是另一回事。没有这一点,就不会有整个的投影学,只考虑物体本身就够了。在语言学里,历史现实性和语言状态之间也有同样的关系,语言状态无异就是历史现实性在某一时期的投影。……同样,把一段树干从横面切断,我们将在断面上看到一个相当复杂的图形,它无非是纵向纤维的一种情景;这些纵向纤维,如果把树干垂直切开,也可以看到。这里也是一个展望依存于另一个展望:纵断面表明构成植物的纤维本身,横断面表明这些纤维在特定平面上的集结。但是后者究竟不同于前者,因为它可以使人看到各纤维间某些纵的平面

---

① 参见《普通语言学教程》第143页。
② 参见《普通语言学教程》第131页。
③ 参见《普通语言学教程》第119页。

上永远不能理解的关系。"①

事实上,有时候索绪尔似乎更重视进化论与生物学的柏格森时间,更重视语言的发展和变化,他说:

1. "语言学的唯一真正的对象是一种已经构成的语言的正常的、有规律的生命。"②

2. "时间保证语言的连续性,同时又有一个从表面看来好像是跟前一个相矛盾的效果,就是使语言符号或快或慢发生变化的效果;因此,在某种意义上,我们可以同时说到符号的不变性和可变性。"③

3. "这种发展是逃避不了的;我们找不到任何语言抗拒发展的例子。过了一定时间,我们常可以看到它已经有了明显的转移。"④

4. "语言中凡属历时的,都只是由于言语。一切变化都是在言语中萌芽的。任何变化,在普遍使用之前,无不由若干个人最先发出。……但不是任何的言语创新都能同样成功,只要它们还是个人的,我们就没有考虑的必要,因为我们研究的是语言。只有等到它们为集体所接受,才进入了我们的观察范围。"⑤

但是,索绪尔同时又认为"要用同一观点把语言和言语联合起来,简直是幻想。言语活动的整体是没法认识的"⑥。所以他只讨论以语言(而不是言语)为唯一对象的语言学,他在陈述中如果有

---

① 参见《普通语言学教程》第127—128页。
② 参见《普通语言学教程》第108页。
③ 参见《普通语言学教程》第111页。
④ 参见《普通语言学教程》第114页。
⑤ 参见《普通语言学教程》第141页。
⑥ 参见《普通语言学教程》第42页。

时借助于有关言语研究的知识,也绝不抹杀这两个领域的界限。他在陈述历时与共时两种语言学的对立时,也明确地说:"例如——从最明显的事实说起——它们的重要性是不等的。在这一点上,共时方面显然优于历时方面。"① 他还说:"说到分析,我们只有站在共时的平面上才能建立一种方法,下一些定义。"② 他提到"时间"的重要,但更直接的目标不是等待个人的创新被社会的认同,而是等待"集体惰性对一切语言创新的抗拒"。所以他才说:"语言之所以有稳固的性质,不仅因为它被绑在集体的镇石上,而且因为它是处在时间之中。"③

这样,我们就可以理解为什么岑麒祥先生在《前言》中总括德·索绪尔提出的与新语法学派针锋相对的见解时,会列举道:"语言学应该分成共时语言学和历时语言学,共时语言学研究作为系统的语言,所以特别重要,历时语言学只研究个别语言要素的演变,不能构成系统,所以同共时语言学比较起来并不怎么重要,等等、等等。"

正如前面所说,差不多一个世纪以来,索绪尔的这种观点,随着《普通语言学教程》的翻译,其"影响遍及全世界",并且从语言学界波及语言信息处理界。所以徐通锵先生才对索绪尔的语言研究的时间观问题提出了质疑。

徐先生在为国家语言学"十五"规划写的咨询意见中,评价"九五"期间语言学研究概况时,更进一步说明:"就国外语言学的总体发展情况来说,大体上是:共时和历时的研究,以共时为主,形式与

---

① 参见《普通语言学教程》第130页。
② 参见《普通语言学教程》第258页。
③ 参见《普通语言学教程》第111页。

功能的研究,以形式为主;而这两种趋向的共同特点是向语义的研究倾斜,重点探索和解决语义与语法的关系问题。近年来,形式语义学在国外发展比较快。这种思潮在国内语言研究中的反映,共时与历时,以共时为主,这方面与西方的研究趋势大体一致,特别是语法的共时研究尤为显著;而形式与功能的研究,我们现在仍以功能的研究为主,形式的研究相当薄弱。"[1]

三、关于历时研究和共时研究的关系

在我们看来,历时研究和共时研究同等重要,不可偏废,当然它们是对于语言从不同角度出发所作的审视。我们赞同索绪尔关于投影以及树干的纵切面和和横断面的比喻,今天看来,也许我们可以把历时状态看做是一段由许多略有变化的小照片连接而成的电影胶片,表现着动感的过程,而把共时状态视为那一段胶片中的每一张,表现着瞬间的定格更为妥帖。

1. 作为历时研究,观察的是语言的历时状态,历时状态最重要的特征包括:

(1) 活着的语言永远在变化,变化是绝对的,静止的语言是没有的,除非是死语言。历时状态是语言的时间态,历时研究是对语言的时间态进行观察、分析、对比、评估等等。这种观察、分析、对比、评估,原则上可以是就整个系统进行的,也可以是就某些个别语言要素来进行的。

(2) 语言历时状态的演进是不平衡的。就语言的共时平面而言,不同的要素(或者说语言的不同子系统)发展变化速度并不相

---

[1] 参见 http://www.sinoss.net/commfiles/subject/740.htm 的页库快照。

同,例如词汇、语义要素变化相对较快,语音、语法要素变化相对较慢。其实即使变化较快的词汇要素,内部也体现了差异性,基本词汇部分相对稳定,一般词汇则比较活跃,术语和某些新闻词语的更新尤其迅速。就语言的历时阶段而言,不同的区间(或者说语言的不同时期)发展变化速度也不相同。在社会的大变革时期、转型时期,在社会高度开放、强化与其他文明的融合的时期,词汇的扩充和换挡就会十分明显;相反,在社会相对封闭和保守的时期,语言也相对停滞。就像索绪尔比喻的一样,大树的树干无论是从横切面看还是从纵切面看,生长都是不平衡的,向阳的一面生长快于背阴的一面,风调雨顺之年的生长好于干旱或洪涝之年。总之,历时状态的发展变化的不平衡也是绝对的。

(3)语言是社会交际的工具,语言的发展变化基本上与社会的发展变化同步,近200年来人类社会发展呈加速度的总趋势,语言的发展和变化也呈加速度的总趋势。例如:据联合国教科文组织的统计,人类近30年来所积累的科学知识占有史以来积累的科学知识的总量的90%,而在此之前的几千年中所积累的科学知识只占10%。又据英国技术预测专家詹姆斯·马丁研究的结论,人类的知识在19世纪是每50年翻一番,20世纪初是每10年翻一番,70年代是每5年翻一番,近10年是大约每3年翻一番。[①] 在信息技术领域,每年都要公布新一代的技术开发成果来促进产品的升级换代。反映这些新知识的语言中的词汇,特别是专名与术语,可谓日新月异。社会政治、经济、文化、科学技术等各领域的任何急

[①] 转引自全国高等教育技术协作委员会组织编写的《教育技术理论导读》,高等教育出版社2001年。

剧变革都是语言的催化剂和加速器。

2. 作为共时研究,观察的是语言的共时状态,共时状态最重要的特征包括:

(1)共时状态是语言的相对静止状态。相对静止状态只是同一时空的人类群体的共同语感,我们得假定作为观察对象的语言要素在某一刻(或某一时期)静止下来并同时存在,才可以清晰准确地观察这些要素以及要素与要素之间的关系。自然,这种假定并非基于语言事实,而是基于研究的目的,基于描述、分析的需要和理解的方便。世界上万事万物永远在运动着,语言的绝对静止现象是根本不存在的。虽然语言的发展变化是绝对的,但是语言作为社会集体交际的工具又要保持一定的延续性,否则它将失效,所以任何活着的语言、有生命的语言,其常态准确地说既不是静态的,也不是动态的,而是稳态的。我们在研究动态语言知识更新时,正在用稳态概念来取代动态概念。按照控制论的观点,稳态(有人译做"内稳态")从根本上说是一种动态而不是静态,稳态恰恰首先是生物学或生命科学的观点。①

(2)共时状态的各项要素构成了系统。系统论认为,系统大于系统内各要素之和——系统除了要素而外,还包括关系,即是说,关系是系统不可或缺的有机组成部分。虽然关系是抽象的,但如果没有关系,要素就支离破碎,就不可能具备丝毫具体的功能。功能必须有序,关系就是"功能序"。共时研究就是要研究各要素之间的逻辑关系和心理关系。这些关系无论是逻辑的还是心理的,

---

① 参见 N.维纳著《控制论》(第二版),郝季仁译,科学出版社 1963 年;另参见张普《关于控制论与动态语言知识更新的思考》(本书 149 页)。

都是一种空间和方位的关系,即使最终构成逻辑网络或心理网络,要素与要素间的关系仍然必须以空间和方位的方式来描述。所以,说到底共时状态是语言的空间态。

(3)共时状态的观察、分析和描述有两个角度或者说有两种结果。一种是聚合的结果,一种是组合的结果。聚合的结果,发现的是语言的要素;组合的结果,发现的是语言中要素和要素之间的关系。发现不了要素,就谈不到发现要素与要素的关系;同样,发现不了要素与要素的关系,也就很难确定语言的一切要素。语言的要素和关系的总和,构成了语言的共时状态,或者说构成了语言的某个共时系统。共时状态的研究,可以研究某些要素和某些要素关系,也可以研究整个共时系统。

3. 我们主张:既要观察语言的共时状态,也要观察语言的历时状态,这样的观察才是全面的观察。

共时状态是语言的空间态,历时状态是语言的时间态,从时间与空间的双重状态来观察分析,才是全方位的,从物质世界的宏观研究到微观研究,无不如此。有结构系统,就有关系,就有空间态;有沿革过程,就有历史,就有时间态。就语言而言,语言的时间状态和空间状态都是客观存在着的,而语感则是使用语言的人基于言语经验对语言的正误与否、得当与否的一种感觉。索绪尔认为语言的共时状态是历时状态的某种投影,我们说,语感才真正是语言的全部客观存在的"投影",是一种心理投影。语感说到底就是人们对语言的空间状态和时间状态的一种内化的把握,是对语言的空间感的认知和时间感的认知。空间感是对要素与关系的感觉,或者如我们常说的,是对语言的理据性的感觉;时间感是对要素与关系的流通度或者说是成熟度的感觉,如通常我们所说,是对

"约定俗成"程度的感觉①。

四、关于历时中包含有共时和共时中包含有历时

历时中包含有共时和共时中包含有历时,二者从哲学的角度看是一组对立统一的概念。对立统一是宇宙的根本规律,普遍而永恒。

例如从概念的上下位序列来看,相对于上位概念来说的下位概念,同时又是其本身之下位概念的上位概念。对于"生物"来说"动物"、"植物"就是下位概念,而对于"鸟兽虫鱼"、"花草树木"来说,"动物"、"植物"又分别成为上位概念。又如从方位而言,在某范围之内,居中者对于东边来说,是处于"西边",对于西边来说,又是处于"东边"。银河系在宇宙只不过是很小的一部分,可它却涵盖了太阳系,而在银河系中显得很小的太阳系,又涵盖了地球与其余行星。基本粒子如原子与电子、质子等之间的关系也是同样的。度量衡单位亦按层次逐一递进,对于"丈"而言,当然"尺有所短",而对于"分"而言,就真是"寸有所长"了②。这也说明我们的先民早在上古时代就已经注意到丈尺寸的相对关系的问题了,而且举凡对立统一称说的概念如深浅、宽窄、厚薄、快慢、软硬、强弱、冷热、迟早等等无不如此。《老子》亦有云:"高下相倾,长短相形,前后相随。"没有孤立的事物,一切均是相比较与相依存的。

长短和快慢不仅可以用于空间的相对概念的描述,也可以

---

① 关于"约定俗成的程度感"问题,受篇幅所限,在此只是出于论述的需要,顺带提出,可参见本书 183 页《关于"约定俗成"的约定俗成》一文。

② 语出《楚辞·卜居》,其中征引了一句上古的谚语:"尺有所短,寸有所长。"

用于时间相对概念的描述。宇宙史很长,地球史相对很短;地球的演变史很长,生命史相对较短;生命的演变史很长,人类史相对较短。一个世纪很长,一年相对很短;一年很长,一天的时间就相对很短。相对较长的时间,大家一般叫时间段(或者"时段"),相对较短的时间,叫时间点(或者"时点")。我们说时段强调的是一个时间区间、时间持续、时间经历,是历时状态,例如"等了三天",三天就是一个时段;我们说时点强调的是一个时间位置、时间刻度、时间暂停,是共时状态。例如:"2002 年开始",一整年也视为一个时点。时点和时段在语法、语义、语用方面都有不同。

实际上,时点和时段、共时和历时也都是一对相对的概念。共时状态强调的是时点,历时状态强调的是时段。任何的一个时点相对于更大的时间段来说,强调的都是一个较短的共时的点;但是相对于颗粒度更精细的时间点来看,这个共时点又可以视为一个较长的时段。就语言的共时研究和历时研究来说,历时中包含有共时和共时中包含有历时这种相对性就是很自然的了。我们用下图表示这种相对关系就更清楚一些:

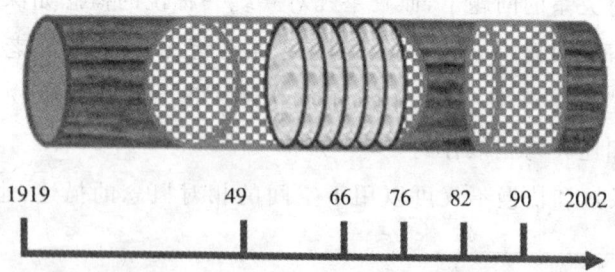

例如:我们如果将现代汉语(上图中木纹所示时段)视为一个共时状态的语言研究是完全正确的,对于汉语史的研究而

言,现代汉语研究当然是一个共时状态研究。汉语史是历时状态,现代汉语是共时状态。但是从1919年至今已经是近一个世纪的漫长时段,20世纪初期的现代汉语与今天的现代汉语显然已经有很大的不同。所以对于现代汉语这个时间段的不同时期,通常人们又可以分成一些颗粒度更小的时段(上图中方格所示时段),也可以进行一些新的更小平面的共时研究。例如:北京航空学院(今北京航空航天大学)刘源教授1982年主持的国家科委重点科研项目"现代汉语词频统计",虽然当时要建立的是现代汉语共时研究语料库,但在采取预定语料时,实际上也参照了部分历时的研究方法。该课题组将现代汉语语料分为四个时间段,采用不等密度方法采集语料,这四个时段是"1919—1949;1949—1966;1966—1976;1976—1982",其中"文革"时段采集的语料总量较少,改革开放时段采集的语料总量较多。当然人们据此语料库不仅可以进行现代汉语总体的共时研究,也可以进行"文革语言研究"、"改革开放初期语言研究"等等更局部的一些共时研究。如果时间的颗粒度更细,还可以再划分更精细的时间段(上图中水滴所示时段),那样方格时段就成为历时状态,水滴时段就是新的共时状态了。

即使从哲学的角度论证"历时中包含有共时、共时中包含有历时"这样的命题是可靠的,人们还是有理由怀疑:对一个较短的时间段(例如10年)内语言的观察是否可以看出什么进展的明显迹象,这样的研究算不算是历时语言学?索绪尔引证的许多语音演化的例子动辄跨越数百年,他在讨论历时语言学的第五章"类比和演化"时,明确地说:"在好几个世纪的演化表现出来的大量类比现象当中,差不多所有要素都被保存了下来,只是分布有所不同罢了。"① 语音是渐变的,以世纪为时间段很正常,但是词汇必然会即期反映客观世界与主观世界的种种新情况,更何况我们生活的年代比索绪尔生活的年代毕竟晚了一个多世纪,而今科学技术和社会历史演进的总趋势是加速度的,我们的语言研究必须及时跟进。"动态语言知识更新"的命题本来就是一个紧密联系现实的命题,在以下几方面充分表现了这一命题是与时俱进的:

首先,如果我们同意前述的联合国教科文组织关于人类所积累的科学知识加速度积累的统计,如果我们也同意英国技术预测专家詹姆斯·马丁测算的人类的知识加速度翻番的结果,那么我们就可以得出结论,从变化的绝对值来说,今天的一个较短的时间段(例如 10 年)内语言的变化,早已经超过过去一个较长时间段(例如 100 年)的变化,因此也可以视为历时的变化,特别是在词汇和语义方面。

其次,今天的传播载体、传播技术以及传播模式,和索绪尔的年代相比,也已经发生了突破性的质变,因此,传播的速度与效应有了惊人的飞跃。信息,包括语言的演化与类比的新情况,通过广播、电影、电视、电话、因特网、卫星等现代通讯手段,可以在尽可能短的时限内送达尽可能大的受众面。试想如果没有上述的现代传媒,"克隆"作为一种技术,作为一个术语,发展成为一个差不多家喻户晓的流行词,要经过多少年? 索绪尔《普通语言学教程》一书"地理语言学"篇在论述"语言波浪的传播"模式时,举了一个日耳曼语演化的例子,说:"这个现象是 1400 年左右从波希米亚出发

---

① 《普通语言学教程》第 241 页。

的,花了300年才到达莱茵河,流行于它当前的地区。"[①]在没有现代通讯技术的年代,任何一种语言的变异要实现约定俗成,只能是依靠人们从一地到另一地的"波浪式"传播,是由点到线、由线到面的缓慢地辗转扩散,是一种浸润式的传播,当然需要以世纪来计时。如今语言的传播可以由无线电技术到数字化技术,不再需要"波浪式",而是"闪电式"、"全球式"。1998年,"伟哥"这个词几乎在一夜之间就为全中国的人所熟悉,是因为那一年的下半年中国有320种以上的杂志和1800种以上的报纸刊登有关"伟哥"的文章,这里我们还只是举证了传统的平面媒体,并没有考虑其他现代通讯工具对于该词的传播所起的作用。香港城市大学邹嘉彦教授主持的两岸六地的"共时语料库"有非常有力的例子:该语料库拟收集两岸六地1995—2005年的语料,建立共时语料库,到现在还不足10年,已经可以清楚地看出大陆方面的"大哥大"是怎样在几年时间内一步步从与"手提"、"手持"、"移动电话"等混乱使用中挣脱出来,今天已经明显趋向"手机"。也可以看出"互联网"是怎样在国家标准和传媒的影响下将优势的流通地位让位给"因特网"。这些已经都是在不足10年中的历时的变化,是典型的共时中有历时的例子。

第三,其实索绪尔本人也并没有绝对否认语言在较短的时间段可能发生历时演化。他在论述共时语言学时,仍然在说:"实际上,语言状态不是一个点,而是一段或长或短的时间,在这段时间内,变化的数量很小。那可能是十年、一代、一世纪,甚至更长一些的时间。一种语言可能长时期差不多没有什么改变,然后在几年

[①] 《普通语言学教程》第288页。

之间却发生了很大变化。同一时期内共存的两种语言中,一种可能改变了许多,而另一种却几乎没有什么改变。在后一种情况下,研究必然是共时的,而在另一种情况下却是历时的。"①

  如果这个世界最近一个世纪以来科学技术的进步没有这么显著,没有显著到改变了人类传统的学习方式、工作方式、生活方式、交际方式,索绪尔大师的话又有什么错呢?他并没有错,在语言学领域,他的学说仍然是权威的,有效的。只是"逝者如斯夫,不舍昼夜"(《论语·子罕》),索绪尔已经绝对不可能与时俱进了,他当然无法对后世的语言发展前景负责。

  现在,与时俱进的应该是我们,否则,就真的错了。

---

① 《普通语言学教程》第145页。

关于动态语言知识更新与流通度问题*

写在前面

最近几年,我们一直在探讨动态语言知识更新的问题以及与其相关的流通度问题,我们相继发表了一系列的文章,引起关心这方面问题的专家和学者的重视,也受到一些人的怀疑,至少认为这件事在当前是根本做不到的。甚至当时就被人斥之为"莫名其妙",是光发"抽象的猜测性议论",叫我列出"一条公式",和拿"一些具体材料"算算看。在我们连续四年得不到国家自然科学基金和社会科学基金支持的前提下,我的一些博士研究生艰难推进,现在已经有了10亿语料,可以初步地算算看了。

其实,我在《语言文字应用》2000年第2期为"动态语言知识更新"专题板块所写的《主持人的话》中,就已经明确说明:"动态语言知识更新是面向信息社会、网络社会的一项战略性研究。20年前,我在《关于语言研究手段的现代化》(参见《中国语文通讯》1980年第2期)一文中说:'我们从现在起着手努力,到2000年,能够实现语言研究的现代化,首先是研究手段的现代化,那就很不错了。'

---

* 本文2002年1月首先在黑龙江大学第二届龙港语言学问题讲习班报告,后收入《语言学问题论丛》第一辑,生活·读书·新知三联书店2006年。

现在我愿意再说一句:'我们从现在开始努力,20年后,我们的新新新人类能够享用语言知识动态更新的各种信息处理软件,就已经很不错了。'"我从未祈望"动态语言知识更新"能够在一个早上就获得成功。

一些人习惯于拿中国人的提法到外国人的本本中去找印证,如果对不上号就不值得做,对上了也不一定就值得做。"动态语言知识更新"对上了 Sinclair 的"监控语料库"①,既然外国人只是说说而已,并没有去做,可见做不了,中国人为什么要做?"动态语言知识更新"没有什么创新,只不过是近两年来国外正热起来的"知识挖掘"、"信息提取"中的"新词发现"。所以你要做"动态语言知识更新"就得不到支持,反而是循着路叫"信息提取"或"新词发现"才算是创新。

我们并不反对而恰恰是提倡了解国外的前沿动向和学习国外语言信息处理的先进技术,"信息提取"或"新词发现"也是我们关心和提到过的。但是那并不能等同于我们提出的"动态语言知识更新",我们在语言信息处理问题上,特别是汉语信息处理问题上,不必一定妄自菲薄。至少这些同志读我们的文章绝没有像读洋人的文章那样的耐心,否则就不会对我们的"动态语言知识更新"研究产生那样的误解了。

非常感谢第二届"龙港语言学讲习班"和主持人戴昭铭先生,他们给我提供一个十分宝贵的机会,来介绍"动态语言知识更新和流通度问题",以期有更多的人了解和投入这件绝非一蹴而就的历史性研究工作。

---

① 参见 John Sinclair《语料库、检索与搭配》,上海外语教育出版社 1999 年。

关于动态语言知识更新

我们在这一部分将讨论下面一些问题:

一、什么是动态语言知识更新

动态更新是与静态更新相对而言的。

静态更新的语义重心是"更新",而不是"静态"。语言静态更新是指在较长的间隔时段后,不定期地更新语言知识及其规范;动态更新是指随着社会语言交际的变化,在较短的时间里,定期地或者即期地更新语言知识及其规范。语言知识及其规范不更新是不可能的,而静态更新已经越来越难以适应信息社会的需求,所以要研究动态更新。[①]

我曾经在主持《语言文字应用》的"动态语言知识更新"板块的文章中说:"今天,信息处理用的语言文字的标准和规范已经不可能颁布一次就多年有效或者长远执行,那种语言标准和规范超稳定持续的时代已经过去了,或者即将过去。"[②]

语言知识是包括语音知识、词汇知识、语法知识、语义知识、语用知识等语言的各个层面的,还可以包括记录语言的文字知识。其中,词汇知识和语义知识是语言中变化较快的部分。动态语言知识更新首先是研究词语和意义的动态更新问题,研究如何定期或即期地更新词语和意义。

---

① 张普《语言信息处理领域的一个新的命题——主持人的话》(本书 198 页)。
② 同注①。

在网络时代和信息社会,这种定期或即期更新应该由机器辅助人来进行,或者由机器模拟人来进行,因此有必要探讨语感、设法量化语感、尝试机器模拟人的语感。

二、动态语言知识更新的必要

上个世纪90年代,国际计算语言学界发生了一次重大的战略转移,这就是转向处理"大规模真实文本"。随着光盘技术和网络技术的发展,语料库的库容量迅速从百万级进入千万级并在90年代末达到亿级的量级。

在信息处理领域,由于数字技术的进步,信息不足很快就发展到信息过剩进而出现信息垃圾。过犹不及,多多不益善。因此"内容管理"提到议事日程。随着内容的爆炸式增长,信息的浏览、检索、筛选、过滤、提取、加工等技术陆续出现和发展。但是支持这些软件发展的语言底层知识还不能做到动态更新,特别是新词语和术语。

语言变化的速度使得任何人工编纂的词典(包括术语)都难以及时跟进修订。

词典是既往语言事实的定格,所以任何词典都显得相对滞后。于是一些短平快的应急工具书开始问世,诸如:

《汉语新词词典》(1987)、《汉语新词新义词典》(1991)、《现代汉语词典补编》(1990)、《新词新语新用法》(1986起《语言文字应用》连载)、《现代汉语新词词典》(1994)、《汉语新词语》(编年本,1991—1994)。

但是我们需要的是"活"的词典去处理大规模的"鲜活"的语言事实。这种不定期编纂的应景辞书从及时和规模两个方面都不能满足信息处理的需要。以《汉语新词语》(编年本)为例,从人工收集的约 800 条新词语中,选编了 335 条,而《现代汉语新词词典》(1994)收集了 1978—1990 年 12 年间的新词语共 3710 条。《现代汉语词典》(2002 年增补本)增补了新词新义 1200 余条,字母词 140 余条,做了追求"时效"与"新潮"的大胆尝试,然而,仅此也还受到一些人的指责,称某些条目还需观察,不忙"入典"。但是,宋柔等的信息处理用的"词典"却从 1991—1997 年 7 年间《人民日报》、《经济日报》、《新华社电讯》约 2 亿字语料中,收录了二字词组 11 万条,这就是信息处理的需求与语言研究的成果的差距。

无论"成熟"与否,下面的词语都是在大规模真实文本中出现的,有的流通度或者频度还一度很高或者一直很高。例如:

科盲、沙尘暴、数字化、VCD、WTO、CEO、因特网、网民、网虫、上网、下载、消毒软件、泡沫经济、环保工程、信息产业、高新技术、知识创新、现代远程教育、克隆、宽带、纳米技术、纯平、超平、背投;蒜农、危改、拆迁、房改房、3 加 1、3 改 4、退 2 进 3、市话、高检、扫黄、打假、打黑、反腐倡廉、豆腐渣工程、盗版、大片、管涌、遗洒、千禧、两会、禁放、按揭、股民、基金、套牢;三讲、三个代表、和谐社会、香港回归、邓小平理论、北方联盟、伊拉克战争、科索沃、法轮功、申奥、北京奥运、APEC、克林顿、布什、反恐怖、世界杯、黑哨;菲佣、足按、三陪小姐、美体修形、采发、唐装、脐装、太阳裙、透明装、人体彩绘、人体艺术、酷毙、很 in、美白、净白、柔嫩、双赢、人气、另类。

"活"的词典来源于"活"的语言事实。我们无法依靠人工从"活"的语料中随时寻找新的语言变化,宋柔等的"现代汉语二字结构工程"是依靠专家人工从 61 万"二字接续对"中甄别出二字词组

8万、正确接续30余万、错误接续20余万。这样的工作从上亿语料的统计中人工甄别也是仅可一次性尝试,不可以常常进行动态更新的,而十亿、百亿的语料,就更加无法依靠人工实现新词提取、动态更新了。目前世界上能够提供的更新语言知识的最好的办法是"机器自动回收,专家进行评价",即有人工后处理的计算机辅助更新。据介绍美国的数据采集计划(ACL/DCI),新一代的语料库,容量一般为一亿词次以上,21世纪可望达到万亿词次的量级。欧洲的跨欧洲语言资料基础设施(德国),1994年开始建设,有30多个国家的40多种语言。比利时的协作性知识管理系统,属于应用认知领域的个案研究,通过基于词库的文件索引公司网进行机器辅助人工更新,在钢铁、公路运输、计算机软件和教育等领域已经应用。中国台湾的简立峰进行网上文本的新词语研究,提出建立"活"的词典。中国香港城市大学邹嘉彦,建立两岸六地共时语料库,拟收1995—2005年的六地语料。实际上他们已经对六地的一些词语的发展和演变进行了历时的观察和对比。

三、关于共时中有历时与历时中有共时

要对语言进行历时的观察和分析,我们必须提出新时期的语言研究的共时观和历时观,这就是"共时中有历时和历时中有共时"的相对时间观。① 这部分可以参见本书的《论历时中包含有共时与共时中包含有历时》一文,此不赘述。

这里我们需要强调的是"历时中包含有共时和共时中包含有历时"的相对时间观是动态语言知识更新的核心观点、核心理论、

---

① 参见张普《论历时中包含有共时与共时中包含有历时》(本书203页)。

核心创新。这个观点是有哲学的基础支持的,从哲学的角度看这是一组相对的概念。宇宙中和社会上的相对是普遍存在的,无论从空间看还是从时间看,相对无处不在。同时,语言是不断发展变化的,变化呈现为稳态与动态两态,这两态也是相对而言的。正是通过"历时中包含有共时和共时中包含有历时"的相对时间观,我们可以观测到语言的动态与稳态的发展变化,这是语言研究的科学发展观。这一方面我们还会在国家语言资源的监测与研究中延伸论述。

四、语言规范化留下的一个难题

80—90年代,在中国,对于"语言规划的重要组成部分"(吕冀平先生语)——语言规范化,语言学界进行了一场深入的讨论甚至争论,无论学术界目前是否在讨论和争论的一切方面都有共识,我都认为这场讨论已经在理论上和方法论上取得了众多极其重要的成果,涉及了一系列面向新时期的有关语言文字规范的重大问题,对于我们的现实生活和未来世界的影响都将是深远的,其历史意义将随着时间的推移愈加凸现,这或许就是作为战略研究的语言规划的能量和力度所在。

进入新时期以来,社会语言学学术活动频仍,国内连续召开了三届社会语言学的学术研讨会,国家语委创办了专门的学术刊物《语文建设》,语言文字应用研究所创办了《语言文字应用》,刊物的宗旨之一就是语言规划。多种社会语言学的专著和译著陆续问世,戴昭铭先生的《规范化——对语言变化的评价和抉择》(1986)一文和《规范语言学探索》(1998)一书为我国规范语言学的确立和定位奠定了理论基础,陈原先生的《社会语言学方法论四讲》

(1987)对于语言的变异、规范、社会、交际、量化及其之间的关系做了全面的论述,不仅涉及规范化的理论,更涉及方法论。吕冀平先生在《给〈语言文字应用〉编辑部的信》中说:"语言规范从宏观的角度看是语言规划(Language Planning)的重要组成部分,而语言规划是一种既针对现在也针对未来的具有前瞻性质的工作。"[1]这就对语言规划进行了明确的界定。

但是,语言规范化的研究却遗留下来了一个难题。

在讨论面向人的语言规范时,专家们已经深刻地认识到,虽然长期以来流行的"匡谬正俗"的规范模式是功不可没的,但是规范化的主要工作是对语言的变化作出评价和抉择,应该提倡动态规范的观念。

戴昭铭先生认为有两种规范:一种称为"客观规范",是在约定俗成的基础上,遵从趋同、趋雅、趋易等原则自然形成的,是人们完全不能漠视的。另一种是语言学家对"客观规范"的描写,称为"主观评价规范"。他指出:语言规范工作科学性的尺度,也就是主观评价规范同客观规范相符合的程度。完全相符只能是理想化的目标,但应该使主观评价规范尽可能接近客观规范。[2]

不过,如何掌握这个"科学性的尺度",怎样去"接近客观规范",戴先生尚未回答,也很难回答。戴昭铭先生留下了这个难题,他指出:"随着研究的深入特别是随着语言文字信息处理技术的发展,以往在规范问题研究上的不足也日益暴露出来。比如在理论上,对于语言规范的实质尚未得到深入的研究和一致的理解;对于

---

[1] 载戴昭铭《规范语言学探索》第149页,上海三联书店1998年。
[2] 同注[1]第51页。

在变动不居的语言现象中如何判定规范、如何建立规范仍未摸索出一套操作性强的具体办法。"

动态语言知识更新的研究和流通度的提出试图探讨动态规范的方法,并摸索一套建立动态规范的操作性强的具体办法。

五、动态语言知识更新提出的理论背景

动态语言知识更新提出的理论背景有以下一些方面:

1. 理论语言学背景

从对语言的共时的观察与分析,走向对语言的历时的观察与分析,进而提出历时中有共时和共时中有历时的相对时间观。在语料库的建设方面相应的提出从建立共时语料库走向建立历时语料库,对语言的变化进行检测和监测。提出语言的某些层面(例如词语和语义)的发展变化呈加速度方式,语言的变化受现代科技和现代传媒的影响正在加快,代沟首先是语言沟,人类生理年龄的代在延长,而语言年龄的代在缩短。

一般认为所谓经验主义和理性主义的区别在语言学中的反映是:理性主义是基于规则的、规则是基于内省的,经验主义是基于统计的、统计是基于语料库的。所谓平衡语料库就是一种共时语料库,其最大的症结在于如何确定"平衡",或者说如何确认其语料代表了一个民族的公众语言经验。我们提出基于内省说到底还是基于经验,因为内省是完全依靠语感来进行,而语感就是专家个人的一生的历时的经验积累。我们提出建立的动态流通语料库,有两大特征与此前的语料库有所区别:一是动态性,语料是动态的,是历时语料库,要观察语言的历时的发展变化;二是流通性,语料

的选择要考虑流通度,流通度是一种新的量化特征,我们希望依据流通度这种量化的特征去测量公众的语感,模拟公众语感,希冀做到一种基于公众历时语言经验的"公众内省"。

这也是一种经验主义和理性主义的结合。

2. 社会语言学背景

徐通锵先生说:"时间观是语言研究方法论的一个重要基础,要改进语言理论的研究,如仍旧保持索绪尔的时间观,那是不会有什么成效的。""索绪尔的语言理论就是建立在他的共时时间观的基础上的。"[①]徐先生在另一篇文章中还提到:"这种思潮在国内语言研究中的反映,共时与历时,以共时为主,这方面与西方的研究趋势大体一致,特别是语法的共时研究尤为显著。"[②]

但是社会语言学从一开始就是关注语言的发展和变化的。陈原先生明确指出:"变异是普遍存在的一种社会语言现象。""在某种意义上说,社会语言学的中心问题就是变异。"[③]戴昭铭先生也说过:"世界上绝没有恒定不变的事物和绝对相同的现象,语言文字也不例外。"[④]我自己也写过:"语言不是静止的,语言在运用中不断产生变化。"[⑤]

至少社会语言学是徐通锵先生批评的一个例外,正是社会语言学的发展重视和推动了历时语言学的研究。戴昭铭先生在研究语言规范化课题时得出了一个重要的结论:"语言规范化的对象与

[①] 徐通锵,《语言论》第 64、73 页,东北师范大学出版社 1997 年。
[②] http://www.sinoss.net/commfiles/subject/740.htm 的页库快照。
[③] 陈原《社会语言学方法论四讲·第一讲 变异》,语文出版社 1988 年。
[④] 戴昭铭《规范语言学探索》第 155 页,上海三联书店 1998 年。
[⑤] 张普《关于大规模真实文本语料库的几点理论思考》(本书 44 页)。

其称为'不规范的语言现象',不如称为'语言的变化',语言规范化工作的性质应当是对语言变化的评价和抉择。"① 他的老师吕冀平先生高度评价了他的这一结论:"昭铭综合古今中外语言演变的历史和语言规范研究的得失,写出《规范化——对语言变化的评价和抉择》,从而否定了单纯匡谬正俗的规范工作模式,提出新型的动态规范观念和动态规范模式。"②于根元先生在总结上一个世纪的语言文字规范化研究时也说:"目前比较好的是选择观。认为语言规范化的性质是对语言的变体进行评价,从而选择出规范的一种或者几种。"③

动态语言规范的观念和动态规范的模式在社会语言学领域、在语言规范化的研究中已经提出来了,只是"在变动不居的语言现象中如何判定规范、如何建立规范仍未摸索出一套操作性强的具体办法"。我也曾经激烈地呼吁过:"国际上美、英、德、法、比、日等国家和我国的台湾地区都已经高度关注语言知识的动态更新,有的已经组建专门的研究机构,启动国家级或跨国的研究项目,监控语言的变化,获取动态的语言知识。"④

3. 认知科学背景

人的语言能力是先天就有的还是后天习得的?人的语感能力和语言能力有什么关系?最近一二十年,不仅是语言学界,哲学、思维科学、认知科学、信息科学等领域都有人对语感、语感能力发

---

① 戴昭铭《规范语言学探索》第19页,上海三联书店1998年。
② 吕冀平《规范语言学探索·序》,载戴昭铭《规范语言学探索》,上海三联书店1998年。
③ 于根元《二十世纪的中国语言应用研究》,书海出版社1996年。
④ 张普《语言信息处理领域的一个新的命题——主持人的话》(本书198页)。

生浓厚兴趣。这方面参见本书**"第一部分 思考篇"**《关于语感与流通度的思考》,不再赘述。

我们基于认知科学领域对于语感的认识,对语感做了进一步的分析:

从语感的直觉主体出发,我们将语感分为:个人语感和公众语感。从语感的交际属性出发,我们又将语感分为:共同语感和差别语感。每个人的语感总是千差万别的,有了共同语感,才能进行表达和理解,才能进行交际,有了差别语感,个人才有语言的发明创造,语言才不断吸取新知,不断发展变化。公众语感总是向共同语感自动调谐。从语感的直觉对象出发,我们还将语感分为:空间语感和时间语感。我们曾经论述:"语感说到底就是人们对语言的空间状态和时间状态的一种内化的把握,是对语言的空间感的认知和时间感的认知。空间感是对要素与关系的感觉,或者如我们常说的,是对语言的理据性的感觉,是对系统的感觉;时间感是对要素与关系的流通度或者说是成熟度的感觉,如通常我们所说,是对'约定俗成'程度的感觉。"[①]

要言之,空间语感是对于语言的共时直觉能力,时间语感是对于语言的历时直觉能力。

4. 控制论背景

控制论诞生之后,N. 维纳的《控制论(或关于在动物和机器中控制和通讯的科学)》发表以来,控制论和语言学就结下了不解之缘。1982 年,国外更有弗朗克《控制论与语言学》[②]问世,他

---

① 张普《论历时中包含有共时与共时中包含有历时》(本书 203 页)。
② 弗朗克《控制论与语言学》(Frank H. G. *Sprachkybernetik*(1982)),转引自陈原《陈原语言学论著·卷三》第 759 页,辽宁教育出版社 1998 年。

在该书中明确地提出"语际语言学可以成为控制论的一个分支"。他说:"语际语言学的主题因此属于控制论的主题——更准确地说,属于语言控制论的主题。"国内陈原先生在1986年写下《语言与控制论札记》[①],该文使我们注意到语言学与控制论的紧密联系。他说:"维纳作为语言学家的儿子——他的父亲是语言学家——论述作为信息系统的语言问题,值得注意。"维纳本人在出版《控制论》和《人有人的用途》时都写明:"献给我的父亲莱奥·维纳——曾任哈佛大学斯拉夫语言学教授,我最亲密的诤友和挚爱的论敌。"而我们中国的语言学大师赵元任先生,早在50年前(1953年)就应维纳的邀请出席了"第十届控制论会议",并做了题为《语言的意义及其获取》[②]的学术报告。他的论文中多处提及以往历届控制论会议中的论文,特别是那些与语言学相关的论文。

我们并不一定是"语言控制论"或"控制论语言学"的拥护者或者反对者。我们只是希望实事求是地探求控制论对动态语言知识更新的理论支持或方法论支持,我们相信控制论的科学性,相信控制论对于"动物和机器"在宏观上的控制和把握。而我们的动态语言知识更新的重要机制之一,正是要用机器来模拟人的语感,为机器建立语感模型,关涉"动物和机器"二者。

我们在《关于控制论与动态语言知识更新的思考》一文中,曾经论述了控制论与动态语言知识更新研究有关的九个方面的问

---

① 参见《语言与控制论札记》(1986),见陈原《陈原语言学论著·卷三》,辽宁教育出版社1998年。

② 论文原文为英文本,中译本由李芸、王强军译,赵世开校译,载《语言文字应用》2001年第4期。

题,此处从简。[①]

5. 传媒学背景

传媒、大众传媒、现代传媒已经是现代国家和现代世界的一股绝对不容忽视的巨大力量,它们已经深深地进入了人们的政治生活、经济生活、法制生活、教育生活乃至日常生活的方方面面。焦点访谈、纪实报道、黄金时段、头版头条、报眼、封面都是对人们、对社会影响极大的页面和板块。阅读率、收听率、收视率、点击率等等都是各大传媒和广告业界关注的核心,因此"标新立异"、"猎奇"、"媚俗"往往也无法避免。

传媒学与社会学和语言学的关系十分密切。社会学和语言学都是传媒专业的必修课程,英国的传媒专业甚至直接开设"社会语言学"。

我们在建立动态流通语料库的同时提出了"流通度"的理念(关于"流通度"下文还有详述),流通度是各大传媒传播和流通的程度。流通度对于语言的流行和通用,对于人们的语感有巨大的影响力。有人将报刊、广播、电视、网络四种媒体称为大众传媒,我们提出大众传媒主要有:图书、报纸、杂志和广播、电影、电视六大传统媒体,六种传统媒体现在都可以在一种新的媒体——因特网上传播,因特网称为大媒体,另有自己的网络信息。现在手机除了作为通讯工具,还有发展成为一种新的大众传媒的可能,"短信息"只是它的传媒功能之一。

测量大众传媒的流通度是一门学问,例如:我们将依据以下这

[①] 参见张普《关于控制论与动态语言知识更新的思考》(本书149页)、《关于网络时代语言规划的思考》(本书83页)等文。

些方面测量书面文本的流通度：

1. 文本的发行量

2. 文本的发行周期

3. 文本的发行地区

4. 文本的阅读率

有了大众传媒的量化的流通度，就等于有了"白箱"，我们可以进一步去建立相似于语感这个"黑箱"。

（详见本书"第一部分　思考篇"的《关于大规模真实文本语料库的几点理论思考》）

六、衡量动态语言知识更新的四大原则

动态语言知识更新不能简单地等同于新词语的发现或提取。首先必须明确动态语言知识更新是对于语言进行历时观察与分析的结果。人们运用一些常规的方法，基于共时语料库自然也可以进行新词语发现或信息提取的研究，但那不是我们所说的意义上的"动态语言知识更新研究"。

我们所说的动态语言知识更新研究，必须具备以下四项基本原则：

1. 基于一个动态语料库

语料库必须是历时的语料库，因此是一个开放的语料库，活语料库。其语料的采集是动态的，其库容量将逐步逼近测量种族的信息量。

2. 语料库的文本具有量化的流通度属性

所有语料都来源于大众传媒，都具有采用不同计算方法的与传媒特色相应的流通度属性。其量化的属性值也是动态的。

3. 基于动态的加工方法

语料的加工方法也是动态的。随着语料的动态采集,语料也进行动态的加工。语料是历时的,加工也是历时的。

4. 取得动态的加工结果

加工的结果也是动态的和历时的。即其量化的统计结果不是一个点,而是由无数量化的点构成的一条线,一条可以观察到历时的变化的曲线。

关于流通度

一、什么是流通度

我们曾经说过:"流通度是人们对一种语言现象的流行通用程度的感觉,也就是所谓语感。流行通用程度高,听得多,就感觉能说,否则,就觉得不能说。"[①]后来我们又进一步补充说:"'流通度'(circulation)是一种语言现象在社会传播中的流行通用程度。流行通用程度高,人们的视觉、听觉已习惯于接受,就感觉能说,否则,就觉得陌生,不顺畅,不能说。语言的流通度与社会传媒的流通度密切相关。"[②]

我们设计了一个大众传播媒体的流通度代码体系。(参见本书"**第四部分 应用篇**"《1997中文报纸媒体流通度分析》)

我们还提出了书面媒体流通度的最简单最基础的参数计算公

---

① 张普《关于大规模真实文本语料库的几点理论思考》(本书44页)。
② 张普《信息处理用动态语言知识更新的总体思考》(本书102页)。

式：

$$C_t = V_c \cdot D_c \cdot A_c \cdot F_c \cdot \cdots\cdots$$ 即：

流通度＝流通量·流通密度·流通空间·流通率·……

目前，我们已经实现的是书面报纸流通度 C_{tnm} 的计算，进而得到相关的书面文本流通度 C_{tt} 的计算，据此得到基于动态的报纸语料的书面词语流通度 C_{tw}。

一个基于报刊语料的流通词语表已经初步形成。

二、流通度与频度、使用度和通用度的主要区别

频度仅仅是关于词的出现次数的统计，也叫词的出现频率。如果将某一个词的出现次数与总的词次相比，可以得到这个词的"覆盖率"。

"使用度"(usage)是从外语统计中引进的概念，是按一定计算公式得出的压缩了的词次。这个压缩了的词次是综合了词次以及该词语在不同的语料类和不同的篇章中的分布三方面因素计算出来的。这个类、篇、次三者相综合的概念，虽与词的出现次数密切相关，但并不等同。以使用度做标准来衡量词的常用程度，比单纯以出现频次多少为标准更合理。例如："提纲"和"哨棒"的频度一样，都是13，但是分布在3类8篇的"提纲"却比只出现在1类1篇的"哨棒"的使用度高。

	频度	使用度
提纲	13次	3类8篇
哨棒	13次	1类1篇

所谓词语的"通用度"，是指词语在语言应用的各个领域里常用性的综合指标。通用度已经兼顾到词语的分布率和频率两个方

面,并且把两者有机地结合起来。① 例如:按照频度(实际是按次数)自高到低排列的"猿人"、"花园"和"欣赏",其通用度的排列顺序恰好相反。

	频度	通用度
猿人	52次	10.4
花园	40次	23.7
欣赏	35次	33.9

流通度与使用度、通用度是既有关系也有区别的。

流通度要考察语言在社会交际中的真实使用情况,流通度应该有自己的计算公式,决定语言的流通度的主要因素仍然是语料库的选材,选材不仅要考虑到静态的分布、散布,还要考虑这以外的动态因素,即要考察所选文本的发行量、发行周期、发行地区、阅读率等等。这些与社会语言学有关的因素都决定着文本是否真实流通,我们认为所谓"真实文本"的最重要最核心的问题是文本的"真实流通"。

就词语而言,从频度、使用度、通用度到流通度的量化依据,在词次、文本散布系数、时间散布系数和文本流通度测量方面,正好是不断增加的关系:

	重复次数	文本散布	历时散布	文本流通度
频度	+			
使用度	+	+		

---

① 参见尹斌庸、方世增《词频统计的新概念与新方法》,载《语言文字应用》1994年第2期。

	重复次数	文本散布	历时散布	文本流通度
通用度	＋	＋	＋	
流通度	＋	＋	＋	＋

三、流通度的重要作用

流通度是判定新词、新义、新用法是否成熟的重要条件。我们提出"流通度"概念,希望通过测量流通度来对语感加以数学界定、加以量化,使得"能不能说"、是否已经"被理解"、"被认可"、"被传播"变得可以通过流通度的计算进行判定。

流通度也是判定方言词语、术语、文言词语、外来词语是否进入普通话、是否进入通用领域、是否合乎规范的极为有效力的量化操作标准。[①]

我们还曾经强调过"历时流通度"这个概念。所谓"历时流通度"就是要测查语言知识在一个具体的时间段中流通度的变化,绘制各语言现象的流通度曲线,这个流通度曲线就是决定一种语言现象是否开始"广为传播"、是否"被接受"的依据,是"被认可"或者被作为垃圾清除的分水岭,也是判定一个词语是否从某一个领域(例如方言、术语、文言、外来等)已经进入了通用领域的量化指标。实际上,我们也可以把历时流通度看做语言现象在流通时间中的一种分布或散布,这就是语言研究时间观的改变。今天语言现象在某些方面的变化和测查手段的更新,已经允许我们进行这种时间观的改变。

---

① 参见张普《信息处理用动态语言知识更新的总体思考》(本书102页)。

流通度的不同曲线还可能帮助我们判定一些过去无法判定的语言事实，为我们提供可视化的判定方法。例如，过去我们对于基本词汇只能进行举例式的说明，很难进行量化的周遍式的描述，现在则有可能发现基本词汇的一种流通度曲线类型。动态流通度的曲线类型研究，将会是一门很有意思的学问。

我们进一步还想把"流通度"的知识或者说"流通度"的获取方式教给电脑，使电脑通过获得"流通度"来获取"大众语感"，或者说是量化语感和计算语感，使语感这个"黑箱"得到流通度这个"白箱"的类比，从而使语言信息处理获得自学习能力。所以流通度理论不仅是在语言学方面使人的"语感"得以量化，更重要的是在信息处理方面有可能使计算机真正获得语言的自学习能力，使智能化进入一个新的发展阶段。

当前字、词、语量化研究的五个深化方向[*]

随着汉字进入计算机和计算技术的进步,有关汉语字、词、语的量化研究,在上世纪取得了历史性的研究成果,为汉语信息处理和汉语教学的推进打下了较好的科学基础。

随着语言信息处理的深入和IT领域的飞速发展,信息化、标准化、国际化对字、词、语的量化研究提出了更加深刻的要求,特别是随着中国经济的持续、稳定发展,汉语教学的国际化、数字化的需求加大,也促使汉语的字、词、语的量化研究要从粗放型向更加精准型的量化研究进步。

当前,字、词、语的量化研究长期停留在上世纪80年代的水平,没能进一步深化,不能适应新形势下的发展需要。简单地更换语料,进行新的频度统计,对于汉字的量化分析来说,也许勉强对付,但是对于词语而言,不在计量统计的方法上进一步深入,不对词汇的构成进行量化分析,得不到精细的动态统计结果,就很成问题。

---

[*] 本文2005年12月报告于中国台北举办的"第三届两岸四地中文数位化合作论坛(CDF)",并收入会议论文集。

我们认为,当前,字、词、语的量化研究必须也能够在以下五个方面进行开拓,走向深化。

一、从过去静态的测量走向动态的观察、分析、统计

过去的计量统计分析大多是得到一张静态的、共时的频度统计表,每个字或词有一个量化统计点。这个表一般是降频序列的,因此还附列了这个字或词对文本的覆盖率以及累计覆盖率等。此外,还有相关的词语的"同现"、"共现"的统计矩阵或向量计算,也都是静态的、共时的观察、统计和分析。

问题在于最近的知识更新和淘汰的速度、广度和力度不断加剧,最近30年人类知识的积累占到人类知识积累总和的90%,而此前几千年人类知识的积累只占约10%。表现在语言方面主要是词语的变化,新词语的迅速增加、一些旧词语的迅速淘汰、词语的成熟周期提前、词语的"过客"现象频繁,一般词汇的生命周期变短等等。词汇的这些变化导致静态的频度、累计频度、同现、共现、邻接矩阵、向量统计等算法和语言模型也会迅速"过时"。

我们的统计分析必须进一步向动态跟踪、检测、监测语言(首先并且主要是词语)的发展变化方向深化,这是近些年来社会语言学、应用语言学、计算语言学乃至理论语言学发展的必然结果。这些都导致我们的统计从一个静态的统计点向由多个不同时点的统计构成的变化曲线(又称为词语的"走势图")深化。我们需要改变我们过去对于语言变化(特别是词语和语义的变化)的思维定式,把我们对于词语的计量分析从过去的静态突击式、定点式、定量式的统计模式,引向经常性、定时性、监测性的动态统计、观测、分析模式。

下面是一些词语的走势图：

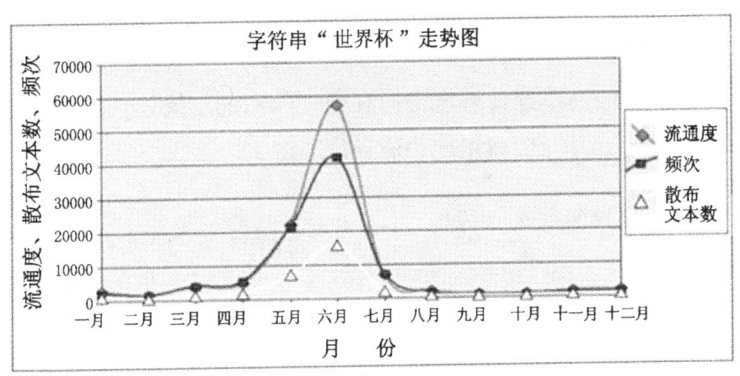

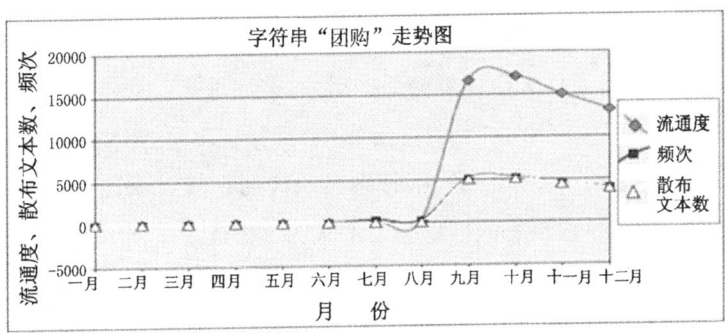

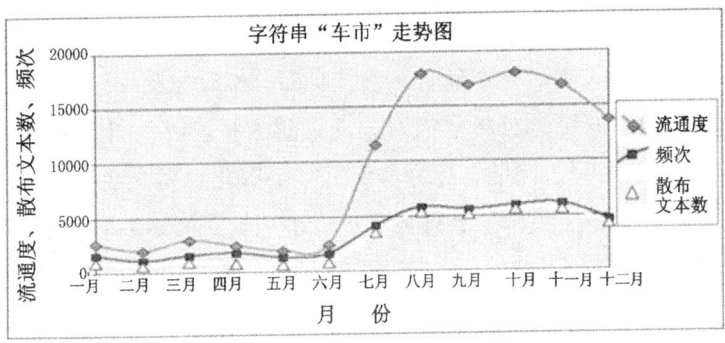

依据对词语变化曲线的分析来观测词语，可能给我们提供新的视点，例如：我们连续4年来对流行语的观察与提取，就确定和

依据了一个流行语的基本的走势图。(参见本书的"**第四部分 应用篇**"《基于 DCC 的流行语动态跟踪与辅助发现研究》)

二、从过去的简单统计频度走向在频度的基础上统计使用度、实用度、通用度和流通度

即使是静态的统计分析,过去也主要是简单统计字、词的出现频度,有少数的统计分析注意了词语在文本中的散布系数或在领域和时间中的散布系数,统计了使用度或者实用度。

而现在我们不仅要从过去只简单统计字、词出现频度,向增加文本的散布系数、时间系数深化,还需要进一步注意现在大众传媒的变化,引入现代大众传媒的某些属性,关注现代大众传媒对语言的强大影响力。因为一切真正有影响力的语言变化都主要是透过在大众传媒的文本来传播的,特别是现代的主流大众传媒。现代大众传媒正导致语言的内稳态因素从约定俗成走向"约定速成"。

因此我们还要增加与现代大众传媒有关的文本的复制系数,以至文本在媒体的传播系数,诸如文本的阅读率、收听率、收视率、点击率、链接率、引用率等等。引入现代大众传媒的理念,把文本的选择和抽样原则从分布原则进一步推向流通原则,把对语言成分的一般性的统计分析推向对大众语感的推测性统计分析和验证,是当前的词语计量统计分析的另一个深化方向。我们要改变依靠人工进行大规模前处理或后处理的思维定式,探讨面向大规模真实文本的动态跟踪统计方法与模式,探索自学习、自反馈、自淘汰的语言知识自动更新体系,进而关注现代大众传媒属性的引入,探索使电脑可以逐步获得相似于大众语感并随时增强和调整语感的路径。

根据我们初步的统计分析，流通度对使用度有较大的调整，并更加接近大众的语感。2005年史中琦对隋岩博士2004年提取的流通度表和使用度表作了进一步的分析和验证，他对前3000流通度和使用度最高的词语进行了对比分析，发现使用度表中序号位于前3000的词语，在经过流通度的作用后，所有词语的位次都发生了或大或小的变化。其中有1969个词语到了流通度表中仍旧保留在前3000的位次上；有1031个本来在使用度表中位于前3000的词语到了流通度表中退出了前3000；同时，有1031个本来在使用度表中位列3000以后的词语进到了流通度表前3000之列，即有65.63%的词语保留在了前3000以内，34.37%的词语跌出了前3000。

使用度表中不同波段的词语保留在流通度表前3000的词语数量如下表：

词语在使用度表中的序号	保留数量	保留比例	保留累计	保留累计比例
1—500	499	99.8%	499	16.63%
500—1000	495	99%	994	33.13%
1000—1500	413	82.6%	1407	46.90%
1500—2000	248	49.6%	1655	55.17%
2000—2500	173	34.6%	1828	60.93%
2500—3000	141	28.2%	1969	65.63%

说明：

(1)"保留数量"是指使用度表中的词语留在流通度表前3000的个数；

(2)"保留比例"是保留数量与对应波段所有词语(这里为500)的比值；

(3)"保留累计比例"是指对应波段的保留累计与3000的比值。

注：参见史中琦硕士论文，下同。

使用度表前3000调整到流通度表前3000以外的词语统计:

词语在使用度表中的序号	跌出数量	跌出比例	跌出累计	跌出累计比例
1—500	1	0.25%	1	0.03%
500—1000	5	1%	6	0.20%
1000—1500	87	17.4%	93	3.10%
1500—2000	252	50.4%	345	11.50%
2000—2500	327	65.4%	672	22.40%
2500—3000	359	71.8%	1031	34.37%

说明:

(1)"跌出数量"指使用度表中的词语波动到流通度表3000以外的个数;

(2)"跌出比例"是跌出数量与对应波段所有词语的比值;

(3)"跌出累计比例"是指对应波段的跌出累计与3000的比值。

他还对前3000词语的变动位次幅度进行了分析:

	平均变幅	最小变幅	最大变幅
使用度表前3000全部词语	1203	1	6702
流通度表前3000全部词语	2495	1	30789
保留在流通度表前3000的词语	710	1	2848
跌出流通度前3000的词语	2144	142	6702
进入流通度前3000的词语	5904	96	30789

从这个表中,我们可以清楚地看到:保留下来的这些词语的变动幅度最小,这一点不难理解,只有变动幅度较小,才可能保留在前3000;跌出前3000的词语的平均变动幅度则明显增大,是保留下来的词语变动幅度的三倍多;而进入前3000的词语的平均变动幅度最大,表现出极强的上升态势。

他的论文还对两表的上下词语进行了更详细的分析和统计，同时对上下词语表进行了模拟大众语感的调查验证，都取得很好的实验结果。

三、要从过去简单的"一表制"的统一排序走向"多表制"的分类排序

过去的统计是一个统一的词汇（准确地说是"词语"）频度表，但是在这个数万数量的词语频度表中，实际上一些词是长期稳定不变并且构词能力很强的基本词汇，一些词语是处于不断变化之中的一般词汇；一些词语是各个领域通用的词汇，一些词语是两个以上领域的兼用词汇，一些词语是不同领域的专用词汇；还有一些词语是正在从专用领域进入通用领域的变化中的词汇，一些词语是突然在通用领域或专用领域广为传播的流行词汇，一些词语是由于长期流行而已经被公众认可的新词汇等等。而我们过去的频度统计是没有进一步区分不同词汇类型的粗放式的统计，现在需要进一步向更加精细的词汇统计深化。

从依据一般的语感来认定常用与否到有了基于平衡语料统计的频度表作为判断依据是历史性的进步，从静态统计到动态统计也是历史性的进步，从统计频度到统计使用度、实用度、通用度、流通度更是历史性的进步。这些都是统计方法或者统计模式的深化。就统计对象而言，也需要提出新的深化目标。"字"的统计有待深化的方面虽然也有，比如分领域的用字、新造字、一些用字的频率的动态升降（例如：锹、镐、镰、锄的下降与网、屏、键、吧的上升）等，但是与"词"和"语"相比，就小巫见大巫了。

过去除了研究、分析、统计词语的综合频度外，也对词语的语

法构成和语义构成进行了一些不同规模的不完善的统计。比如：词语的语法属性、语义属性，词语的语法结构、语义结构等等，同时也收集建造了一些分类的电子词典。但是我们缺乏对词汇构成的宏观统计分析，没有对现代汉语词汇的宏观的统计分析，就好像没有对人口结构、经济结构进行宏观的普查一样，我们的词语计量分析在一定程度上将会陷入盲目，就无法构建一个结构化的现代汉语词语表。无论是从总体规模还是从更新速度与数量哪个方面看，"词和语"的动态变化都是汉字无法比拟的。我们认为要进一步进行词汇构成方面的统计分析，以下几点是现在可以关注和研究的：

首先要统计什么词语不断动态变化，什么词语相对稳定；我们要将基本词汇和一般词汇区别开，要先拿出词汇的稳定的内核。

其次要统计什么词语在各个领域、各个地区和各个时间段通用，什么词语在某个领域、某个地区和一段时间内专用，通用的词语表和专用的词语表中的大部分也是相对稳定的。原则上说，现代传媒越是发展，不同地区之间通用的词语表越是不断扩大，不同学科领域的专用术语进入通用领域的可能也不断增强。

第三是统计和检测什么词语在什么空间和时间范围内流行，什么词语已经从流行进入相对稳定成为一般词汇中的新词语，甚至进入了基本词汇集（比如：网）。由于词语动态更新在数量和速度方面的变化，对于流行词语、字母词语、网络词语等新词语或旧词新义的历时的研究和分类统计分析就成为词语计量统计分析的又一个深化的方向。

当然，在统计方法方面还有"词语度"和"词语度指数"、"词语成熟度"与"成熟度阈值"的深化研究,还要有分类统计的标准和规范的界定等等。

我们在2000年《信息处理用动态语言知识更新的总体思考》一文中(参见本书),曾经给出一个结构化的词语知识库的构想,现在略作修改补充如下:

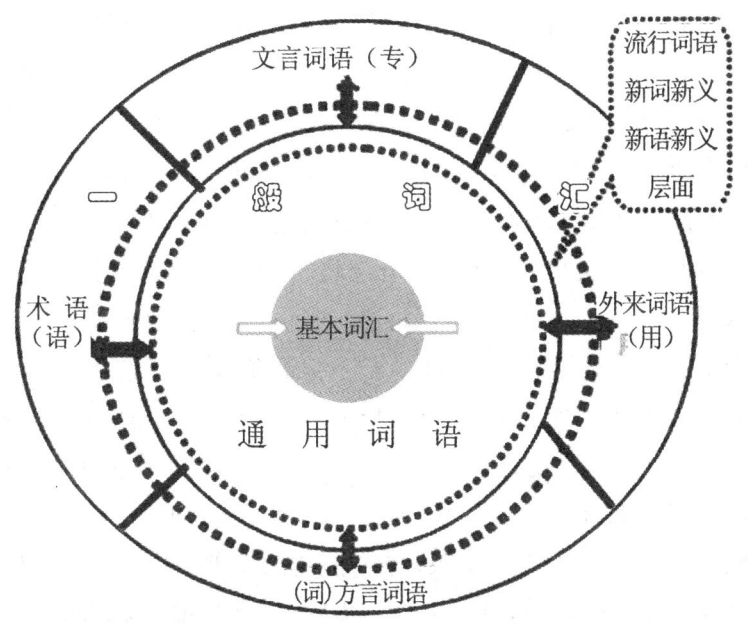

目前,我们正在统计的基础上,进行词汇的分离技术的研究,不久的将来,可能提供分类的结构化词语统计分析。2007年,赵小兵博士将拿出最新五年的通用词语和基本词汇的统计研究数据;韩秀娟博士将拿出最新五年的通用词语的字、词、语关系的考察和数据库;戴姗硕士将拿出从综合词语表中分离出汉语教学用商务词语的研究方法和相关数据等等,他们的有关论文会详细表述。

四、要从分别对字、词、语进行统计分析走向进一步厘清字、词、语之间的统计关系

过去字频、词频是分别统计的,也有的词频统计只包括二字以上的词的频度,不管单字词的使用情况,因为各次的统频工作都受当时的统频目的和技术条件的制约。目前的技术条件下,词语的统计工作的精度主要受制于两方面的影响:一是"未登录词",词表中没有的词语就切成已经登录过的词语碎片,如:"神六"切成"神""六"、"禽流感"切成"禽""流感"。随着现代传媒对语词的更新淘汰的速度和力度的加大,这种对统计精度的影响也日趋扩大。还有一种是"歧义切分",分为组合型歧异(如:中巴)和交集型歧义(如:美国会)等。实际上一些机器处理书面语言时遇到的歧义,现实交际中大部分是不存在的,人们依据语音和上下文是可以分别的,但是机器处理还存在问题。原则上说,目前就机器切词进行词语统计而言,词表也不是越大越好,以面向人的教学应用需求来说,只需要教动态更新的高流通词汇,基本词汇和通用词汇中的高频稳定部分是统计筛选对象,信息处理需要处理大规模真实文本,虽需求大词表,但词表越大产生交集型歧义的概率越高,利弊正好成正比,所以可能还是要从语用角度由多个分类词表构成的结构化的词语表更加适用。

但是,即使没有上述对词语的统计精度产生的影响,我们还需要考虑对于词语表中固定短语的收录扩大带来的"伪频"问题。伪频的产生有各种情况,其中汉字"流"和"感"以及词"流感"和语"禽流感"、"人流感"、"人禽流感"、"高致病性禽流感"、"高致病性禽流感病毒"、"高致病性禽流感病毒 H5N1"等之间有什么统计关系,

我们需要在认知科学研究的成果基础上，研究相关的心理词典、语用词典、教学词典，并考虑这些包含性和交叉性的统计关系，这是我们以为的词语的计量分析统计的第四个深化方向。

五、要从关注字、词的统计分析，走向进一步扩大对固定短语的统计分析

有研究成果表明：人类的认知是以语块（chunking）为单位的，人类的阅读、表达、理解都是组块成句的。最小的块是词，汉语中是单字词。根据经济的原则，人们在扫读和表达、理解时都是倾向于寻找最大的"块"。因此，无论是从词语教学的角度还是从信息处理的角度，我们都倾向于大量收录过去不大认可的"固定短语"，只要它们"结合紧密"、"使用稳定"，就加以收录。根据我们的统计分析，这样的固定短语的流通度远远高于词表中的那些偏僻词。例如："执政能力、和谐社会、和平发展、神舟六号、六方会谈、蓝绿阵营、环境污染、人民币升值、联合国改革、反对恐怖主义、环太平洋地区、高致病性禽流感病毒 H5N1"等等，这应该是词语计量分析统计的又一个新任务，当然，经济原则也会迫使高流通的词语不断地产生缩略或简称，例如："神六、非典、U 盘、北约、东盟、7+1、扫黄打非、三个代表"等等。这是我们以为的词语统计的第五个深化的方向。

我们希望通过两岸四地的共同努力，现代汉语的字、词、语的计量统计分析会有新的深入、新的看法和新的成果。总的说来，两岸四地的语汇也是和而不同，同大于异，随着现代大众传媒的增强，同不断扩大，异不断缩小，我们需要动态跟进。

第四部分 应用篇

1. 1997中文报纸媒体流通度分析
2. 流通度在IT术语识别中的应用分析
   ——关于术语、术语学、术语数据库的研究
3. 基于DCC的流行语动态跟踪与辅助发现研究
4. "突发事件"专题解读
   ——兼评"2004中国主流报纸十大流行语"发布
5. 2005新增"教育类""安全专题""联合国专题"解读
   ——兼评"2005春夏季中国主流报纸十大流行语"
6. 字母词语的考察与研究问题

1997中文报纸媒体流通度分析[*]

在纷繁复杂的语言现象中,使研究者们困惑不解的东西很多,"语感"就是其中最有代表性的一个。语感是一种重要的客观存在,很多新词、新表达法的流行和使用都跟语感有着密不可分的关系。然而,关于语感的研究还不是很深入,语感到底是什么这个问题还不是十分清楚,关于语感的量化问题,更是没有一个让人满意的方法。

张普提出的"流通度(Circulation)"的概念,"通过测量流通度来对语感加以数学界定、加以量化,使得'能不能说'、是否已经'被理解'、'被认可'、'被传播'变得可以通过流通度的计算进行判断",给上述问题提出了一种有前途的解决方案,为语感的量化找到了一种切实可行的概率统计方法,也为大规模真实文本的研究开启了一扇新的大门,从方法论的角度看,具有一定的理论意义。流通度不是具体语言学的概念,而是普通语言学的概念,它的具体算法和公式应该是跨语言的,超语言的。

要找到文本的"流通度",首先必须确定承载该文本的媒体的"流通度"。

---

[*] 本文隋岩执笔,隋岩和张普署名。原载黄昌宁主编《计算语言学文集》,清华大学出版社1999年。

一、媒体流通度分析的必要性

我们认为:"'真实文本'的最重要最核心的问题是文本的'真实流通'。只有在流通度高的文本的基础上计算使用度才是真实的使用度","……语言的生命力就在于这种稳定中的变化,这些变化的端倪就隐藏在大规模的真实文本(无论它们是经典的还是非经典的文本)之中,甚至就隐藏在那些非规范的现象里"。(参见本书**"第一部分　思考篇"**《关于语感与流通度的思考》)

真实文本是动态的,不断变化的,而流通度的计算,正好能以客观量化的手段揭示这些发展变化的规律。可以用真实可见的数学模型对真实文本的流通度加以描述和解释,对大规模语料进行实时处理,甚至对语言未来的趋势走向进行预测。这对语言应用研究和语言规范化工作都会有极大的帮助。

1. 媒体流通度与文本流通度的关系

"流通度"这个概念不是人们凭空想象出来的,它是语感的量化,是语言在真实世界而非"无菌状态"中使用的真实反映。要想得到具体文本的流通度的具体数值,首先必须找到承载该语料文本或该语言事实的载体的流通度,这是最基础的部分。媒体流通度分析,是整个流通度研究方法的最基本、最重要的一个步骤。如果失去了媒体流通度的支持,文本流通度以至于更深层次的流通度也就成了"无源之水,无本之木"。

文本流通度和媒体流通度之间是一种继承与被继承的关系。媒体流通度的一切特征,在文本流通度中都应该有所体现。而文本流通度在继承了媒体流通度的全部特征之后,又会生成自己特有的属性。

流通密度是体现媒体流通度和文本流通度的重要指标之一。虽然流通密度在媒体流通度和文本流通度上都有所体现,但是在这两者中却是两个层次的问题。对于媒体流通度来说,它体现为承载语料文本的媒体整体的流通密度;对于文本流通度来说,它体现为文本在媒体内部的分布密度。如果媒体的流通密度高,文本流通度值一定会较高。可见,媒体流通度会直接影响到文本流通度值的高低。

2. 确定媒体流通度的标准

既然涉及"流通",媒体的流通度毫无疑问是一个动态的值。不同的媒体,在不同的时期和不同的环境等动态变化的条件影响下,其流通度的数值是各不相同的。我们不可能将媒体流通度死锁在某个固定的刻度之上。在这种情况下,用来测定媒体流通度的标准的制定就显得尤为重要。我们认为,影响和制约媒体流通度的因素应该包括:发行地域、发行内容、发行数量、发行周期、受众对象、阅读率等几个方面。这些因素本身,在一定时期、一定范围之内是稳定的。只要能够科学合理地分析这些因素,就可以制定出确定流通度的标准。本文在后面给出了一种初步的设想,还只是一个粗略的概况,仍需要进一步细化和改进。

3. 关于分析的可信度

在流通度的研究中,我们时时刻刻都面对着大规模的真实文本,我们的研究方法和处理模型能否实时有效地处理这些"真实"文本,是一个至关重要的指标。关于文本的真实,张普在有关论述中曾不止一次地强调过。也就是说,"真实"是流通度研究方法的生命所在。鉴于这种考虑,在本文中,我们的分析完全基于国内公开正式出版发行的报刊等出版物,并且是穷尽式的数据分析。大家知道,分析对象的数量在很大程度上决定着分析结果的可信度。样本数目越大,结果的可信程度也就越高。本文计算媒体流通度,就是要最大限度地接近高可信度这一目标,以便为后续的研究打下坚实的基础。

二、确定媒体流通度时采用的媒体范围

1. 媒体的范围

"流通度"是一个通用的概念,它可以表示各种媒体在社会上的流通程度。比如报纸、杂志、书籍、广播、电视,在今天的信息化社会中,还有日益壮大起来的 Internet 等等,范围极广,数目巨大。由于篇幅所限,本文不可能对上述媒体进行全面的分析,因为那将是一个巨大的系统工程。所以,我们将分析范围限定在报纸和杂志上,以报纸为主,兼顾杂志。所选的报纸为1997年我国正式出版发行的所有报刊(2058种)。杂志方面只得到了1995年杂志的相关原始数据。

2. 类型划分

随着改革开放的深入,经济的高速发展,人们的文化生活也越来越丰富,国内报刊,特别是报纸的发行数量和种类也突出体现了这种变化。报纸刊期的形式也是多种多样的,归纳起来有以下这些类型:日报、周报、旬刊、半月刊、月刊、双月刊、季刊,另外,还有一部分专业年刊等。

报纸的刊期(我们称为发行密度)对其流通度的影响也是比较大的。比如日报,每天一刊,365天几乎没有间断,这种发行密度对读者的阅读必定会有相当程度的影响。

3. 加权系数

为了对媒体流通度进行科学的量化数值计算,必须将影响流通度的各种因素考虑进去,在这里我们引进了"加权系数"概念,并首先为流通度的数值设定一个"种子",记作"M",我们称之为"绝对媒体流通度"。这个"种子"不是凭空想象出来的,而是通过计算某报纸或刊物的年总发行量与全部报刊年总发行量的比例关系来得到的。有了这颗"种子",再将其与各加权系数相乘,最后求得该媒体流通度的数值。

目前已经考虑的加权系数有:

(1) 地域系数:地域差异对媒体流通密度的影响很大。在我国,东南部沿海经济发达地区跟西北部经济欠发达地区就存在一定差距,而大城市跟中小城市之间也会有所差别。从总体上看:东部高于西部,南部高于北部。

(2) 发行量系数:发行量是测量一种报刊流通密度的基础指标之一。从理论上讲,发行量越大,它的流通密度也就相对会越高。

(3) 版数(字数)系数:一份报纸版数的多少对流通密度也有影响。不过这种影响跟流通密度之间并不是一种正比例关系。版数多的报纸其流通密度并不一定很高。

(4) 范畴系数:尽管目前大多数报刊都带有相当的综合性,但还是有大量专门性报刊深受人们的欢迎。如《足球》、《汽车之友》等。它们在特定人群中有着很高的流通密度,也有很高的影响力。

(5) 类型系数:前面已经谈到,报刊的刊期方式对流通度影响很大。

(6) 阅读率系数：一种报刊，不管它的发行量有多大，也不管它的内容多么的重要和有趣，只有被受众接受并阅读，才能最终实现它的价值，它所承载的内容才能对人群的语感产生影响。因此，阅读系数是影响媒体流通度诸因素中相对较重要的一个。不过，阅读率的获取也不是轻而易举的，需要大规模的科学合理的读者调查活动才能完成，本文受时间和条件限制，暂没有考虑阅读率系数。

4. 媒体流通度计算公式

综合以上论述，我们可以得到流通度的标准计算公式如下：

$$Cm = M \times ① \times ② \times ③ \times ④ \times ⑤ / 100$$

从形式上看，这个公式相当简单，然而它却充分考虑到了多种内在和外在因素对媒体流通度变化发展的作用和影响。例如，某一份报纸的"绝对媒体流通度"可能排在第三位，表面上看似乎很高，但是，经过加权系数处理之后，它可能就排到第二十位去了，而原来处于第二十位的报纸，也可能上升到前几位。这就是"加权系数"起控制作用。

三、数据分析

1. 1997 年国内报纸发行概况

近 20 年来，我国报纸的发行量增长速度很快，1978 年，全国仅有报纸数百种，到 1997 年，已经发展到两千多种，而且种类齐全，内容丰富。我们统计了来自国家新闻出版署的数据，以 1997 年为例，全国共发行报纸 2058 种。其中全国性报纸 206（10%）种，地方性报纸 1852（90%）种。涵盖日报 298 种，周报 1685 种，旬刊 27 种，半月刊 15 种，双日刊 1 种，其他 29 种。另外，这些报纸中还包括79种少数民族文字及英文报纸。

按年总发行量计算,在这2058种报纸中,前10位的报纸年总发行量之和,占全部报纸总发行量的13.92%;前300位总发行量之和占69.40%。

表1 1997年总发行量前10位的报纸(%)①

位　　次	百分比
第1位	2.89
第2位	1.56
第3位	1.55
第4位	1.41
第5位	1.18
第6位	1.12
第7位	1.11
第8位	1.10
第9位	1.07
第10位	0.92
合　　计	13.92

在这10份报纸中,全国性报纸为4种,分别是1、6、7、9。值得注意的是,在地方性报纸中,广东省就占了3种,分别是3、5、10,可见,经济发展的程度对媒体的发行也有直接的影响。

从发行量上来看,名次在前300位的报纸就占到了总发行量的三分之二以上,这说明,尽管发行总量很大,但是,高发行量的报纸却相对集中。

另外,东南部沿海地区报纸发行种类明显高于内陆地区。表2是这300种报纸中,种类占前10名的省份地域分布情况:

---

① 由于众所周知的原因,我们在此隐去了报纸的具体名称。

表2　报纸发行种类前十位地域分布

位次	地区	数量
1	全国性	55 种
2	广东省	30 种
3	山东省	23 种
4	贵州省	20 种
5	江苏省	20 种
6	四川省	20 种
7	浙江省	20 种
8	河南省	14 种
9	湖南省	12 种
10	福建省	10 种

以上的统计数字可以说明,经过穷尽性分析,从一定的时间段内(比如一年)抽取出相当数量的报纸,计算它们的媒体流通度,就可以基本上代表了全体的媒体流通度。

2. 加权系数的设定

(1) 地域系数:地域系数的确定,主要依据我国各地区经济发展水平的不同。从总体上说,我国经济发展水平是东南沿海高于西北内陆,南方高于北方,这是有目共睹的事实,有关经济论著很多。因此,我们暂时将全国划分为四个区域(这样做较为粗略,还有待进一步细分)。内蒙、宁夏、四川、贵州以西的地域系数为1;东北三省的地域系数为2;山海关以南,长江以北的地域系数为3;长江以南的地域系数为4。

(2) 发行量系数:发行量系数的确定比较客观,就以各报纸年发行量所占全国年总发行量的百分比为准。

(3) 版数系数:各报纸的开本和版数不尽相同,详细数值参见下表:

表 3 版数系数

开 本	系数	开 本	系数
8开4版	1	4开48版	9
8开8版	2	4开64版	10
8开16版	3	2开4版	3
4开2版	1	2开6版	4
4开4版	2	2开8版	5
4开8版	3	2开10版	6
4开12版	4	2开12版	7
4开16版	5	2开16版	8
4开20版	6	2开20版	8.5
4开24版	7	2开24版	9
4开32版	8		

（4）范畴系数：目前我们所获得的 2058 种报纸，按不同的范畴，分为 16 大类，这种分类标准是否合适，还可以研究，这里只是一种方案。这 16 大类分别是（括号中是范畴系数）：人文(16)、经济(15)、卫生保健(14)、教育(13)、广播影视(12)、综合新闻(11)、文摘类(10)、体育(9)、省市机关报(8)、法律(7)、政治(6)、科技(5)、农村(4)、工业工人(3)、专业性报纸(2)、其他(1)。

（5）类型系数：报纸的刊期直接决定了它的发行数量，刊期密度大发行量也相对会提高。这 2058 种报纸的刊期主要有：日报（每日发行,9)、周六(每周 6 天发行,8)、周五(每周 5 天发行,7)、周四(每周 4 天发行,6)、周三(每周 3 天发行,5)、周二(每周 2 天发行,4)、周一(每周 1 天发行,3)、旬刊(2)、半月刊(1)，个别还有双日发行的，大致跟周三的刊期一致。

参考上述系数制定标准，对媒体流通度的"种子 M"进行再处理，可以得到下表所示的数据：

表4 媒体流通度前十位(未包含阅读率参数)

位 次	地 域	媒体流通度	年总发行量(%)
1	全国性	25.96	2.89
2	广 东	19.82	1.55
3	广 东	13.61	1.18
4	全国性	12.84	1.07
5	福 建	11.25	1.41
6	江 苏	9.97	1.56
7	全国性	9.13	0.81
8	全国性	8.91	1.11
9	广 东	8.22	0.92
10	江 苏	7.06	0.59

这10份报纸的年总发行量的百分比之和为13.90%,这个数值跟表1的数值很接近,这说明,发行量对媒体流通度的影响是很大的,可以这么说,发行量和阅读率是制约媒体流通度的两个最主要的因素。

3.媒体流通度的地位

从上面的分析我们不难看出,媒体流通度是整个"流通度大厦"的基石,是整个流通度研究的起点。它的可信性和精确性直接关系着整个后续研究的成败,因此需要认真对待和深入挖掘。本文所提出的计算和分析过程只是为了说明媒体流通度的确定方法,还很不完备,肯定存在着诸多漏洞和不妥之处,我们还将进行系统的研究和论证。

四、流通度分析方法前瞻

1.关于流通度体系

流通度是一种普遍存在的现象,它存在于两大类媒体之中:书面文本（报纸、杂志、图书等）和口头文本（广播、电影、电视等），也存在于因特网上。我们拟先给出这两种媒体的流通度层次框架及其相关的标记体系：

媒体的流通度体系

C：流通度　　　　　　　　Cn：网络流通度
Ct：书面流通度　　　　　　Cs：口头流通度
Ctm：书面媒体流通度　　　Csm：口头媒体流通度
$Ctnm$：书面报纸流通度　　 $Csrm$：广播媒体流通度
$Ctmm$：书面杂志流通度　　 $Cstm$：电视媒体流通度
$Ctbm$：书面图书流通度　　 $Csfm$：电影媒体流通度

语言知识的流通度体系

Ctt：书面文本流通度　　　Cst：口头文本流通度
Ctw：书面词语流通度　　　Csw：口头词语流通度
Ctp：书面短语流通度　　　Csp：口头短语流通度
Ctg：书面语法流通度　　　Csg：口头语法流通度
Cts：书面语义流通度　　　Css：口头语义流通度
Ctl：书面语用流通度　　　Csl：口头语用流通度

书面语和口头语之间是一种相互作用、相互影响的关系，它们各自的流通度也就处在这种不断变化和影响之中。

2.关于动态语料库

我们主张建立动态语料库，动态语料库与传统语料库最大的不同之一就在于入库的语料都带有"流通度"属性及其属性值。为了实现这一目标，建立有效的"流通度体系"的语料深加工是非常有必要的。大到文本语篇，小到短语、词语，从语音到语义都应该标注适当的流通度属性和属性值。这些标记应该包括上述体系列出的所有流通度层次,这样就能够在应用中全方位把握该种语料在真实语言流通中的轨迹和特点。

3. 动态智能辞典的建造

所有的这些努力,最终的目标之一就是要建造一个能够即时更新的动态智能辞典。这样的辞典对于大规模真实文本的处理,对于知识的自动挖掘和自动获取都有着极其重要的意义。有了文本各个层次的流通度的信息,我们就可以更准确地掌握大规模真实文本在现实世界中的流通规律,就能够以量化的方法估算出人们的语感,从而对语言运用中的各种变化作出即时的评估,为各种实际应用提供更准确、更完备的支持。

流通度在IT术语识别中的应用分析*
——关于术语、术语学、术语数据库的研究

引子1

《北京青年报》2001年3月9日第2版"全国两会"消息:"昨政协召开'大力发展高新技术产业'的记者招待会,原定60分钟,散会时已达85分钟

这会开得有点长

■ ……

■ 基因术语难坏了翻译

在回答问题前,全国政协委员、中科院国家基因研究中心负责人洪国藩,一再强调会用非常简短的语言概括,可他一说起'基因技术'来,还是没有收住话题,让许多对'基因'感兴趣的记者,一直在台下叫好,并不停地录音记录。当他讲到'人类基因组图谱'中的一些专业术语时,坐在一旁的翻译紧锁了一下眉头,停了下来。洪国藩委员见状,马上用一口流利的英语给翻译'补位',向外国记者解释他刚才所用的'基因'术语,之后他笑着对记者们说,有些词

---

* 本文刊载于《中文信息学会成立二十周年论文集》,清华大学出版社2001年。

太专业了,只有研究这个领域的人才能接触到。这时年轻的女翻译也冲洪国藩委员感谢地一笑。……"

引子2

关于IT术语网站"whatis.com"的介绍

whatis.com是一个关于信息技术的知识浏览工具,特别是因特网和计算机。它含有3000多条单独的百科全书式的定义/主题,还有一些快速参考页面。主体中含有12000个交叉索引的超链接,可以把定义/主题和其他网站相关的拓展信息链接起来。我们尽最大努力使它常见常新。

你可以在whatis.com网站上搜索到:

● 最近增加的/更新的术语

● 最新发现(本周内)

● 本周排名前20个术语

上面的两个例子已经说明:

1. 术语发展太快,已经成为知识社会、信息社会的一大难题。

2. 术语的动态更新不是"提上议事日程"的问题,而是已经出现了服务网站。可以每周、每日更新术语。

3. 有些术语的特点是"太专业了,只有研究这个领域的人才能接触到"。

实际上"引子1"说的是术语动态更新研究的必要性,"引子2"说的是术语动态更新研究的可能性。

国际上,术语研究、术语学的建立、术语数据库的建设,并不是近几年的事情,但是近几年来,随着科学技术的飞速发展,围绕术语的研究正在逐步升温,术语研究越来越受到重视。特别是随着信息社会和知识经济的到来,信息不断增量、知识不断翻番、网络不断发展,相应的网络翻译、检索软件、搜索引擎、文本分类、信息提取、知识挖掘等信息处理的需求越来越迫切,于是语义、概念和知识的研究成为新的语言信息处理的核心和瓶颈问题。

一、关于知识的认识

在非信息社会,信息的获取不易,因此知识就是信息的积累。但是在信息社会和网络时代,信息的获取越来越容易,所以信息的积累并不一定就是知识,还需要进行信息提取和知识挖掘,否则信息的泛滥就是垃圾。过犹不及,物极必反。

而术语知识正是当今知识的核心,也就是说术语成了信息处理的核心的核心,没有术语就没有科学的知识和知识体系。而术语数据库应该是今天建立知识库的基础和捷径,术语知识是未来语言信息处理知识库中最重要、最急需的知识。

近十年来,我国已经研制了多个不同领域(机械、农业、化工、应用语言学、科技、百科等)的术语数据库,规模从数万术语、十数万术语到数十万术语不等。同期,已经有《确立术语的一般原则与方法》《建立术语数据库的一般原则与方法》等十余个有关术语、术语学、术语数据库的国家标准颁布,这些标准是与国际标准接轨的。[①] 全国科学技术名词审定委员会、国家质量技术监督局、国家新闻出版署、中国大百科全书出版社、国家语委语用所、北京大学计算语言学研究所以及有关部委都加强了术语的研究、审定、标准

---

① 参见王渝丽《我国术语数据库的现状》,载《科技术语研究》1999年第1期。

化等工作。90年代,术语研究的专门学术期刊《科技术语研究》、《术语标准化与信息技术》等相继创刊[①]。1999年,中国标准研究中心(CSRC)、全国科学技术名词审定委员会(CNCTST)、东亚术语论坛(EAF-Term)宣布愿意加入国际术语信息中心(Infoterm)。2000年,中国标准研究中心、北京标杆网络技术有限公司、国际术语网三方合作建立"中国术语数据研发中心",中国标准术语数据库开发正式启动。2001年将在北京召开两岸三地IT领域术语研讨会,2002年还将在香港召开亚太地区术语研讨会。有人认为:就已经完成的术语卷册数和工作范围而言,中国在世界术语领域已处于领先地位。我认为至少近年来我们的术语、术语数据库的研发已经明显加快了国际化、信息化、网络化和工程化的步伐。

这些成果已经引起语言信息处理领域、计算语言学领域甚至语言学领域的注意,并且开始互相渗透,但是迄今为止在上述领域还没有受到足够的重视。术语、术语学、术语数据库的研究还没有被放在足够高的学术地位特别是应用地位。刘涌泉、冯志伟、俞士汶等是中文信息处理领域较早重视术语研究的专家学者。北京语言文化大学语言信息处理研究所愿意把术语、术语学、术语数据库,特别是术语的自动提取作为今后语言信息处理的重要研究方向,拟投入相当的人力、物力进行相关研究。

目前正在进行的课题有:"基于第三代语料库的通用领域报纸词汇动态词表研究"和"信息技术领域动态流通语料库建设及术语自动提取研究",在我们参加的973项目中还有研究生进行"信息

[①] 《术语标准化与信息技术》创刊于1996年,《科技术语研究》创刊于1998年。

技术领域的对译术语研究"。

本文拟对术语的自动提取与流通度的应用研究涉及的某些问题进行宏观探讨。

二、关于术语的认识

1. 术语的界定

我们查阅了"术语"的有关界定:

《现代汉语词典》:某门学科中的专门用语。

《辞海》:各门学科中的专门用语。每一术语都有严格规定的意义。

《汉语大词典》:各门学科中用以表示严格规定的意义的专门用语。

《中国大百科全书》:各门学科中的专门用语。术语可以是词,也可以是词组,用来正确标记生产技术、科学艺术、社会生活等各个专门领域中的事物、现象、特性、关系和过程。《中国大百科全书》还分别叙述了术语的四项"基本特征",即:专业性、科学性、单义性和系统性。

《确立术语的一般原则与方法》(GB 10112－88):术语是指称专业概念的词或词组。

在各个界定中有一点是共同的,即:术语是"各门学科中的专门用语",在 GB10112－88 的定义中,虽然没有提到"各门学科"和"专门用语",但是,说到是"指称专业概念",含义是基本相同的。问题是"各门学科"是哪些学科?什么属于"专门用语"?哪些概念才算"专业概念"?

在 GB10112－88 中,"概念"的定义是:"概念是反映事物特征的思维单元。"在"概念体系"的定义中也提到"专门学科",即"专门学科领域的一组概念构成一个体系,每个概念在该体系中都占据一个确切的位置",但是却没有对"专业概念"和"专门学科"作出界定。

既然是"专门用语",并且"指称专业概念",显然是与一般词汇或者通用词汇有别的。因此不界定术语,也就无从界定一般词汇;不界定一般词汇,同样也无从界定术语。当然也就更谈不到何时一个术语叫做进入通用领域,成为一般词汇或者"准术语"。[①]

只有《中国大百科全书》为专门领域和术语的范围做了大概的描述——"生产技术、科学艺术、社会生活等各个专门领域中的事物、现象、特性、关系和过程"。但是,下棋、跳舞、唱歌、饮食、服装、休闲都是"社会生活",这样界定后,汉语中除了虚词似乎就没有不是专门领域的一般领域的一般词汇了,较真儿的话,虚词也可以是个专门领域。

我们甚至在 GB 10112-88 的正文部分"5 术语"下的举例中,可以发现这样的术语例子:"蜘蛛、玻璃、葡萄、自行车、电视机、蝈蝈、电灯、信用卡、冰激凌、数学家、沙发、吉普车、黑板、口红、红光、红肿、红宝石等等。"

粟武宾、于欣丽在《术语学与术语标准化》中区分了术语和一般词汇,认为:"术语是持有某一目的而使用的语言,是整个语言词

[①] 参见《中国大百科全书·语言卷·术语》:"术语根据其使用范围,还可以分为纯术语、一般术语和准术语,其中纯术语专业性最强,如'等离子体';一般术语次之,如'压强';而准术语,如'塑料',已经渗透到人们生活中,逐渐和一般词汇相融合。"

汇的一部分。但日常生活用一般性词汇与科学技术专业用术语是有区别的。"[1]这个界定不无可推敲之处,重要的是没有可操作的方法。

2. 术语与一般词汇的关系

我们认为:术语和一般词汇都是整个语言词汇的组成部分,都必须符合语言的一般构词和构形规则。一般词汇是所有人都通用的词,专门领域(图中1、2、3、4各部分)的术语,是该领域的专业人员(即部分人)使用的词或固定词组,这是术语和一般词汇区别的语用学原则。

术语与一般词汇的关系和术语与术语的关系[2]可以用下图表达,它们之间有以下一些关系类型:

(1) 一些专门领域的部分术语有时会进入通用领域被一般人使用(例如专门领域1、2、3的部分术语),诸如"瘫痪、攻坚、软着陆、硬件、软件、克隆"等,这时它们可能已经改变了术语的原意,成为一般词汇或准术语。这种关系类型我们称为共用关系,这些词语的集合用字母C(Current)来表示。

(2) 一些专门领域可能极少有术语进入通用领域被一般人使用(例如专门领域4的术语),诸如"丁酮、羧酸、烯基、卡西尼环缝"等。通常这是太专、太冷的领域的术语。这种关系类型我们称为独用关系,这些术语的集合用字母T(Terms)来代表。

---

[1] 参见粟武宾、于欣丽《术语学与术语标准化(三)》,载《术语标准化与信息技术》1996年第4期。

[2] 此处涉及的关于一般词汇和通用词汇及术语的说法参照了粟武宾、于欣丽《术语学与术语标准化》的文章,作者实际上用的是"一般性词汇"。我本人对词汇体系的界定在后来的文章中有所修正,参见本书的"第三部分 理论篇"中的《当前字、词、语量化研究的五个深化方向》(本书239页)。

（3）一些术语可以被两个以上的专门领域的人员使用，这常常是一些新兴的边缘的交叉性或综合性学科（例如图中专门领域 1、2 之间交叉的部分术语），诸如：计算语言学、生物化学、历史地理等。这种关系类型我们称为交叉关系，这些术语的集合用字母 I(Interleaving)来表示。实际上这些术语就是两个或几个术语集合 T 的交集。

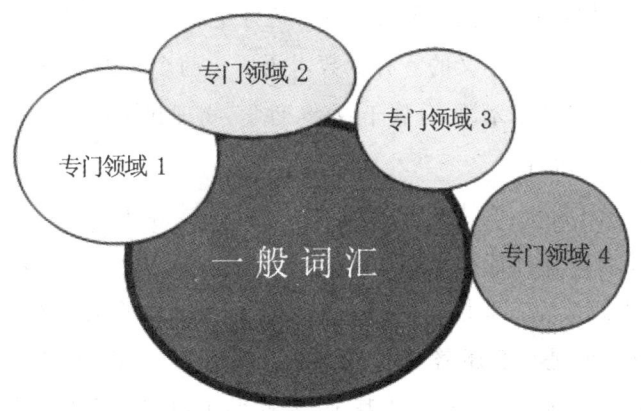

如果我们必须区分术语和一般词汇的话，那么我们必须首先研究术语和一般词汇的基本特征，然后，发现它们的区别特征。只有这样，才具有可操作性。

问题是什么是一般词汇和术语的基本属性？什么是它们的区别特征？

三、关于术语和一般词语的特征的认识

1. 术语的基本特征

刘涌泉同志曾经描述过术语的基本特征，他指出术语具有：

（1）专业性

术语是表达各个专业的特殊概念的,所以通行范围有限,使用的人较少。

(2)科学性

术语的语义范围准确,它不仅标记一个概念,而且使其精确,与相似的概念相区别。

(3)单义性

术语与一般词汇的最大不同点在于它的单义性,即在某一特定专业范围内是单义的。有少数术语属于两个或更多专业,如汉语中"运动"这个术语,分属于政治、哲学、物理和体育4个领域。

(4)系统性

在一门科学或技术中,每个术语的地位只有在这一专业的整个概念体系中才能加以规定。

我们认为专业性、科学性、单义性和系统性的确是术语的基本特征,但是我们还需要进一步探讨术语和一般词语有什么共同特征,特别是有什么区别特征,使我们可以将术语与一般词语区别开来,同时可以判定哪些术语已经进入了一般词语,或已经被两个以上的领域共用,而且这种区别性特征最好是比较容易操作的。

2.一般词语和术语的共同特征

我们认为这些共同特征从语言学角度看,可以有:

(1)至少表达一个特定的概念,具有相应的属性和关系、内涵和外延。

(2)具有特定的语音形式。就汉语而言,词语和术语都可以是单音节的,也可以是多音节的。

(3)多音节词语具有特定的语法结构模式。例如:"桌子"的语法结构模式是"N+后缀(子)=N","软着陆"的语法结构模式是"A+(V+N)=V"等等。

(4)多音节词语具有特定的语义结构模式。例如:"开关"的语义结构模式是"(状态+状态)**对立**=器具","野餐"的语义结构模式是"(位置+动作)嘴=活动","推土机"的语义结构模式是"(动作+自然物)+机具=建筑机具"等等。

3.一般词语和术语的区别特征

区别特征是我们将术语和一般词语[①]区别开的重要特征。我们认为这种区别特征从语言学角度看,可以有:

(1)术语一般只在一个或几个特定的领域流通,只有该特定领域的人使用,而一般词语是各个领域都流通,是所有使用该语言的人通用的。

(2)术语不只在本领域流通,一般说术语也都是本领域的高流通度的词语。

(3)术语不仅在本领域是高流通度的,离开了特定领域,其流通度一般趋近于零。例如:半数致死量、氯代三环芳烃类化合物、多氯代二苯。

我们可以看看下面的一段话,其术语的特点是很典型的:

"二噁英(dioxin)的毒性与氯原子取代的 8 个位置有关,人们最为关注的是 2,3,7,8 四个共平面取代位置均有氯原子的二噁英同系物异构体,共有 17 种。其中以 2,3,7,8-四氯代二苯并二噁英(TCDD)的毒性最强,以 LD50(专业术语叫半数致死量)为

---

① 这里所说的一般词语不是与基本词汇对举的一般词汇,实际上是我们后来指称的"通用词汇",通用是指在某些领域、某些地区、某些时间段通用。

1μg/kg 体重,相当于氰化钾毒性的 50—100 倍。"

四、流通度在术语与一般词语的区别中的重要作用

1. 流通度与一般词语

根据上述的分析,一般词语是在所有的领域都共用的词语,其集合我们定为 C。如果我们用 D 来代表领域,设有 n 个领域,记为 $D1, D2, \cdots\cdots, Dn$。而术语是各个专门领域独用的词语,一般不在其他领域流通,其集合我们定为 T,我们一共有在不同领域流通的术语子集:$T_{D1}, T_{D2}, \cdots\cdots, T_{Dn}$。

一般词语集合 C 在每个领域中都是共用的,所以基本上是个常数,可以定为 C。一般词语 C 的流通度是各个领域的流通度之和,是一个 C 在 n 个领域的流通度的 Σ。这样我们会有一个基本公式。即:

$$C = \sum_{i=1}^{n} C_{Di}$$

2. 术语集合与一般词语集合

根据上面的设定,术语的集合是 T,是各个专门领域的术语子集的和,即:

$$T = T_{D1} + T_{D2} + \cdots\cdots + T_{Dn}$$

每个专门领域的词语集合(我们用 $W_{D1}, W_{D2}, \cdots\cdots, W_{Dn}$ 来表示)应该是由一般词语集合加上这个领域的专门用语(即术语)组成,即:

$$W = C + T$$

各个专门领域的词语集合可以用公式写作

$$W_{D1} = C_{D1} + T_{D1}$$

$$W_{D2} = C_{D2} + T_{D2}$$

……

$$W_{Dn} = C_{Dn} + T_{Dn}$$

整个词语的集合 W,就是

$$W = W_{D1} + W_{D2} + \cdots\cdots + W_{Dn}$$

所以有

$$W = (C_{D1} + T_{D1}) + (C_{D2} + T_{D2}) + \cdots\cdots + (C_{Dn} + T_{Dn})$$

或者

$$W = (C_{D1} + C_{D2} + \cdots + C_{Dn}) + (T_{D1} + T_{D2} + \cdots\cdots + T_{Dn})$$

或者

$$W = C + T$$

术语数据库就是 $T_{D1} + T_{D2} + \cdots\cdots + T_{Dn}$ 形成的数据库。从上面的分析可以看到,一般词语 C 是在各个专门领域都有流通度的词语,是通过求"与"来得到的,而术语则正好相反。

3. 流通度与术语的自动提取

我们曾经把术语分为两种类型,一种是有标记的术语,即文本中给出了术语的英译或原文,如:因特网(Internet)。标记可以有很多种类型,包括在括号中只注原文或缩写、缩写和原文全注等等。[1] 这种术语我们可以把英译或原文的结束作为后标记,只需要判定中文术语的前标记。王建华在他的硕士论文中已经报告了采用不同方法对这种双语术语自动提取的结果,大约召回率可以达到 80%。

---

[1] 详见邢红兵《信息领域汉英术语的特征及其在语料中的分布规律》,载《术语标准化与信息技术》2000 年第 3 期。

另一种是无标记的术语。无标记的术语提取是十分困难的,困难表现在两个方面:

(1)术语常常是新的未登录词语,一切未登录词语的识别难度,在术语识别中都同样存在。

(2)术语必须与一般新词语区别开,即使能够做到自动识别新词语,还需要进一步将术语从新词语中提取出来,无标记的术语识别有相当大的难度。

使用流通度理论,可以帮助我们做到将无标记的术语提取出来,即与一般词语区别开。

根据上文的论述,我们已经知道术语的 3 个特点,即"术语只在一个或几个领域流通,是该领域的高流通度词语,并且在其他领域的流通度为零或近于零"。也就是说术语在不同领域流通度不一样或大不一样,而一般词语在所有领域的流通度一般是比较接近的。因此流通就成为术语与一般词语相比较的重要的区别特征,同时,一个术语的历时流通度曲线的变化,还将用来作为判定术语的成熟与否的标志,为术语的成熟度提供定量分析的依据。

我们可以用公式来表达上面的逻辑推论:

设:有领域 D_x 和 D_y

则:$W_{Dx} = C_{Dx} + T_{Dx}$

$W_{Dy} = C_{Dy} + T_{Dy}$

于是有:$T_{Dx} = W_{Dx} - W_{Dy}$

$= (C_{Dx} + T_{Dx}) - (C_{Dy} + T_{Dy})$

$= (C_{Dx} - C_{Dy}) + (T_{Dx} - T_{Dy})$

因为 $C_{Dx} = C_{Dy} = C$

又因为 T_{Dx} 在 T_{Dy} 为 0 或接近于 0

所以　　　$= T_{Dx}$

同理有　$T_{Dy} = W_{Dy} - W_{Dx}$

$\qquad\qquad = (C_{Dy} + T_{Dy}) - (C_{Dx} + T_{Dx})$

$\qquad\qquad = (C_{Dy} - C_{Dx}) + (T_{Dy} - T_{Dx})$

因为　　$C_{Dy} = C_{Dx} = C$

又因为 T_{Dy} 在 T_{Dx} 为 0 或接近于 0

所以　　　$= T_{Dy}$

如果 Dx 和 Dy 两个领域还有一些术语是互相渗透的,相比较的结果是会有一些噪声的干扰的,那么可以引入第三个领域 Dz 进行比较,理论上说当比较了 n 个领域之后,T 和 C 都将接近最佳值。

基于 DCC 的流行语动态跟踪与辅助发现研究[*]

一、引言

2002年底,北京语言大学、中国新闻技术工作者联合会、中国中文信息学会三家机构共同主办了中国报纸流行语的跟踪研究、评选发布活动,经过对15家中国主流报纸的约5亿语料的动态统计分析,2002年12月25日零点,30个候选词语在华夏大地教育网等10多家授权网站(包括已授权的15家大报网站)上进行网上投票评选活动。北京语言大学网络教育学院负责进行前期线下预投票工作。网站的投票活动12月31日截止。2003年1月6日在北京语言大学会议中心召开新闻发布会,由国内著名语言学家和语言信息处理专家向全社会发布了2002年中国主流报纸的十大流行语:十六大、世界杯、短信、降息、三个代表、反恐、数字影像、姚明、车市和 CDMA。

---

[*] 本文获国家973重点基础研究发展规划项目"面向大规模真实文本的汉语计算理论、方法和工具"(项目号:G1998030507—2)的子项目资助。同时获国家语言文字应用"十五"科研项目"报纸流行语跟踪研究"(项目号:YB105—63E)的资助。原载《语言计算与基于内容的文本处理》,清华大学出版社2003年。

发布会后,《北京晚报》和"新浪""新华""中新""中青"等网站当晚刊发新闻,随后国内有数十家报纸陆续刊登了十大流行语的评选工作和评选结果,2240余网页进行了转载和评论。同时,中国评选十大流行语的新动态还引起国外报刊的重视,2003年1月26日《参考消息》转发了俄罗斯《消息报》1月16日亚历山大·丘多杰耶夫的文章的中译本,指出:"近日,《人民日报》刊登了国家15家大报2002年最流行的词语,说明经济改革20多年来,中国人,特别是城里人的思想发生了深刻变化。"

对流行语的动态跟踪研究与发布工作是基于北京语言大学多年来的动态流通语料库的研究成果。我们在1998年正式提出建立动态流通语料库,发表关于对语言进行动态观察分析的一系列研究论文,2000年正式立项建立报纸动态流通语料库,采集国内10种(2002年扩大到15种)流通度最高的报纸语料。此次的流行语跟踪研究与发布工作,就是在这个动态流通语料库的基础上进行的。

本文将主要介绍与动态流通语料库有关的流行语动态跟踪研究与发布工作,特别是介绍流行语的界定、分类、动态流通曲线特征、计算机辅助发现的可能等,提出了新的词汇曲线类型研究课题。

二、关于流行和流行语

在当前的几本主要工具书中,都没有收录"流行词"、"流行语"或"流行词语"条目,更没有收录"十大流行语"。我们无从找到对"流行语"的比较有权威的界定。这说明对流行词语的追踪、研究与十大流行语的发布,在国内外都只是近些年的事情。

此前,语言学界更加关心的是新词语、新词语的规范以及新词语和社会发展的关系,这属于社会语言学的范畴。社会语言学的发展,也是最近二三十年的事情。流行语与新词语的异同我们另文还要谈。

　　我们查阅了《现代汉语词典》、《辞海》、《辞源》和《汉语大词典》,四部工具书虽然都没有收录"流行语"或相关条目,但是都收录了"流行"一词。"流行"的定义大致如下:

　　《现代汉语词典》【流行】:传播很广;盛行。一例为"流行性感冒",一例为"这首歌在我们家乡很流行"。

　　《辞海》【流行】的一个义项为:迅速传播或盛行一时。

　　《辞源》【流行】:传布、盛行。

　　《汉语大词典》【流行】的三个义项之一为:广泛传布、盛行。

　　根据以上情况,我们认为:公认的"流行"就是"迅速传播,广为盛行","流行语"就是"**在某一时期,某一地域或者某一人群中迅速传播,广为盛行的语汇**"。例如:"2000年中国青年流行语",就是在2000年,在中国,青年人中迅速传播、广为盛行的语汇。语汇包括词、语和词语总称。

　　流行语有如下的几大特点:传播迅速、传播广泛、时间性、地域性、人群性。

　　"流行"的可以是褒义或中性的事物,如:《孟子公孙丑上》:"德之流行,速于置邮而传命"。又如"流行歌曲、流行款式、流行词语"等,但并不一定仅仅是褒义的可以流行,贬义的事物也可以叫流行,例如:《左传僖公十三年》:"天灾流行,国家代有",又如:"瘟疫流行、妖教流行、流行性感冒"等。

　　国内研究流行语较早的有著名语言学家胡明扬教授等。

三、关于"十大流行语"的发布

在流行语中通过一定方式选择出排名最靠前的十条流行语,称为"十大流行语"。例如:中国十大流行语、青年十大流行语、美国十大流行语、2000年十大流行语等等。

所谓通过一定方式,通常是采用社会调查的方式,社会调查的选票可以在网下抽样进行,也可以在网上随机点击投票。而事先提出的流行语候选词语表,则是由一定范围的专家、学者、记者等根据语感提出决定的。

国内外对流行语的研究与"十大流行语"的发布工作都已经有多年的历史,我们分别介绍一下概况。

国外许多国家都有流行语的研究机构、发布机制,有的国家每年定期发布。

● **美国**(每年发布一次)

美国方言协会参与了2001年度美国流行词语的评选,它在自己的网页上登出了20个候选词语和词组。在被提名的10个最流行的词语中,"Ground Zero"排在首位,其次是美国总统乔治·布什(George W. Bush)名字中间的字母"W",因为他在"9·11"事件后,成了美国有史以来支持率最高的总统。第三位是"Jihad(圣战)",第四位是"God"和它的两个变体"Allah(阿拉,真主)"和"Yahweh(耶和华)"。"Anthrax(炭疽)"排在第五位,"Euro(欧元)"第六位,受畅销书《哈里·波特》影响,"Wizard(巫师)"也榜上有名,等等。据语言专家研究,2001年的流行词汇大多源于9月11日发生的世贸大楼和五角大楼的恐怖袭击事件。

● 日本（每年定期发布）

　　每年由"自由国民社"主办当年"流行语大奖",被评为当年"流行语"的词句要求是:广泛流传,并能表现出这一年的主要社会现象及话题。"TAMATIYAN（多摩小精灵）"[①]和"W杯中津江村"[②]都被评为2002年的日本流行语。日本每年除了评选十大流行语,还要举行隆重的颁奖仪式。即使是首相,也会卷入流行语的评选和颁奖活动。2001年的"日本流行语"大奖评奖结果中,"没有圣域的改革"就出自日本首相小泉纯一郎,此外,小泉的"米百俵"（为了美好的明天要忍耐今天的艰苦生活之意）、"不要恐惧、不要怯懦、不要被束缚"等也进入流行语的前列,他成为2001年创造流行语最多的人。2002年的部分获奖者合影照片可以参见人民网（日本版）陈建军文章和 http://china.kyodo.co.jp. 的同期相关内容。

● 韩国

　　随着韩国文化在亚洲各国的传播,韩剧、韩国流行歌曲、韩国电影、韩国服饰及发型为"哈韩族"所钟爱和追逐。一时间"韩风"、"韩流"四起,韩国的流行语也随之渗入并影响中国。有人列出进

[①]　"TAMATIYAN"是指出现在横滨市帷子川等河流中的北海生物（有胡子的海豹）。逗留在横滨市内的几条河流中的这只可爱的海豹,游来的原因不明,曾在约两个月内引起大众关心,有许多人不惜远道赶去观看。由于海豹最早发现于东京都的多摩川中,因此得名。

[②]　"W杯"是由日本和韩国共同举办的"世界杯"足球赛的简称。大分县中津江村负责接待的喀麦隆足球队是日本接待的第一批外国球队之一。这个村子的居民为此欢欣鼓舞,作了各种精心周到的准备,连老婆婆都学了几句接待用的法语（喀麦隆的官方用语）,中津江村村长坂本休也常常出现在电视镜头上。可是,喀麦隆队却因故迟抵日本,焦急的中津江村群众再次成为电视镜头追逐的对象。因此,"W杯中津江村"也成了流行语。

入中国的20个韩国流行语,下述词语均是这两年大家熟悉的:阿里郎、流氓兔、红魔、金喜善、安在旭、《我的野蛮女友》《蓝色生死恋》、宇田公司、汉城音乐厅、BabyVox(有"韩国妖姬"之称的美少女歌舞团体)等等。

国内对于流行语的观察、研究与分析,近年来受到不少学者和社会各界人士的关注,语言学界尤有学者做专门的搜集和研究。10多年来国内有不少媒体也参与十大流行语的评选与发布工作。

● **最早的研究与发布**

青年人对流行语最敏感,流行语也常在青年人群中传播,所以国内最早进行流行语的研究与发布的是一些青年期刊。例如,1993年《大学生》杂志公布的十大流行语是"下海、申办奥运、发、大哥大、第二职业、电脑、没商量、说法、发烧友、学雷锋"。

● **参与发布的机构和组织**

搜集并发布十大流行语的部门和机构很多,有报纸杂志,例如《大学生》、《青年研究》、《中国青年报》等;也有电视台,例如中央电视台、北京电视台等;还有网站和公司,例如搜狐网、新华网、华夏大地教育网、北京零点公司等;甚至还有的个人调查发布的十大流行语,例如:郑欣调查并公布了1998年的"十大流行语",即"下岗、抗洪、再就业、房改、世界杯、彩票、金融危机、泰坦尼克、上网、出手"。

● **发布的流行语类型**

各种部门和机构发布的流行语涉及各种类型,应有尽有。以流行的人群而言,有"大众流行语、青年流行语、大学生流行语、中学生流行语"等;就流行的地域而言,有"中国流行语、北京流行语、上海流行语、港台流行语、都市流行语"等;就流行的行业和领域而言,有"高校流行语、军营流行语、旅游流行语、娱乐流行语、零售行业流行语"等;就流行的时间而言,有"初春十大流行语、2002年十大流行语、20世纪90年代流行语、改革开放以来20年流行语"等;还有就流行语刊载的媒体进行分类的,如:"网络流行语、报纸流行语、手机短信流行语"等。

● **十大流行语发布中的问题**

一些人认为:中国的"十大流行语"的发布工作已经进行得太滥,什么媒体、什么机构、什么人都可以进行一场自己感兴趣的发布,而且动则"十大～～"也令人觉得俗套。更有的流行语的发布已经走向媚俗或庸俗,诸如:"十大'变味'流行语、怪怪流行语、现代两性流行语、男女关系流行语"等等。也有的人认为中国的流行语研究和发布,与国外相比,还远远不够,不够细、不够多、不够频繁。流行语是社会的反光镜、透视机,透过流行语,我们可以观察社会的发展、大众的心态。人们的价值观、人生观、社会观,人们的追求、好恶、心路历程都可以在流行语中展露无遗。请看北京零点公司调查公布的1999年中学生最喜欢的口头禅:"OK、随便、神经病、去死吧、我是天才、SORRY、干嘛(呀)、有没有搞错、不知道、酷",不是有些说明问题吗?

我们认为:目前中国的流行语的研究与发布,做滥的一方面存在,做得还远远不够的方面也存在,有些甚至是不是算流行语都需要探讨和推敲。流行语和新词语的界限,流行语和切口、黑话的界限,流行语和行业语的界限都需要仔细厘定。

我们希望将流行语的跟踪研究与发布做成一个品牌,即:**科学、动态、权威、深入、全面**。

四、基于动态流通语料库(DCC)的流行语研究

为了使得流行语的发布具有科学、动态和权威的品牌,我们基于动态流通语料库(DCC)来进行 2002 年的流行语的候选词语表的筛选工作,而不是像一般的流行语候选词语表那样,由一个人、几个人或一些人来拍脑袋决定。

我们的流行语的候选词语表是有科学的定量分析依据的。我们从 1998 年就开始研究动态语言知识更新的理论[①],探讨动态流通语料库的建立与加工的方法。2000 年开始建立动态流通语料库,对报纸语料开始进行动态加工,我们建立了庞大的报纸动态流通语料库。动态流通语料库的两大特点是动态性和流通性。流通度,是动态流通语料库的新属性,是在前人频度、使用度、通用度基础上的一个重要创新[②]。基于动态流通语料库统计出的词语的频度、使用度和流通度,都不是一个共时的数字点,而是一条由若干个数字点构成的变化曲线(又称词语历时变化"走势图")。

不同的词语有不同的变化和自己的"走势"。下图是词语"与时俱进"在 2001 年的走势,三条曲线分别代表频次、散布文本数和流通度(下同):

---

① 参见张普《关于大规模真实文本语料库的几点理论思考》(本书 44 页)。
② 参见张普《关于语感与流通度的思考》(本书 67 页)。

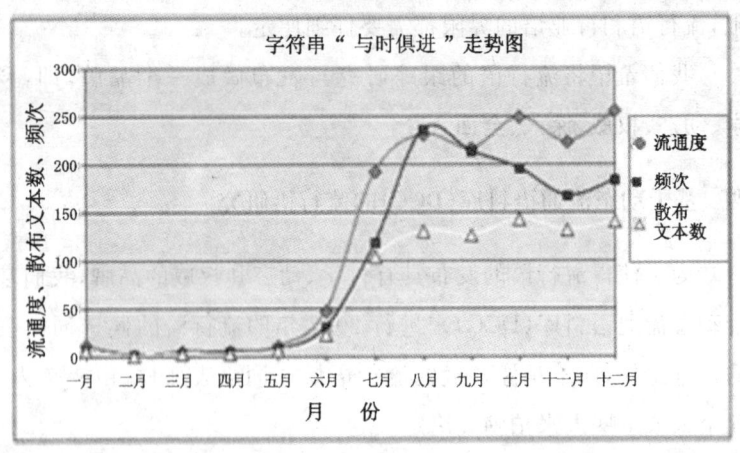

我们建立的 2002 年的中国主流报纸动态流通语料库,是在 2000 多种报纸中筛选了 15 种流通度高的报纸作为入选媒体,这 15 种报纸是(按汉语拼音音序排列):

北京青年报　北京日报　北京晚报
法制日报　　光明日报　环球时报
今晚报　　　经济日报　人民日报
深圳特区报　文汇报　　新民晚报
羊城晚报　　扬子晚报　中国青年报

五、流行语的界定与特征

我们对 15 种主流报纸约 5 亿字的语料进行了动态加工统计,提取的所有新词语都有一条"历时变化曲线"(又称词语历时变化"走势图")。根据这些走势图我们可以对流行语的特点进行研究,依据这些量化数据,我们可以比较科学地判断该新词语是否已经"迅速传播"和"广为盛行"。再进一步利用计算机辅助我们进行流行语的筛选。

我们在上文曾经提到:公认的"流行"就是"迅速传播,广为盛行","流行语"就是"在某一时期,某一地域或者某一人群中迅速传播,广为盛行的语汇"。

我们把流行语的"动态曲线类型"的特点概括如下图:

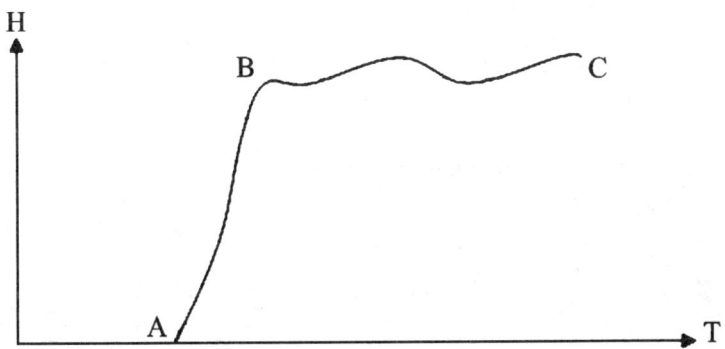

通过上图我们可以分析出流行语的特点即:

● 曲线几乎从"0"开始(图中的 A 点);
● 上升迅速(图中 A 到 B 的时间),具有一定的"斜度"(A 到 B 的时间越短,B 的绝对高度越高,斜度越大);
● 上升有一定绝对"高度"(图中 B 点);
● 上升到一定高度后保持一定时间(图中 B 到 C 点);

根据这样的形式化的特点,我们可以探讨计算机辅助发现流行语的方法,进而提取流行语的候选词表,编纂流行语词典等。

下面就是 2002 年和 2001 年的一些与流行语的走势相似的词语动态走势图形,其中 2002 年"短信"和"彩信"的图形走势均与流行语的走势图相合,但是前者绝对高度较高,比较成熟,后者绝对高度较低,说明成熟度还不够。

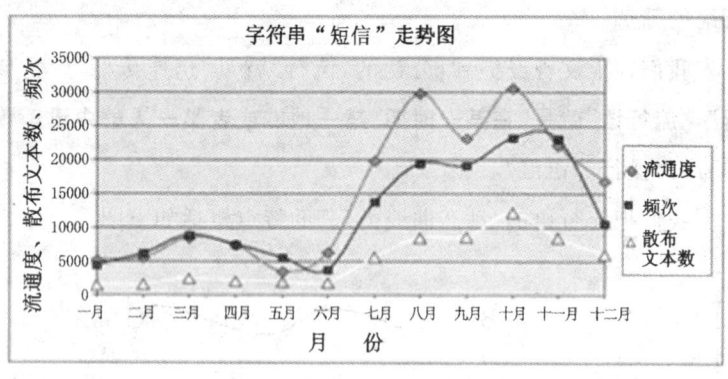

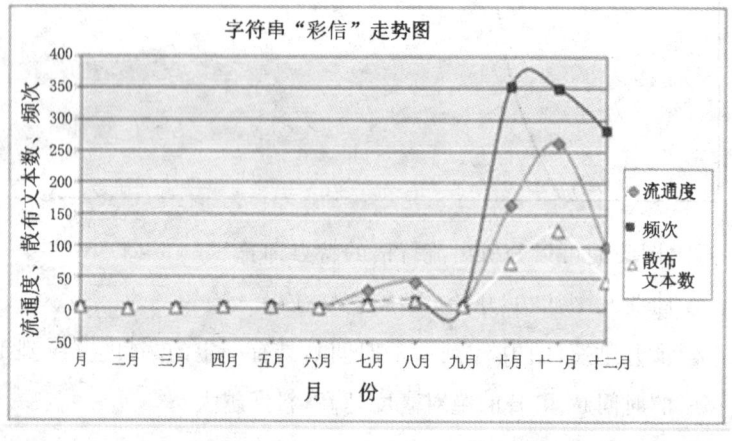

六、词汇曲线类型学

所有新词语都有一条"历时变化曲线"(又称词语历时变化"走势图")。对这些词语的"走势图"的类型和分类进行研究,将构成计算语言学领域的一门新学问。根据这些走势图我们可以研究词语的特点,进行计算和提取、聚类与组合,这将是我们在计算语言学特别是计算词汇学方面的又一个重要创新。

依据词语的曲线特点可以构成不同类型的曲线特征,依据不同特征的曲线类型,对词汇进行分类研究,这种研究并不仅仅限于流行语,也许我们会形成一门新的"词汇曲线类型学",当然这是后话。

例如:根据流行语的曲线特点,"经济"显然不符合流行语的变化曲线特点,不属于"流行语",而是个一般性通用词语。如果一般性通用词汇的曲线特点是长期居高不变的话,如果基本词汇的曲线特点是长期居高不变并持平,同时具有大量构词能力的话,我们将可以探讨由计算机辅助把一般性通用词汇和基本词汇区别开,把术语和一般性通用词汇区别开,我们将能首次提取出一个基本词汇表(迄今为止现代汉语的基本词汇集还是一个未知数,任何现代汉语教科书在讲到基本词汇时都是分类举例性的介绍,从未见到一个完整的基本词汇表)。

下面就是词语"经济"在2001年的动态走势图:

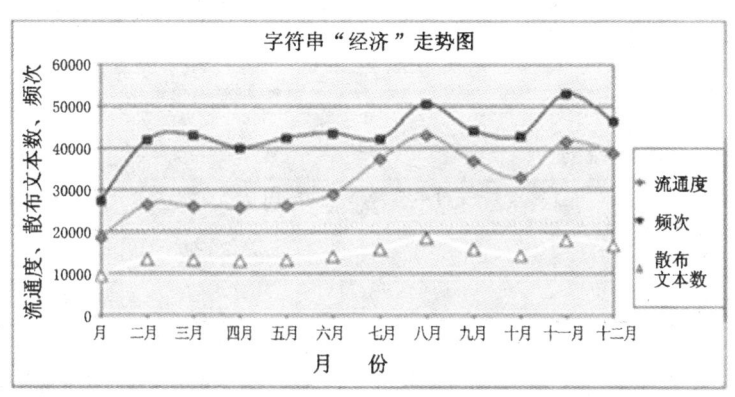

又如:标准的流行语走势图已如上述,但是今天进入流行语的还有其他一些类型。流行词语的"流行过程"将依据曲线类型决定,正如在流行病学研究的"流行过程"分类中,也有流行趋势

是属于"散发性"或"多发性"一样。一些现在常常被人们视为流行的词语,它们的曲线类型没有上述的第四个特点,即流行的势头很快过去,曲线下跌,没有一个持续的时间,只是一个一度流行的词语。这些词语常常与事件或人物相关。例如下述的"野蛮女友、艾滋电影、户籍改革、间接直航、降息、刘晓庆"等词语的曲线:

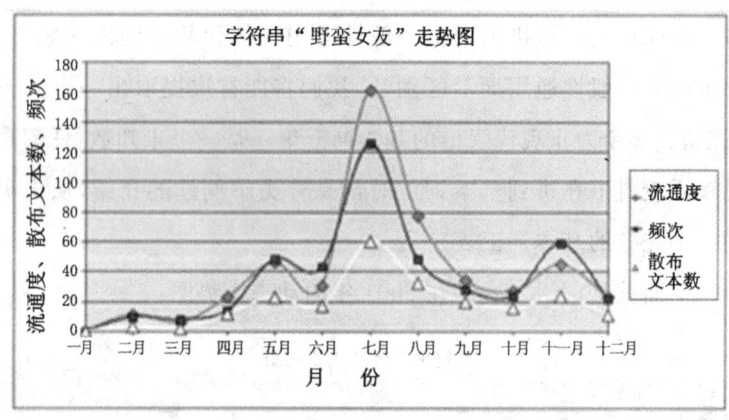

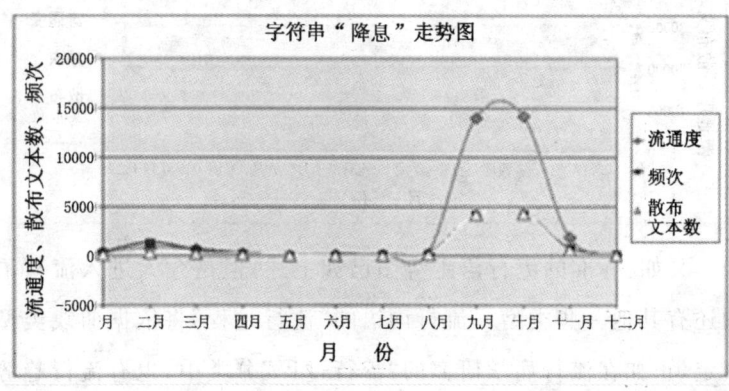

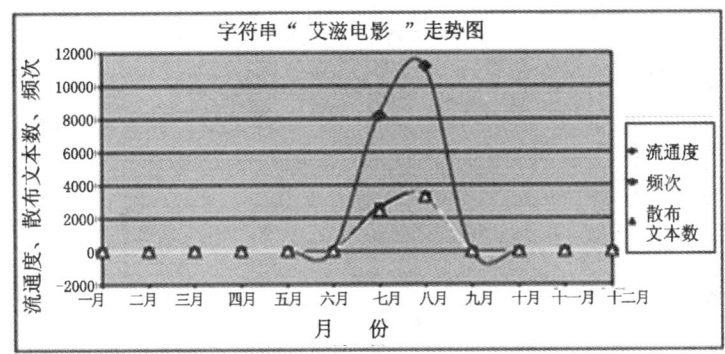

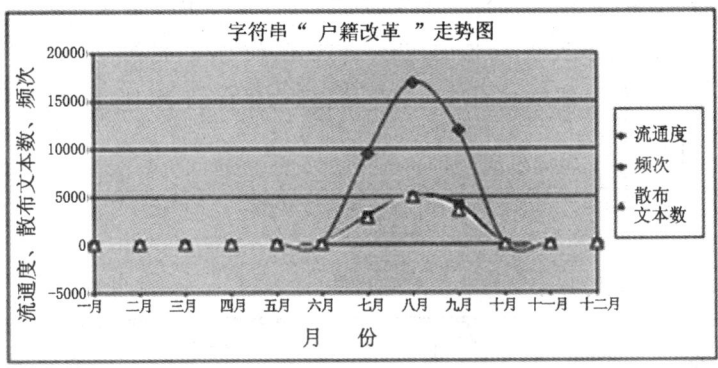

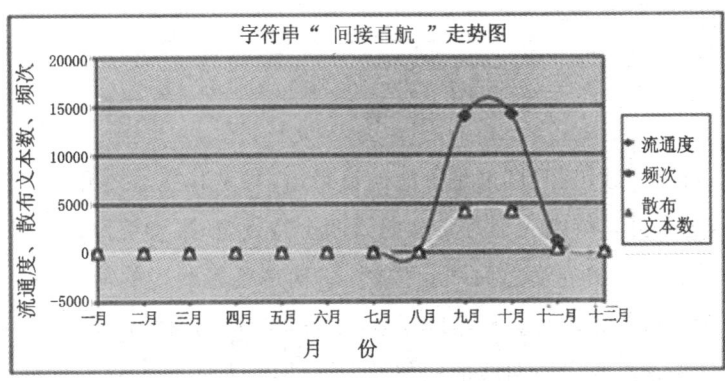

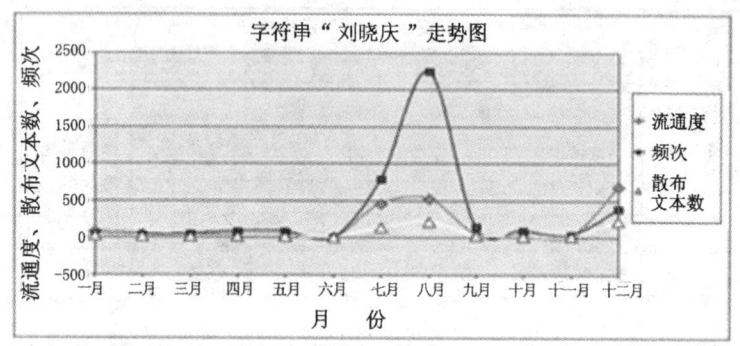

"黄金周"类也是特殊的流行类型,一年一度或两度、三度流行,其趋势与"散发性"或"多发性"的流行病的走势更加类似。这一类的词语不多见,类似的还有"春运、考研、换季打折、扫黄打黑、严打"等,但是能够成为流行语是值得研究的。下图是"黄金周"的走势图。

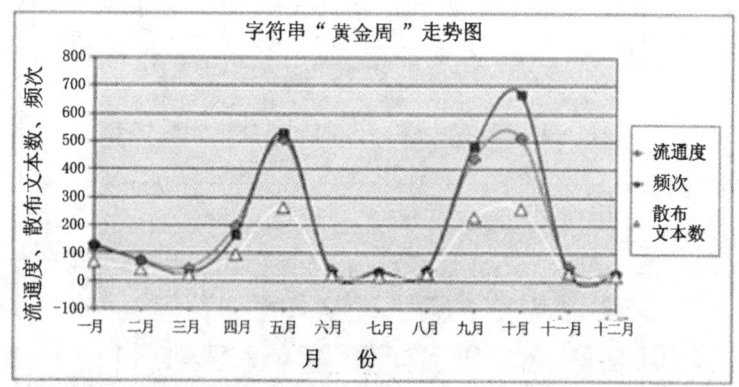

词语"数码相机"也是可能的流行语,只是其突然上升正值年末,还未见其持续一个时间段的第四个特点,如果继续滚动追踪,与其次年年初的动态曲线相接,可能就是典型的新的流行词语。做十大流行语的计算机辅助提取,年头和年尾的曲线,需要与相邻的年头衔接来考虑曲线的完整性。另外,一些需要更粗或更细的时间颗粒度来观察的词语，还需要考虑一次动态加工的结果多次粗化和细化的问题。

下面是"数码相机"的动态走势图：

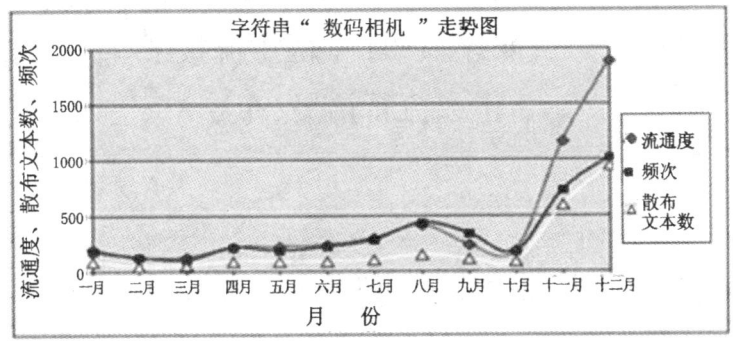

结束语

总之，基于 DCC 语料库的"报纸十大流行语"的科学研究与发布，仅仅是一个开始，流行语的动态、持续跟踪研究与发布，将作为一项经常性的工作更加广泛而深入地进行下去。

随着各种条件的具备，今后将陆续解决媒体的扩大问题、流通度的精度问题、词语表的垃圾问题、流行语的界定与分类问题、流行语的走势图问题、十大流行语发布的时间和领域的细化与粗化问题、流行语的定义辅助提取问题、流行语的词典编纂问题等一系列的问题。同时也将尽快推出"报纸动态词语表"，加速推进 DCC 动态流通语料库的上网服务。

"突发事件"专题解读[*]
——兼评"2004中国主流报纸十大流行语"发布

一、难忘的2003"突发性公共卫生事件"

2003年的春夏季以及全年的中国主流报纸十大流行语发布时,"非典"作为一个新词,并且作为一条流行语格外引人注目,一年两度高居中国主流报纸十大流行语的榜首。

更有甚者,"非典专题"也两次单独列项,作为一个专题单独出了十条"流行词语"和二十条"入围词语",大量反映非常时期、非常感受的新词语,冲击波式地涌进人们耳鼓、映入我们眼帘,我们至今记忆犹新:非典、疑似、冠状病毒、发烧门诊、定点医院、N95口罩、上呼吸机……,一些过去知名度不高或平常的词语一夜成名或者顷刻之间有了新的含义:小汤山、钟南山、隔离区、消毒液、分餐制、测体温、果子狸、疫情通报、白衣天使、疫区、通风、咳嗽……,当然还有一些词语反映了人们经过短暂的惊慌、无措和脆弱之后的反省、抗争与坚强,也进入了这一板块:众志成城、抗击非典、白衣

---

* 本文获国家语言文字应用"十五"科研项目"报纸流行语跟踪研究"(项目号:YB105—63E)的资助,同时获"国家语言资源监测与研究中心(平面媒体)"启动经费资助。本文未正式发表,于2004年1月向有关媒体的新闻记者散发。

战士、旅行警告、应急预案、保护野生动物、世界卫生组织、突发性公共卫生事件……最令中国人民难忘的是刚刚履任的新一届中央领导集体,在令世界震惊的疫情面前,沉着、冷静、坚强,凸显了非凡的、成熟的集体领导和执政能力。因此"新一届中央领导集体",入选了全年的综合类十大流行语。

二、2004"突发事件"频仍

2003年只是一个"突发性公共卫生事件"就已经令全体中国人民乃至世界人民领教了突发事件的肆虐与猖狂,我们究竟还会历经多少突发事件?人类到底还要经受多少磨难?请看2004年的中国主流报纸十大流行语的发布,这一年,从年初的导致东南亚与中国对疫区鸡鸭灭绝性扑杀的"高致病性禽流感",到年末亚洲南部沿海旅游地区发生惊天悲剧的"印度洋大海啸",各种各样的突发事件贯穿全年,以至我们不得不为"突发事件"设置了一个专题。这一年入选**突发事件专题**的词语是"海啸、人质事件、高致病性禽流感、东航空难、马德里爆炸、矿难、大兴安岭火灾、小浪底沉船、震荡波病毒、山体滑坡"。

天灾和人祸等突发事件总是无法完全避免的,但是还有什么突发事件我们在2004年没有遇到吗?这一年我们遭遇的天灾人祸的打击还不够多吗?就以矿难突发事件而言:陕西铜川矿难(遇难矿工166名)、河南大平矿难(遇难矿工148名)、江西丰城矿难、甘肃山丹矿难、吉林江源矿难、山西灵石矿难、河北邯郸矿难、四川雅安矿难、河南新密矿难、北京大安山矿难!矿难几乎是四面开花!又以人质突发事件而言:从国际上发生在伊拉克的多国人质事件、发生在巴基斯坦的中国工程人员人质事件、发生在俄罗斯的别斯兰大规模人质事件,到中国国内的长春人质事件、深圳人质事件、河南人质事件、石家庄人质事件,一些人(包括妇女和儿童)被砍头、虐杀,成为2004年的冤魂,一些人侥幸被救,心理永久蒙受重大伤害,以至我们在2004年已经连续举办两期全国性"反劫制暴战术谈判专业高级研修班",以应对日益疯狂的劫持人质的暴徒;特别不能不说的是跨年度突发事件——世纪性"印度洋大海啸",目前搜救、捐献、救援还在进行中,遇难人数已经超过25万,预计损失100亿美圆左右,灾后重建投资也将逾百亿美圆……

我们不能忘记:2004是突发事件频仍的2004,而所有的突发事件都推出了一组新的突发词语。

三、人类应对突发事件的能力

今后各种突发事件还会频频而至,无论是自然界引发的突发事件,还是人类社会活动引发的突发事件,也许都难以完全避免,重要的是人类需要认识:

●伴随着文明的进步、生产力水平的发展,灾难的性质也会恶化。据调查,在GDP人均1000美圆至3000美圆的区间,往往是事故的高发期。高科技是一把双刃剑,21世纪在带给人类空前高度物质文明的同时,也给人类和我们的星球带来一系列从未有过的严重社会问题和生态问题。例如:能源危机、水资源枯竭、环境污染、生态破坏、人口压力、艾滋病肆虐、毒品泛滥、恐怖主义等等。这些都可能随时引发各种突发事件。

●人类在享受现代化舒适生活的同时,必须提高自己应对各种突发事件的能力,建立长效的、完备的公共安全保障机制。这方面已经有一系列的针对突发事件的措施产生:进行风险评估、建立预警系统、制定应急预案、构建应急救援队伍和紧急避难场所、进行公众应急教育和演练、筹备出台《国家紧急状态法》、《国家突发公共事件总体应急预案》已经在国务院常务会议原则通过等等。21世纪,一个政府处理各种突发事件的能力,是执政能力的高度和集中的反映,是提高政府公信力的试金石。

●这些伴随工业化进程而产生的全球性问题已经长期存在,由于人类社会发展引发或自然界引发(也常常与人类的过度开发、资源枯竭、环境破坏有关)的各种突发事件正在日益发展,实际上已经演变成威胁整个人类生存的全球性危机。一些重大的突发事件,已经不是对一国政府的执政能力的考验,常常需要多国或全世界联合应对。"国际救援队、人类环境保护、灾后重建国际援助、泛亚洲地区社会合作机制、亚洲地区海啸预警"等新词语纷纷出现。面对这些危机,并考虑全人类的未来发展,联合国"国际21世纪教育委员会"冷静地提出"教育的四大支柱",即:"学会认知,学会做事,学会共同生活和学会生存"。教育的四大支柱,就是支持现代人在信息社会有效地工作、学习和生活并能有效地应付未来各种危机的四种最基本的学习能力,"国际21世纪教育委员会"认为:"为了应付未来的各种危机和适应未来社会的发展,教育必须围绕这四种学习能力来重新设计,重新组织"。四大支柱一经提出,就受到世界各国的支持,成为著名的"里程碑性的教育文献"[①]。

2004年中国主流报纸十大流行语"突发事件专题"的设立,当然首先是由于2004年突发事件频仍,但它绝不仅仅是2004的灾难的简单记录和真实写照,其带给我们的深度思考,其深远的社会

---

① 参见余胜泉、张建伟主编《教育技术理论导读》,高等教育出版社2001年。

意义，其人类应对突发性非常事件的能力的一批新词语更应该引起我们的重视和追踪。

四、"突发事件专题"引发的一些探询

2004年的中国主流报纸"十大流行语"的发布，比历届的发布引起社会更大的关注，记者有了更多的询问，媒体也同时刊发了一些不同的声音。

"'突发事件专题'的设立是永久的还是临时的？明年还会不会继续有这个专题？"对于2004年来说，"突发事件"具有2004年的特色，针对2004年的特点我们设立了这一专题；但是对于进入新世纪的整个人类来说。"突发事件"专题的设立和关注人类应对突发事件的能力，即便不能说是永久的，也可以说是持续的。我们的流行语发布的宗旨之一就是滚动和持续。每年的主流报纸十大流行语的发布有一些固定的领域类，如"国际时政、国内时政、经济类、文化类、科技类"等，也有一些突出当年特点的专题，如："非典专题、伊拉克战争专题、突发事件专题"等。2005年的专题，要根据2005年的事实统计来决定，不能事先预测。

"根据什么原则选定主流报纸？这几种报纸会一直代表主流报纸吗？"我们选择主流报纸的原则主要依据报纸的"流通度"的高低。流通度是我们提出的一个考察媒体的真实流通情况的概念，有其特有的量化属性和属性值，就报纸媒体而言，主要考察发行量、发行领域、发行密度、阅读率等相关参数，这些参数主要取自国内外的一些权威数据，如：各报纸的发行量参考了2003年《中国出版年鉴》、2004年6月在伊斯坦布尔第57届世界报业协会的报告《世界报业趋势（2004）》、报刊资讯网等的数据。这些数据也是动态的、变化的,一旦这些数据产生变化,主流报纸的选取也就随之变化。

"**根据什么方法选定十大流行语？中国主流报纸'十大流行语'的选取能代表大众的语感吗？**"选取流行语的方法一般有三种：一是根据我们个人的语感,比如有人就会提出"我觉得某某条应该入选,某某条不合适入选"。大家都知道没有两个人的语感能够完全一致,就像没有两片完全相同的树叶一样。当然大家的语感除了有区别的部分外,也有共同的部分。所以我们还可以靠抽样的方法选择大家共同认可的词语,或者用投票选举的方法,也是希望集中多数人的意见。网上的点击是一种票选,2004年的"网络十大流行语"的选票有69361张,可以说比一个人的语感应该强多了,但是有记者评论对于不上网聊天的人来说,超过一半以上的十大网络流行语让人不知所云,甚至一头雾水。如："顶"(支持)、"偶稀饭"(我喜欢)等。6万多人还是一小撮,只是这一小撮人都没有"雾水",清醒得很。如果不是扩大了范围叫"网络流行语",而是叫"网上BBS流行语"的话,就显得要准确多了,很可能就代表了那一个群体的大家的共同语感。就像我们发布的是"中国主流报纸十大流行语",而不是中国十大流行语一样,所以我们的流行语中不包含口头流行的,也不包含其他媒体上流行的。真正去靠抽样的办法选择代表13亿中国人的共同语感的流行语而又没有偏差,还得经常进行抽样,其实是不可行的。更不可能以一己之见或少数人的偏爱来代表大众的语感。那么,如何选择符合大众语感的流行语呢？我们采取的是定量－定性分析方法,定量分析就是测量大众传媒的流通度,以相似于大众语感,因为正是大众传媒已经成为现代社会影响大众共同语感的重要的决定性因素。就报纸传媒而言就是测量报纸的流通度。当然我们现在的流通度测量还是很初步的，还可以进一步提高的。而定性分析是我们在定量分析的基础上依据其他不可计量的因素进行的人工微调。

还有其他一些问题，不是本文都能够回答的，也不是与"突发事件"专题都有关的，我们留待今后有机会再探讨。

五、应用语言学要更加面向语言的社会应用

中国主流报纸十大流行语的发布已经进行了5次，国内外媒体和社会大众越来越关注这项发布活动。目前的发布已经从单项"十大流行语"的发布走向了多项"十大流行语"的发布，从一年一届的新闻发布会，走向了一年发布"春夏季"和"全年"两届十大流行语。十大流行语的发布活动还要继续沿着科学、权威、持续、滚动的原则深入下去。今年的发布主办单位加入了"国家语言资源监测与研究中心"，就进一步提高了发布活动的权威性。

流行语的收集、研究、发布，属于应用语言学的研究领域。任何一条流行语，都有其流行的地域、人群、时期、领域等一些方面。现在发布的"十大流行语"，还仅仅是在中国主流报纸一种媒体流行的词语，其他媒体例如杂志、图书、广播、电视、电影、网络、手机短信以及口头流行的词语都还没有涉及，此外，流行语的首出作者、媒体、时间尚未进行追踪，流行的时代背景、社会基础、心理因素等也还没有研究，当然像"突发事件专题"这样的与社会生活、社会关注热点结合紧密的专题发布，也还在探索阶段。需要深入和研究的方面还有很多。流行语作为应用语言学的研究，需要更加面向语言的社会应用。

以"突发事件专题"发布为例，这个社会热点专题的设立，集中

反映出了一大批热门的、流行的新词语和旧词产生的新义。就应用语言学而言,这些流行语的搜集、发布,除了关注社会热点的语言生活外,也将刺激和有利于一些语言信息处理的软件的研究,例如:灾难文本分类、灾难话题识别、灾难信息提取、灾难话题跟踪。这些与热门词语有关的信息处理软件的研究也正在走热,最终有利于提高信息社会人类应对突发事件的能力和提高政府的执政能力。

应用语言学的研究要更加关注和面向语言的社会应用。

应用语言学的研究需要社会和政府的更加关注和支持。

2005新增"教育类""安全专题""联合国专题"解读[*]

——兼评"2005春夏季中国主流报纸十大流行语"

2005年7月18日,国家语言资源监测与研究中心、北京语言大学、中国新闻技术工作者联合会、中国中文信息学会等四家单位联合发布了"2005年春夏季中国主流报纸十大流行语"。我们统计了15家主流报纸的一亿九千万语料,计算词语的频度、使用度特别是流通度,由计算机辅助选取"综合类、国际时事类、国内时事类、经济类、教育类、科技类、文化类、联合国专题、安全专题"九类流行语进行发布。

发布时媒体就对2005年春夏季新增的两个专题"安全专题"和"联合国专题"以及一个新增的领域"教育类"十分感兴趣,对专题的设立继续给予了特别关注,发布后有关专题也很快成为大众关注的焦点。本文就对有关问题试做解读。

今年年初,我在《"突发事件"专题解读——兼评"2004中国主

---

[*] 本文获国家语言文字应用"十五"科研项目"报纸流行语跟踪研究"(项目号:YB105—63E)的资助,同时获"国家语言资源监测与研究中心平面媒体分中心"启动经费资助。《语文信息》2005年8月28日第8期(总第116期)刊发。

流报纸十大流行语"发布》文中提到流行语作为"应用语言学的研究要更加关注和面向语言的社会应用。应用语言学的研究也需要社会和政府的更加关注和支持"。

我们就沿着年初的"面向语言的社会应用"的方向,继续解读本次的十大流行语发布,看看这次的"教育类"、"安全专题"、"联合国专题"三个新的类别设立是否恰当,看看它们凸显出什么样的社会意义,看看它们作为新的话题究竟可以带给我们哪些新的深度思考。特别分析解读了这三类的流行词语与最重要的综合类十大流行语的关系,尤其是与综合类首条"和谐社会"的关系。

一、根据什么原则设立流行语发布的新类?

类是一种客观存在,根据我们的认识,可以从各种角度划分类别范畴。无论是自然的类(如天体类、生物类等),还是人文社会的类(如国际时事类、国内时事类、文化类、科技类)都是如此。我们发布十大流行语时所设类别,都是以主流报纸媒体上的报道为基础的,原则上我们不别创新类。所有的类别,所有的专题的设立都来自于媒体,或者来自我们对媒体的报道核心的客观概括。

我们也并没有发布涵盖所有的客观存在的类别的十大流行语,我们只发布媒体特别关注的,同时也是大众特别关注的那些重要的类别的十大流行语。这是我们设立发布类别的最重要的原则,也是很自然的事情,媒体当然不会关注那些大众不关心的话题,不然,报纸就无法吸引眼球,没有阅读率,也就没有发行量。有些类,是每次必有的,即常类,如国际时事类、国内时事类、经济类、科技类等,这些方面是大众关注的常项,是最基本的类,最重要的类,有层出不穷的新事物、新概念、新词语。

有时除了基本的、固有的类别之外,某个或某些重大的事实或事件,在一段时间内成为媒体和大众关注的焦点、议论的热门话题,人们对它们的关注度并不亚于国际大事、国家大事、经济大事、科技大事。围绕这样的焦点和话题产生的已经不只是个别流行词语,而是一系列流行词语,使我们已经足够设立一个单独的专题来反映这种事实或事件在本年度的特殊性或代表性。如:2003年的"非典专题"、"伊拉克战争专题",2004年的"突发事件专题",还有今年的"安全专题"和"联合国专题"。

2003年,随着非典的突发,有大量反映非常时期、非常感受的新词语产生并流传,我们至今记忆犹新。2003年令人猝不及防的还只是非典一个突发性公共卫生事件,而2004年,从年初的导致东南亚与中国对疫区鸡鸭灭绝性"扑杀"的"高致病性禽流感",到年末亚洲南部沿海旅游地区发生"惊天悲剧"的"印度洋大海啸",各种各样的突发事件贯穿全年,就以矿难而言:陕西铜川矿难(遇难矿工166名)、河南大平矿难(遇难矿工148名)、江西丰城矿难、甘肃山丹矿难、吉林江源矿难、山西灵石矿难、河北邯郸矿难、四川雅安矿难、河南新密矿难、北京大安山矿难……矿难此起彼伏。显然"矿难"也可设立"专题",但是这样我们得设多少个专题?所以我们抓住本年度突发事件频仍这样一个特点,就设置了"突发事件"这样一个总专题,以凸显2004年度的特点,深化必须树立风险意识、健全救助机制、提高应对突发事件的能力这样一个大主题。[①] 2004年入选"突发事件专

[①] 参见张普《"突发事件"专题解读——兼评"2004中国主流报纸十大流行语"发布》(本书294页)。

题"的词语是"海啸、人质事件、高致病性禽流感、东航空难、马德里爆炸、矿难、大兴安岭火灾、小浪底沉船、震荡波病毒、山体滑坡"。而2004年入选最重要的"综合类十大流行语"首条的就是"执政能力"！面对突发性非常事件，一个国家的领导者如何应对，甚至世界上一批国家的领导者如何联合应对，正是这些领导者的执政能力强弱的集中体现。这一专题的设立正好紧紧抓住了该年度的时代特色和所引发的深度思考。

一个新类的设立常常取决于这一类的事件所触发并随之流行的新词语的数量多寡，也取决于入选最重要的综合类的十大流行语，特别是首条、二条和三条，因为综合类的流行语常常关乎当年的时代特色、社会脉搏以及大众和传媒关注的焦点与主题。所以，我们才说："流行语是语言问题，但又不仅仅是语言问题。时尚在流行，疾病也在流行。流行语是观察社会、人群、心态走向的窗口。流行趋势越来越重要，国家、集体、个人都要关注，更是商家的生命线。"①

2005年中国主流报纸综合类的十大流行语是：和谐社会、"同一个世界 同一个梦想"(one world one dream)、食品安全、保持共产党员先进性教育、千手观音、(连宋)大陆行、高考移民、门票涨价、股权分置改革、颜色革命。其首条、二条和三条是：和谐社会、"同一个世界 同一个梦想"(one world one dream)和食品安全，2005年的新类别和新专题的设立，显然要围绕这一年的核心特色：建设社会主义和谐社会。

---

① 为三家的流行语首次发布题词。

二、为什么新设"教育类"

教育不是一个专题,是一个涉及广泛领域的上位概念,是一个大的类别。

科教兴国是我们中华民族崛起的重要基石,教育不仅关系到国家的可持续发展,更关系到国家的长治久安。教育早就摆在党、国家、民族关注的重要地位。"科教兴国"、"尊重知识、尊重知识分子、尊重人才"、"教育要面向世界、面向未来、面向现代化"、"知识就是力量"、"科学技术也是第一生产力"、"要科技创新"、"培养创新人才"、"建立创新体系"等等,这些改革开放以来我们逐步提倡的思想,陆续出台的政策早已经深入民心。其中教育是根本的根本,没有教育哪来的科技,哪来的人才,哪来的创新,哪来的"可持续发展"?

所以,科教兴国实际上是教科兴国,教育兴,才能人才兴、创新兴、科技兴、国家兴、民族兴。教育这个大类实在是很重要的一类。早在2004年1月第3次的发布会上,我们就说以后还要陆续出台发布体育、教育、时尚等类十大流行语。但是为什么到了2005年中国主流报纸的十大流行语的第6次发布才将教育类独立出类?

因为根据今年春夏季的统计、分析结果,根据新出现的一系列有关教育问题的客观事实,我们有理由认为教育领域已经成为媒体和大众关注的焦点、议论的热门话题,2005年已经到了单列"教育类"的时机。

据报道,目前我国每年增加1700万人口,在校学生近3亿。据中国社会科学院《2005年:中国社会形势分析与预测》报告,多年连续调查统计,子女教育费用均排在第一位,超过了养老与住房的支出。大学学费比20世纪90年代初增加了20多倍。据北京市统计局城调队调查:33%的家庭认为供养一个大学生很困难,另37%认为勉强供得起。教育经费有限、教育资源不平衡、招生考试作弊问题、教育乱收费问题、升学问题、就业问题、贫困生助学贷款问题、学生心理素质问题、校风校纪问题等引发的不稳定因素引起社会广泛关注。2005年的审计风暴更刮向高等院校,审计报告指出:2003年18所被审计的高校违规收费8.68亿元,比上年增长32%,占当年全部收费的14.5%。

教育的问题是涉及千家万户的问题,教育体制的改革是牵动全国各地各阶层民心的重大社会问题,教育的和谐是社会和谐的基础。2005年,大众传媒和大众常常将关注的核心问题聚焦教育,尤其是在高等教育的问题上,尤其是在高考前后这一敏感时期。教育的公平竞争关系到今后就业的公平、经济的公平、生活的公平、社会的公平,因此教育理所当然成为千家万户关注的焦点。今年的教育类入选的词语是:教育公平、四六级考试改革、陈丹青辞职、假2B铅笔、丁俊晖现象、留学预警、孔子学院、《东亚三国的近现代史》、"神童"退学、沙兰镇中心小学。首条就是"教育公平",格外引人注目。另外,还有"高考移民"已经位列综合类十大流行语的第6条。

受十大流行语十条的数目所限,这还没有包括:划片招生、就近入学、电脑派位、教授泄题、高招丑闻等其他一系列的词语,也没有包括:下岗职工、再就业培训、终身学习、网络学习、协作式学习等建设学习型社会的一系列词语,更没有包括最近的"第四届中国科学家教育家企业家论坛——2005年中国教育热点问题高层研讨会"和"十五规划国家重点课题——转型期中国重大教育政策案例研究"关注或提出的热点话题,比如:在我国东中西部和城乡之间,教育差距比经济差距更严重,省内教育差距比省际间更严重。7月29日温家宝总理看望季羡林、钱学森的报道更与教育话题有关。钱老说:"我要补充一个教育问题,培养具有创新能力的人才问题。一个有科学创新能力的人不但要有科学知识,还要有文化艺术修养。没有这些是不行的。"温总理说:"我们的教育还有些缺陷。全面培养人才,这个意见我将带回去和有关部门研究。"

可以预见,在构建社会主义和谐社会的过程中,教育和谐仍是最重要的基础和谐。今后一段时间内,教育仍将会继续成为媒体和大众关注的焦点、研究和讨论的热门话题。教育类的十大流行语也将会继续层出不穷。

三、为什么新设"安全专题"

中国人民和大众传媒2005年关注的另一大焦点问题就是安全问题。

如果说教育问题是关系到千家万户的大问题,那么安全问题就是关系到每一个人人身和生命财产的特大问题。食品安全、卫生安全、生产安全、出行安全、交通安全、财产安全、人身安全、信息安全,就连美容、健身都有安全问题,人人、时时、事事关系到安全。

首当其冲的是食品安全。"食品安全"已经单独位列2005年春夏季中国主流报纸综合类十大流行语的第3条。近年来,"毒黄花、毒木耳、毒韭菜、毒豆芽、毒海鲜、病猪肉、毒酒、假药"的报道接连不断,因此引发的案件和判决也不绝于耳,媒体和大众都在大声疾呼:"如今我们还能吃什么?!"似乎今天人们可以不怕吃错药,就怕吃错饭和菜。

2005年报纸媒体有关食品安全的报道又有了新话题,今年最早爆发又荣登榜首的食品安全焦点话题就是"苏丹红","苏丹红"牵出了国际知名的大型企业集团。2005年春夏季食品安全问题的矛头所向,从往年的主要指向乡镇小企业、指向违规个体户,转而也指向国际知名的大企业,甚至还造就了大企业创造的"危机公关"这样的词语。一些国际知名的大企业不是认错守法,而是到媒体和政府主管部门开展公关,大事化小、转移视线、拖延时间,这样的做法也受到媒体和大众的抨击。2005"安全专题"的十大流行语是:苏丹红、人造牛奶、奶粉碘含量超标、甲肝疫苗事件、化妆品腐蚀、网络银行安全、高温橙色预警、"回奶"事件、抗生素残留、无照生产。其中多数关涉到食品安全。

国泰民安,是我们构建社会主义和谐社会的重要标志。安全是"民安"的第一要求,只有安全了,才得安生,才会安定,才有安宁,才能安享。"民以食为天",食品安全,是天大的安全。随着我们国家步入小康,随着全面建设小康社会,我们对安全的要求,对安全的标准也逐步提升。"苏丹红、奶粉碘含量超标、'回奶'事件、抗生素残留、无照生产"都是食品安全标准提高的表现,我们已经不满足仅仅是温饱型的衣食住行了,我们开始关注科学化、健康化的新生活。即使是国际化的知名品牌、知名企业,也要遵守科学的健康的标准和规范,不得违规。而"化妆品腐蚀、网络银行安全、高温橙色预警"更是生活进一步提高后对安全问题的新的关注。

我国已经在1995年10月30日第八届全国人民代表大会常务委员会的16次会议正式通过《中华人民共和国食品卫生法》;2005年国务院办公厅又印发《2005年全国食品药品专项整治工作安排》,全面部署2005年食品药品专项整治工作,加大了对粮、肉、蔬菜、奶制品、豆制品、水产品、饮料、酒、儿童食品、保健食品等重点品种的整治力度;7月21日,国务院总理温家宝主持召开国务院常务会议,进一步研究部署加强食品安全工作,严格准入制度,彻查食品大案;7月24日新华社受权播发了国务院总理温家宝日前签署的第440号国务院令,又颁布了《中华人民共和国工业产品生产许可证管理条例》,条例规定了国家对生产重要工业产品的企业实行生产许可证制度,其中引人注目的就是"乳制品、肉制品、饮料、米、面、食用油、酒类等直接关系人体健康的加工食品"和"电热毯、压力锅等可能危及人身、财产安全的产品"。

可以说,媒体和大众关注度极高的"安全问题"特别是"食品安全"问题,也已经纳入国家和政府重要的议题,并紧锣密鼓频频出招。

四、为什么新设"联合国专题"

中国人民并不是只关心自己和自己的国家的社会和谐发展,我们也更关注全世界的和谐发展,更关注属于全世界人民的联合国的和谐发展。

中国人民需要太平,全世界都需要太平。"天下太平"是中国人民千百年来的梦想,今年公布的第29届奥运会主题口号"同一个世界 同一个梦想"(one world one dream)荣登综合类十大流行语之二,紧接榜首"和谐社会"之后,不仅体现了中国人民对这个梦想的追求,也体现了世界人民的意愿。奥组委曾为此在全球范围内进行了一次专项调查,66个国家的968位从事体育赛事策划的专家(母语均非汉语)接受了电话调查,另有180名欧盟代表参加了面对面的专题研讨会,他们大都希望口号体现合作、多元化、分享、和平、团结,22%的人选择口号的关键词是"梦想",奥组委对征集到的21万条口号分析统计,29%表达了对未来的期待和梦想。天下为公,是中国人民一百多年来的信仰;天下共和,是中国人民自古以来的愿景。关注世界的和谐,关注联合国的和谐,是每一个爱好和平、和谐、和睦的中国人理所当然的事情。

2005年,进入"联合国宪章签署60周年",已讨论了10多年的联合国的改革加快了脚步,联合国改革的核心是安理会改革。安理会的全称就是"联合国安全理事会",是联合国的6大主要机构之一。按照联合国宪章规定,联合国安理会在维护国际和平及安全方面负有主要责任。显然,这又是安全问题,而且是个关系到全世界的和平与安全的大问题,是个真正关乎天下太平的头等大事。

安理会由5个常任理事国和10个非常任理事国组成。5个常任理事国是中国、法国、俄罗斯、英国、美国。表决原则是:每一理事国有一个投票权。程序问题由15个理事国中至少9个理事国的赞成票决定;实质问题必须由包括5个常任理事国在内的9个理事国的赞成票来决定。任何一个常任理事国投反对票,都可否决该项议案,即每个常任理事国都拥有否决权。非常任理事国无否决权。因此联合国怎样'增常',什么国家可以"入常",就成为联合国改革中核心的核心,世人关注的焦点中的焦点。不和谐的音符也就因此产生,这从"联合国专题"的十大流行语中就可以领略一二:"联合国宪章签署60周年、联合国'增常'、联合国改革、安理会改革、行使否决权、反对日本入常、咖啡俱乐部、四国提案、准常任理事国、'团结谋共识'运动"。

应该看到安理会改革涉及多方面因素,各种矛盾相互交织,各方对具体改革方案还有很大分歧,因此要进行深入讨论和耐心协商,安理会改革的目标应是加强其在维护国际和平与安全方面的核心地位,增加其应对威胁和挑战的能力。这样才能构建国际的和谐社会,才能实现"同一个世界 同一个梦想"(one world one dream)。

五、结语

2005年春夏季中国主流报纸十大流行语的发布,我们新增加了"教育类"和新设了"安全专题"、"联合国专题"两个专题。新的类别和专题都与今年的年度特色、核心话题、深度思考有关,即构建和谐社会。

中国主流报纸十大流行语已经发布了6次,我们还将沿着科学、权威、动态、深化、全面的品牌发布原则,持续、滚动地发布下去。我们将继续忠实、客观地统计和概括媒体关注的核心问题、热点话题,及时、准确地筛选大众创造的各种流行词语,反映时代的变迁、凝结社会的焦点、刻录人们的心路历程。

要做好这件事,我们还需要不断扩大对主流报纸的检测范围,科学动态调整入选中国主流报纸的媒体名单,继续深化流通度的计算方法,进一步推进十大流行语发布的领域和内容。比如:我们还将根据各个年度的特点不断推出新的发布类别和新的发布专题;我们准备在发布十大流行语的同时再发布"三个第一",即发布流行语出现的"第一时间、第一媒体和第一作者";我们还准备在技术研究成熟时发布对流行语的有关解释等等。

为此,我们必须要进一步研究超大规模动态流通语料库的建造与管理技术、成熟的文本自动分类技术、话题识别与跟踪技术、新词语发现与提取技术、流行语判别技术等等。流行语的跟踪研究与发布,既是语言问题,也是技术问题。语言问题属于社会语言学,技术问题属于计算语言学。两者都是应用语言学的问题,作为应用语言学研究所,我们当然要在现代技术手段的支持下,更加关注语言文字的社会应用。

字母词语的考察与研究问题*

什么是"字母词语"?

简单地说,就是现代汉语中含有字母的词和含有字母的相对固定的短语。但是这样的表述还不太完备,至少什么是"字母"还没有界定。刘涌泉先生对于"字母词语"多有研究,并且出版了第一部《字母词词典》[①]。他对字母词的定义是:"由拉丁字母(包括汉语拼音字母)或者希腊字母构成的以及它们分别与符号、数字或汉字混合构成的词。"[②]这就基本上完善了对"字母词"的界定,不过还没有包括含有"字母"的固定短语。这些含字母的固定短语数量还不小,如:"GPS全球卫星定位系统、迷你DVD播放机、亚太经合组织(APEC)"等等。

外文字母或符号作为汉语的构词成分并直接书写,并不始于今日。"卐""卍"[③]是历史的遗留,"阿拉伯数字(1234567890)"和"罗马数字(ⅠⅡⅢⅣⅤⅥⅦⅧⅨⅩⅪⅫ)"是较近代的事情,而"X光、O型血、阿Q"等等是大家早已耳熟能详的字母词语。那么,为

---

* 本文《语言文字应用》2005年第1期刊发。
① 刘涌泉《字母词词典》,上海辞书出版社2001年。
② 参见刘涌泉《关于汉语字母词语的问题》,载《语言文字应用》2002年第1期。
③ "卐"音Wàn(万),佛教符号,"卍"是"卐"在佛经中的异体,非法西斯标志。

什么今天"字母词语"会引起许多人的重视、研讨甚至争议呢？

一、当今的世界，科学技术的发展已经进入了加速度的平台，新知识、新词语的爆炸性增长从来没有像今天这样剧烈。无论是从科学技术的发展还是从反映科技进步的术语的增长来看，中国都还是"进口国"，汉语还是弱势语言。汉语目前正处于又一个外来词语激增时期，字母词语自然也随着激增。"字母词语"是外来词语的一部分，而且所占的比重越来越大，有学者报告已经达到60％以上。因此，引起社会的关注、研讨和争议都是必然的。

二、现代交通工具与通讯工具的发展日新月异，人们之间的沟通从未像今天这样便捷。随着国际社会的发展，国家与国家之间的交往日益频繁，语言的互相吸收与交融也处于"历史的新高"。尽管国际社会也接受了"太极、功夫、汉字、北京"等少数音译的汉语词，但是与进入汉语的字母词语相比较来看，汉语仍然是"进口大于出口"，处于绝对的"逆差"时期。字母词语，早已有之，只是于今为烈，"逆差"又加剧了人们心理上的不平衡，引起各方重视、研讨甚至争议也是可以理解的。随着中国的和平崛起和科学技术的创新，这种局面也许会有改观。

三、现代传媒科技的发展，加快了新词语传播的速度和广度，也加大了不同语言之间互相吸收和融合的力度和强度。现代大众传媒改变了传统的信息传播方式，现代大众传媒的最重要的传播方式就是可以在瞬间将消息发送到全世界。2003年3月18日，德国和中国香港中文大学的实验室用电子显微镜拍到了一种病毒[①]。5分

[①] 这就是那一年引起全世界极度恐慌的"严重急性呼吸系统综合征"（非典）的发病病毒——冠状病毒。

钟之内,该病毒的照片就通过网站发布出来,以供其他实验室的科学家参考。"9·11"事件发生时,凤凰卫视立即抓住,实时报道,现场捕捉,连线全世界,24小时全程追踪报道。这不仅是在传播速度上争分夺秒,这种24小时连线全世界的全天候、全程化、全球化的"三全"传播方式,同样使语言的传播随之"提速"、"加急"和"升级"。据两岸五地的报纸语料统计,新的名词的增长和旧的名词的消亡平均每年都有约60%以上的比率。[①] 这样大比例增长的新词语多数是外来词语,这些词语的翻译差不多已经没有往日的仔细推敲和逐步成熟的过程和时间,一经具体科技人员翻译,就迅速传播。现代传媒科技大大压缩了约定俗成的时间,并大大扩大了约定俗成范围,约定俗成演变成为约定"速"成。难道这样"速"成出来的语言成分,还不允许人们事后仔细推敲和争议一番吗?这些推敲和争议总是有益的。

四、毋庸置疑,今天经济的全球化和一体化趋势在走强,经济的全球化和一体化会不会对语言(至少是一些语言成分)的全球化和一体化(自然这是人类发展的漫长进程)带来影响?同时,高科技又是一把双刃剑,硅谷兴衰、网络泡沫、环境污染、能源危机、生态破坏、水资源枯竭、臭氧层空洞和大规模杀伤性武器、恐怖活动等等也令世人忧心忡忡。21世纪在带给人类空前高度物质文明的同时,也给人类和我们的星球带来一系列从未有过的严重社会问题和生态问题。这些伴随现代化进程而产生的全球性问题已经长期存在并日益发展,实际上已经演变成威胁整个人类生存的全

---

① 参见邹嘉彦、黎邦洋《汉语共时语料库与信息开发》,载《中文信息处理若干重要问题》,科学出版社2003年。

球性危机。我们只有一个地球,人类越来越需要及时地协调、应对、处理各种世界性的问题。字母词语的大量涌现也许适应了语言表达上的时间性、经济性、全球性的需要？因为一些字母词语的"入侵",并不是仅仅针对着汉语,在其他语言(例如法语和德语)中也引起了讨论和异议。这样一些重大的语言学领域的国际性新课题,引起学者的极大关注,引起大家从历史的观点和发展的观点进行分析和研究,更是十分必要的。

五、随着中国的改革开放的步伐,越来越多的中国人看到了外面的精彩世界,越来越多的新鲜事物涌入中国。世界在了解中国,中国也在了解世界,学习英语的中国人从来没有像今天这样多,中国与世界的交往从来没有像今天这样频繁。一些新鲜事物和词语就以字母词语的方式出现,可以找到历史上最肥沃的理解土壤,特别是青年人这样的理解土壤,很容易就可以扎根和生存。如"WTO、CD-ROM、RAP、DJ、卡拉 OK、BB 机、AA 制"等等。当然语言是社会的和民族的,当在一些人群中流行的字母词语(更接近"切口"和"集团语")过多地出现在大众传媒上,面向全体族群的时候,引起非议和反弹也是必然的,可以理解的。

六、更何况一些作者或编辑或出于小资的"清高"、"自赏",或出于卖弄和表现"另类",表现"高等华人"的心态,不说表演和作秀,非要说"SHOW";不说再见和拜拜,非要写"bye";不说晚会说"party";不说模特儿说"model";甚至创造出"call 我"、"很 in"、"I love U"这样不伦不类的表达方式。**这些明显有误的词语,如果不是出于刻画某种人物性格的需要,而是作为一种完全被认可甚至欣赏的成分,堂皇出现在我们的大众传媒上,引起一些人的褒贬甚至激愤,也是完全有理由的。**

有鉴于此,对于字母词语的讨论和争议值得重视。

然而,没有分类,就没有比较;没有比较,就没有鉴别;没有鉴别,就没有科学。笼统地举例就评判我们的大众媒体上字母词语使用是否得当,一般地议论就决定字母词语的生死存亡,恐怕都会有失公允,也难以服人。我们希望首先对我们的大众传媒上面字母词语的使用情况进行一下考察,结论要产生在大规模真实文本的具体考察和定量分析之后,而不是相反。

我们希望重复一句我们过去经常说的话:"毛主席教导我们:'没有调查就没有发言权。'"

为此,我们在北京语言大学 DCC 博士研究室[①]的"动态流通语料库"基础上,对字母词语的使用情况进行了一次较大规模的实验考察,考察的结果和问题,以及一些相关的分析写成 3 篇文章,在本期发表以就教于专家和广大读者。我们将随后扩大考察的范围,并将《考察报告》以绿皮书的方式提交有关部门审定、出版、发行。

DCC 是自新世纪开始建立的对于报纸媒体的语言文字使用情况进行动态观察、统计、提取、分析的一个"动态流通语料库",目前,DCC 语料库的规模已经拥有 2001—2004 年的约 15 亿语料。

本次对字母词语的使用情况进行的实验考察,主要采用 DCC 动态流通语料库中的 2002 年《人民日报》(网络版,下同)的约 7000 万字的语料进行字母词语的提取和统计分析。选用《人民日报》的语料进行自动提取的实验和统计分析,是考虑到《人民日报》

[①] DCC 即 Dynamic Circulating Corpus(动态流通语料库)的英文缩写,DCC 博士研究室是北京语言大学应用语言学研究所的研究室,由在读博士研究生和已经毕业的博士组成,主要进行动态流通语料库的理论、方法和实践研究。

是比较注重语言文字应用规范的媒体之一,字母词语的使用情况相对容易实现自动提取和统计分析。

在《人民日报》全年的30680个文件中,出现含字母词语块的文本数为4504个(占总文本数的14.68%,不包括15个只用字母做序号的文件)。在论文《字母词语自动提取的几点分析》中介绍了字母词语的界定、形式化分类、字母词语提取的难点等问题,难点中着重探讨了字母词语中标点符号的使用、字母词语的边界认定、字母词语的自动分类、字母词语中的等义词分析等方面。

《字母词语块中"标点"的使用状况考察》进一步细化了对字母词语中标点符号使用的考察。在《人民日报》的出现字母词语的4504文件中,共出现11748次的字母词语块,其中就有2447次含标点字母词语块(不包括序号字母串),占总次数的20.83%。在4069种字母词语块中含标点字母词语块出现1810种,比率是44.48%[①]。该文介绍了字母词语块中的符号使用情况、标点符号使用情况,重点报告了对书名号、括号、引号、各种杠号、各种点号的考察,并且报告了在考察中对于标点符号的几点处理意见。

第3篇论文《汉语文本中字母词语的使用与规范探讨》则更进一步细化考察了字母词语和对应汉字词语或汉字词语和对应字母词语在专名中同现的情形,如:国内生产总值(GDP);首席执行官(CEO)等等。《人民日报》的文本中字母词语和对应汉字词语同现共2040次,在一篇文章中,共现的形式总是先于字母词语的单用的形式,单用的形式出现8891次。该文还基于统计的分析提出

---

① 实际上这个数字可能会有出入,因为在统计中我们发现,存在标点的不规范使用和外来术语的不规范翻译,这些都可能导致字母词语块种数的上升或下降,例如:E-mail、e-mail、Email和mail。

了关于规范化的思考。共现的不规范表现形式之一是：一种是汉字词语在前，后面括号里是对应的字母词语，如：工商管理硕士（MBA）；一种是字母词语在前，后面括号里是对应的汉字词语，如：MBA（工商管理硕士）。从对文本的考察及统计情况看，同现以前一种情形为主，占两种情形总数的79.26%，而后一种情形只占20.74%。

我们认为：只有在考察的基础上，我们才有可能进行一些分析，提出一些看法。这三篇文章仅仅是对媒体上大规模真实文本初步考察和分析的实验。我们期望在得到大家的指教后，有进一步的深入考察报告提交给读者，由大家来进行更深刻的分析。

第五部分 附录篇

1. 语言的意义及其获取
2. 关于"监控语料库"的评述
3. 古代汉语语料库建设
4. 现代汉语语料库建设
5. 汉语字频和词频研究
6. 论多媒体技术在语言信息处理中的作用
7. 语言的多媒体性与多媒体语言知识的作用

语言的意义及其获取*

赵元任 著

李芸 王强军 译　赵世开 校译①

我是作为一个语言学家来到这里的,而且是兜了一大圈,经过了漫长的路程来的。我出生和成长在一个古老的国家,从小就有各式各样的语言经历。在我小的时候,我们家搬过好些地方,我也就跟着走过很多地方。大家知道,中国的方言千差万别,有时候竟然像是完全不同的语言。我在接触外语之前,像当时所有的人一样要学习古文,并且我还要学习很多方言,因而对语言很有直感。上世纪末本世纪初,小孩儿们还必须阅读各种古代典籍,即使他们还读不懂。然而随着时间的推移,一切一切会在突然之间有了意义,这就给了我一种虽然不知道字面的确切含义却能够"了然于胸"的体验。意义是独立自主地存在的,很像音乐。这也是我下文要表述的观点之一。

然后我开始接触外语。当我一有机会出国,我就来到这个新

---

* 原文题目为 MEANING IN LANGUAGE AND HOW IT IS ACQUIRED,收录于第十届控制论会议论文集《控制论——生物和社会系统中的循环因果和反馈机制》(1955,纽约)。第十届控制论会议于 1953 年 4 月 22 日至 24 日在新泽西州的普林斯顿召开,当时赵元任先生任教于加利福尼亚大学东方语言系。——译者注

① 经授权,王强军、李芸两位博士译成中文,并经赵世开先生校译,《语言文字应用》2001 年第 4 期刊发。

世界(指美国——译者注),打算学习电气工程。可是在路上,我遇到一位曾经在这儿待过的朋友,他给我讲了纯科学和应用科学之间的区别。他的话影响了我去学纯科学,所以我来到之后就改学了数学和物理。我发现物理太专了,不是我的兴趣所在,于是毕业后我又转向了技术哲学。然而,由于词语的运用对于我的工作十分重要,我决定还是回来接着搞我的语言研究。就这样,绕了一个圈儿,我又回到了开始的地方。

我回到旧世界(指中国——译者注),花了二三十年的时间,研究和记录那里的语言和方言,有时甚至试图改变那里的语言和文字。我就是这样走上语言研究的道路,从此一直待在那里。我跟生理学和医学研究没什么关系,可是我跟你们中在这方面工作的同仁,却感到很亲近,因为,正像 Dr. Norbert Wiener 在他的自传里说的,"赵娶了一位可爱的中国女医生"[①]。

我底下要说的,也许跟各位先前讨论过的东西有一些重复。关于语言的意义,有人已经从严格的语义学角度进行了严谨而雄辩的论述。我开始时要说明,我要谈的是有关自然语言中意义的一些普遍性问题,然后讨论意义的语用方面。或许,对于语言及其意义的各种研究路子是互相补充的。如果我们希望做到严谨、明晰,并且所采取的每一步都很肯定,那么我们能说的就很少。另一方面,如果我们希望谈出自己真正感兴趣的东西,并且把所有因素都考虑进去,那样的话,我们所说的不仅在真实性方面不那么肯定,而且在内容方面也许更不那么清楚。

所以我打算采取一种中间的观点。也许语言学家的日常工作

---

① Wiener, N.: *Ex-Prodigy*. New York, Simon & Schuster, 1953(p.299).

总是介于这两者之间：一边是非常严谨的语义学方法，另一边则是对说话的人的活生生的、具体的研究。人作为说话的有机体是心理学家和精神病学家的研究对象，但是在语言学家中间近来有一种趋势，就是偏重研究语言现象中的更省力、更整齐、更清晰、更正规的方面，而把更有意义的和更具体的东西丢在一边。我大概就是这大多数语言学家中的一员，因为我的工作中有95%是形式语言学，也就是说，对语言材料进行枯燥的描述，而只有5%涉及那有血有肉、更富意义和更人性化的方面。并且，至少就我来说，我专业工作中这5%也有些业余玩票的味道，所以我下面关于自然语言的语义和语用方面的论述，有待诸位根据其本身的价值予以评论。

我的讨论共分三部分。首先，我要谈谈语言的获取，尤其是意义的获取。其次，谈谈形式和意义之间的连续性，谈谈存在于语言材料本身和语言形式所蕴涵的意义之间的渐变性，而不管你对于意义一词如何理解。最后，我将提出一个我称之为"形式的非可塑性"的观念，并说明它意味着什么。我是特意制造了这样矛盾的术语。

一

在第七届会议的文集里已经有两篇非常出色的论文讨论语言获取：Heinz Werner 的《词义的发展》[1]；和 John Stroud 的《早期童

---

[1] Werner, H.: *On the Development of Word Meanings*. Cybernetics. H. Von Foerster, Editor. Trans. Seventh Conf. New York, Josiah Macy, Jr. Foundation, 1951(p. 187).

年的语言发展》①。所以这两篇文章讨论过的问题,我就不多说了。

谈到语言形式的意义的获取,成年人早就忘了他们是怎么获取自己母语的语义的,但当他们学习外语的时候,却通常会记住其中的某些过程。比如我们想知道法语"chat"是什么意思,就有人会告诉我们这是英语的"cat"。但是有一天我的外孙女问我:"说英语的小孩儿又是怎么知道'cat'的意思的呢?"我很难用她掌握的词汇把这个问题解释清楚。

这个例子也许并不是很难,像猫狗之类的东西用"指称定义法"(原文是"ostensive definition"——译者注)足可以解释清楚。因为它们是能够指点出来给别人看的。然而,正像 Dr. Mead 所说的,如果我们指着猫问:"那是什么?"也许有人会回答说:"那是手指"。事实上,"自"这个汉字的古字形可能就是这么来的。它是一个鼻子的形状,就是用的"指称定义法"(用所指的东西——鼻子——来表示"自己"的意思——译者注)。

可是,随着字义越来越难以跟儿童周围世界中容易辨明的东西联系起来,也就越难以指点出文字的含义所在,因而在这个过程中小孩儿学得很慢,而且不肯定,经常出错。他们的表达习惯跟周围成年人的用法时常背离,所以需要不断地纠正。我们得告诉他们:"不是写画,是画画;不,不是唱故事,是讲故事。"或者说:"是的,这也是西红柿,一个黄色的西红柿。"

---

① Stroud, J.: *The Development of Language in Early Childhood*. Cybernetics. H. Von Foerster, Editor. Trans. Seventh Conf. New York, Josiah Macy, Jr. Foundation, 1951(p. 205).

Jesperson[①]曾经讲过一个故事,说一个小孩在家里想要一点"peace"(有"安静"之意——译者注)。他身边的大人不懂他想要什么,直到他父亲想起了几天前的一幕才明白是怎么一回事儿。那天,家中来了朋友,一块儿喝啤酒。小孩儿非要喝一点不可,可是大人没让他喝。所以,过了一会儿,他父亲就说:"好啦,让咱们家里也来一点儿 peace 吧!"这在当时也是一种指称定义,不过当时并没有足够的各种语言环境,来限制字义所指,使之符合大人的用法。所以,正是由于儿童早期生活中这种"嘈杂混乱、阴错阳差",和闹不清"是这个"和"不是这个"(后两词是 Stroud 论文中所用术语),指称定义还要经过大量的尝试、错误和定位,然后儿童才能大致分辨出和认识到他们世界中反复出现的特征和事物,然后按照他周围大人们的方式把形式和意义联系起来。

现在,从建立完整体系的观点出发(这跟 Dr. Bar‐Hillel 早先描述的严格的语言系统不大相同),也许可以这样想象:所有的语言形式都可以相互关联起来,形成庞大的多语、双语及单语词典体系,把一件件事物等同起来。这样做就只剩下一个相当小的词表,包含具有初始意义的基本形式,它们可以仅靠指称定义法来定义,也许要在一个由意义组成的中央博物馆里进行。我想象这个博物馆要有一个颜色厅、一个图形厅、一个气味厅,而在中央庭院里还要有一个时间厅,用来展示"之前"、"之后"和"同时"。哦,对了,还有左和右呢——这可要让博物馆的馆长或主任绞尽脑汁了。因为,如果观众坚持说不能理解,那又该如何

[①] Jesperson, O.; *Language; Its Nature, Development, and Origin*. London, Allen & Unwin, and New York, Holt, 1922(p.116).

下定义呢？Martin Gardner[①]最近撰文讨论了这个问题。

我提出这种指称定义的博物馆的想法只是顺便一说，可算是个插曲。我是想先竖起一个稻草人，然后再把它打倒。在获取语言意义的实际过程中，我们还没有如此超人的力量，能够知道这些基本的指称定义（以及它们的各种组合和推论）的全部初始意义，从而能推知该语言或有关语言中的其余部分。实际上，指称定义总是随时随地在进行着，不管它跟一个人的既往经验是否一致，而儿童获取意义以求符合多数成年人用法的过程，就是一个不断修正的过程。这就意味着，在某些方面要对以前获得的指称定义进行不断的否定。

所以，我们也许能够根据这个观点对以前提出的一点加以评论：如果我们说 17 乘以 19 等于 323，这句话提供了什么信息没有。从实际学习数字含义的角度来看，这句话确实提供了不少信息，因为我们对于 17 和 19 很熟悉，对 323 则差一些；然而，这些信息并非完全来自数学的基本假设。我们当然可以有各式各样的其他方式接触到 323。同样的，在三角形三条中线交于一点这个定理中，如果我们坚持把欧几里德初始假设当成所需的一切的话，好像没有提供任何新的信息。但实际上，如果我们用圆规和直尺画一个三角形，三条中线常常不会正好交在同一点上，于是我们就修改图画，设法让它们交于一点。这样做的结果，就是做出了比较标准的中线。当然在现在的几何学里，我们不是用这种方法去定义中线的。常见的做法是，把一部分当做基本假设，再把其他部分当

[①] Gardner, M.: *Is Nature Ambidextrous?* Philosophy &. Phenomenological Res. 13, 200 (1952).

做定理,尽管这种划分法是很灵活的。但是实际上,这一部分和那一部分都同样有意义,同样有用。

这是人获取语言意义的典型方式。一个人在获取的过程中,并不考虑要素间是否相互独立,各初始指称定义间是否相互独立,以及相互间是否一致。所以一个人最终得到的实际意义,是一张由他在生活中遇到的各种联想所组成的复合图像——复合图像总是模糊的,所以指称定义实际上是一直在进行着的。对于个人来讲,获取意义的过程是一个变化的过程,而这种变化,如果是正常成长,将趋向于固定在同他周围的社会大体上保持一致的状态。

然而一个人周围的社会本身也要变化,即使是以非常非常慢的速度在变化。儿童学语过程中意义的获取和变化,在某种程度上,相当于人类历史中相同的过程,好比是个体发生的重演。无论是儿童还是整个人类,最早使用语言时总倾向于把发泄情感、影响行动和观察事实三者混合在一起,不予区分。在所谓的原始民族和在早期文献中所见到的语言运用,似乎就是处于这种不予区分的状态。

人们通常认为,儿童发出声音最先是某种情感的表达,然后是需求的表达,最后才是评述事实或报告他所观察到的世界。但是有时情况恰恰相反。在我外孙女的语言中,"水"这个词先是用来描述水的存在,几个月之后她才惊喜地发现,一提到"水"这个词她就会得到水这样东西。在 Helen Keller[1] 回忆她学习第一个单词的叙述中,她理解"水"这个词也是出于某种认知感,尽管跟感觉也有很多牵连。

关于意义范围的变化,我不用多说,这种现象在儿童的语言中

---

[1] Keller, H. A.: *The Story of My Life*. New York, Doubleday, 1903(p.23).

和在语言的历史中都存在。我只想指出意义变化中的一个因素，这也许和我们的讨论有关，因为这个因素涉及定量的信息理论，这个因素就是出现的频率。信息理论认为，在所有可能的事件总体当中，经常发生的事件的信息量要比不常发生的事件小，同样，经常使用的单词、短语或其他语言形式的"意义"要比不常用的少，不管它是用来传送简单信息、交流文学欣赏还是支配某个动作。正因如此，基础英语无论组织得多么巧妙，读来总是枯燥乏味的，而诗人们总是力求推陈出新，以便获得更加新鲜的效果。因为蕴涵丰富、深刻隽永的词在使用过程中渐渐变得平淡无奇，直到被新词所取代，但后者最终也要被取代。

二

下一个题目，我谈一谈形式与意义的连续性问题，用 Bateson 先生的术语来说，就是通讯与元通讯（原文是 communication and metacommunication——译者注）的连续性问题。

用我这种极端非数学的方法来讨论这个问题，我应该说，两点构成一个二分法，而三点则构成一个连续统。目前，大多数的描写语言学家，包括我在内，不管在心理学理论上是不是行为主义者，都认为语言是一种社会行为。语言学家作为一个群体，不愿把意义看成是行为或可还原为行为的某种东西。但我认为，任何人可能都会同意"意义在某种程度上说就是语境（原文是 context——译者注）"，早在 1909 年 E. B. Titchener[①] 在讨论思维过程心理的

[①] Titchener, E. B.: *Lectures on the Experimental Psychology of the Thought Processes*. New York, Macmillan, 1909(p.175).

著作中已经有过这种说法。他是一位典型的内省心理学家。

语境这个词可以有各种不同层次的含义。如果是说语言方面的语境,比如代词的使用环境,那么它自然是指语言形式本身。但在大多数情况下,它是指社会语境,或至少是指说话者的经验中由非语言要素构成的语境。

在这里,所谓非语言的这些东西也不能简单地用"非语言的"一词一笔带过。我认为它们具有不同的语言地位,我把它们分成:零层次,或者叫第一层次,是纯形式,显然不具有意义;第二层次,是形式与意义的随意联想;第三层次,是指形式和某种行为,这种行为通常不被看做语言形式,但我认为可以像对待语言形式一样对待它们;第四层次是我最感兴趣的,也就是风格要素,粗略地说,包括姿势、语调、音质等等;第五层次是某种微妙的、难以捉摸的情形,接近于形式的意义,但常常不能用话语表达出来;最后一个层次,第六层次,是指字面意义,也就是形式的意义的核心。

我先谈第一种形式,它显然没有任何意义。我们大概都有过这样的体验,就是眼睛看着书,脑子里却想着别的事情,这时,突然意识到刚才读过的并没有真正理解,然后,又回过头来体会它的意义。这种体验似乎就是在纯形式地使用语言。我先前提到过的例子——拼命背诵古籍而不懂其意——在我看来,还至少强调了"学习"这一点,也就是说,开始学习形式。在这种情况下,语言是一种像听音乐一样的体验;你欣赏它,但它不一定要有更进一步的所指。有一位著名的文学家[①](指陶渊明——译者注)很得意自己的

---

① T'ao, Ch'ien(365—427 A.D.); *Wu-liu-Hsien-sheng Chuan*(Biography of the Gentlemen of the Five Willows) Collected Works,1910.

做法:他读书时,并不要求彻底理解,因为他欣赏的只是语言的形式。

第二个层次,形式和一些随意的联想,这些联想好像就是这个形式的意义,但就社会约定的惯用法而言,实际上同语言的使用无关。我们在将要进入梦乡之前,常常会有各种各样的事情经过大脑,也不知怎的,一件事情好像就和另一件事情有联系;医学上或心理学上可能有个术语描述这种体验。然而后来回想时,我们才明白它们之间其实什么关系也没有。Dr. Klüver[①] 提到过一个很好的例子,他梦见了一袋子爱达荷马铃薯,他的梦就极好地说明了"在各式各样的直觉中多样性的统一"。

现在我谈第三个层次,形式和外在行为的连续性。Piaget[②] 在儿童行为的观察报告中谈到,儿童在教室里把语言当做一种行为来使用,例如跟其他行为一起使用。两种行为交替或选择其一使用,而儿童使用它们时并不一定是为了交流信息。在其中的一个实验中,先给一个孩子(被称为"解释者")讲一个故事,或者是给他讲某种机构或某个物体是怎么回事儿,然后再让这个孩子给另外一个孩子解释。虽然解释本身常常不那么成功,听讲的孩子也没有真正听懂,可是这却变成一种游戏,又有话语,又有手势,或者两个孩子互相替换角色,这样做下去,第二个孩子也就理解了。

另一个例子是把早期的和后来的有声电影进行比较。当人们

---

① Kubie, L. S.: *The Relationship of Symbolic Function in Language Formation and in Neurosis*, Cybernetics. H. Von Foerster, Editor. Trans. Seventh Conf. New York, Josiah Macy, Jr. Foundation, 1951(p. 233).

② Piaget, J.: *Types and Stages in the Conversation of Children between the Ages of Four and Seven*. The Language and Thought of the Child. 2nd ed. New York, Harcourt, 1932(p. 50).

刚能将声音加入到电影中去时,对话是连绵不断,仿佛非得有贯穿于整个故事的连续语流不可。但不久人们就认识到,电影只不过是另一种混合体,而如果要考虑到电影的艺术效果,那么这两种媒体(画面和声音)就应当融为一体,相得益彰。

在语言教学方面,传统的方法是先给出外语的形式,然后把它们一一对应于学习者母语中的词、短语和句子。与此对立的是所谓的直接教学法,是指把说的话同当时的情境结合起来。与传统方法相比,直接法并不太注重某一词语的指称定义,而更多注重语言在各种情景下的实际用法,很像是儿童的语言学习。其中一种方法称为"Coué方法",教师要做种种演示动作。比如说,"我拿起一支粉笔;我正在黑板上写字;我转过身来;我坐下了",等等。由于受教室情景的限制,显得有点单调,但它之所以有效的原因在于,它用具体例子说明了真正使用语言时,语言和行为融合为一体的真实情景。

在这个题目之下,我还可以提到某些事物的意义,这是一种记不太清楚,又说不清楚的行为趋向的形式。比如说我想打电话,电话就在我右边的墙角,但是出了点什么事儿打断了我。干扰过去之后,我想起在这一边儿似乎有什么事情要做,但想要打电话的词语或其他语言形式怎么也想不起来了,而脑子里留下的东西又不够具体,不能指导我重做我当初打算要做的事情。我还记得这个方向,而且肌肉还有点儿紧张,但当初要打电话的意义留下的也就是这些了。

现在,我谈第四个层次,即"风格要素"。这儿指的主要不是文体风格,而是指除去通常用文字或其他书写形式表达的区别性单位之外的别的语言要素。这些要素包括语调、动态变化、总体响度、韵律、音质、姿势,还有最后一个但并非不重要的要素,用词,即我们所选字词的频率分布。最后提到的其实是文体风格的最基本要素,虽然不是唯一的要素。处理这些要素有两种方法,一种是把它们就当作语言要素,研究它们,列出清单,找出它们的含义,也许还可以符号化,并把它们用于教学。这是因为它们具有可辨识的、重现的模式,并且带有约定俗成的或合乎生理规律的自然意义。

另一种方法是把这些要素放在一个单独的层次上,因为它们比较复杂。它们通常不在规范的语音表里;有时我们不一定非得处理它们,并且,在读书的时候也根本看不到它们。Henry Lee Smith① 和 George Trager② 至少是把其中一些方面当作元语言学(原文是 metalinguistics——译者注)的一部分加以研究。但正像 Dr. Fremont-Smith 所说的那样,这里存在术语用法上的严重矛盾,因为这种意义上的元语言学并不意味着对任何元语言(原文是 metalanguage——译者注)的研究。但我们不去讨论这两种用法的优缺点。

从文体学意义上来讲,元语言学有时也涉及所用的语言并对其加以评述,但绝大多数时候它和语言无关。实际上,它同讲话者的行为或讲话情景有关。例如一个人说:

"Good(中 升调)night (低-中 升调)!"

表示道别;但却对女主人说:

"Good(低)night(中-高-低-中 双音调符号)!"

意思是:"请听我说:很抱歉打断了您谈话,可是,我要走了。"

---

① Smith. H. L., Jr.: An Outline of Metalinguistics. (未出版)
② Trager, G. L.: *The Field of Linguistics*. Studies in Linguistics: Occasional Papers No. 1. Norman, Okla., Battenburg Press, 1949.

这是历史上的一个偶然事件:我们把语言的一部分,确实是极为重要的部分,用文字记录下来了,而其他大部分却没记录下来;当然,它们还是可以记录下来的。刚才,我还和 Dr. Savage 谈论戏剧对话表情的记录方法。实际上已经有人做到了。Dorothée Palmer 用国际音标记录了 H. H. Davies 的戏剧 The Mollusc[①],不过用不用国际音标不是主要的,用普通的标音法也可以记录。他是按照 Harold E. Palmer 的标记系统,加上全部感情符号,大多数是语调标记,记录下来的。这样就给出一种说明该剧应该如何表演的具体解释。当然,演员不见得喜欢这种解释;他们可能会说:"我宁愿用别的方式来表演。"另一方面,还可考虑另一种类似的记录,就是音乐的记谱法。以前,作曲家只写出数字低音部,而让风琴手按个人喜好去随意演奏;感情符号就没有多少,甚至一点都没有。现代的做法则连装饰音的精确时值都写出来,还要非常细致地注明感情符号、力度等等,因为所有这些都是音乐的一部分。现在问题就来了:作曲家就应该做这些事吗?作曲家该做多少?剧作家又该做多少?至于本次大会的论文集,我们又应该收录多少?这是一个相关的问题,因为在某些情况下,由于缺乏必要的有区别作用的语言要素,致使人们无法理解。

我倾向于同意说,一方面是"元语言"的两种用法,另一方面是"元语言学"的,它们在特定情况下,用法上有重叠,但我认为它们的范围并不完全相同。我可以举出它们之间从一种变成另一种的例子。如果我们说:"*I* do not believe it."('我不相信。'——译者

---

① Davies, H. H.: *The Mullusc*, Annotated phonetic edition with tone-marks by Dorothé e Palmer. Cambridge, Heffer. And New York, Appleton, 1929.

注)我们除了这句话的一般含义外,还要加上 Smith 和 Trager 所说的元语言学要素,即语音修饰成分——把重音放在"我"上。如果我们把它翻译成法语,却不能说"*Je* ne le crois pas",因为我们把它变得不是法语了,按法语应该说成"Moi, je ne le crois pas"('我嘛,我不相信。'——译者注),这里只改变了音位和语素等句子中的普通成分,而没有使用任何称得上元语言学的特殊要素。这一类里还有其他例子。拿 H. E. Palmer 称为"天鹅"的语调来说(因为语调变化曲线宛如天鹅的外形轮廓而得名),这种语调有让步的含义。"It's good(中—高—低—中)"意思是说它是好的,可是也还有不足之处。这个语调加在谓词"好的"之上,就这一点而言,当然可以说是元语言学的。但如果要翻译成汉语,就应该译成"好是好",意思是说"谈到好不好嘛,可以说是好(但由别的方面看,也不见得)";所以,如果要让我把这类等价关系构建到翻译机器中去,我就得写成"输入,天鹅语调;输出,谓词,动词'是',重复谓词"等等,以反映这个情况。这样,我们既有普通要素也有元语言学要素,而在另一种语言中,只需重新措一下辞就可以了。

我接着谈第五个层次,一些比较不具体的情形,就像 Bateson 先生所举的、手伸出框架之外的例子①,还有 Dr. McCulloch 所举

---

① 我们来考虑一幅广告画:一个男人举着一杯威士忌。他周围有一个框架,框架在这里作为广告的一部分,包含一定的信息,是为了把人们的注意力吸引过来并集中到信息的主题上来,以区别于背景。框架在这里好像是在喊:"喂!喂!",是一种招呼,一种命令:"注意我要说的这种威士忌"。于是,我们就可以看出来,框架是用于另种意义上的;这一招在烈性酒广告上很常见。例如,举着威士忌的手由画里伸出来了,伸到框架之外,就好像 trumboleic pictures,其中的框架原来表示在画面的局限范围之内是不真实的,而现在框架要说明的正相反,由于超出了框架这反倒赋予画面一种事实不存在的真实性。画面、手、框架,这些各式各样的成分就提供了它们相互之间的全部消息。

的、地勤人员呼叫飞行员的例子,后一例把问题表示得更为生动①。飞行员总在不停地讲,这个行为所意味的要超出他所讲的内容(那可能只是废话,或什么不重要的东西)。飞行员知道自己是在讲话,但他也并不认为自己的话有什么编码信息,只不过是航空上的例行程序。飞行员所做的这一切,从 Smith 和 Trager 的意义上说,可以认为是属于元语言学的。因为它是涉及语言的,所以它也可以算是元语言,但这也许不是 Baston 先生的意义上的,因为驾驶员所说的话可能只是废话,或什么不重要的东西。他不是在讲关于话的本身;他知道他下一秒或两秒的航向正确,所以说什么都没有关系;这不见得就是另一意义上的属于元语言学的要素。

我再举一个例子,是我在不止一个小孩儿身上观察到的。有这样一个场面,母亲责骂或惩罚一个小孩儿,小孩儿哭了。过了一会儿,母亲开始谈论别的、毫不相干的事情。小孩儿根据这个行为情境看出来,这件事儿(指责备或惩罚——译者注)已经过去了。经历过几次类似的事情以后,小孩儿就开始问问题或要点什么东西,借此来试探事态发展情况,同时观察母亲如何反应。而母亲呢,凭经验知道这是在试探,就要改变或者不改变话题,按照她认为合适的去做。在整个行为情境中,这种有意的想影响对方的做法,也成为语言的一部分,所以这也是一种元语言学要素,只不过

---

① 当飞机驶入机场时,飞行员是"被话语领进港的",双方用一连串固定的通话。通话的内容是说:"我在与你联系,愿意接受你的任何指令"如此等等,好让对方知道他的通信线路是畅通的。说通信线路是畅通的,这倒不是言语本身所包含的信息。言语本身是说"你航向正确,稍微向右拉一点,好了,别动"之类的东西。这是规定的东西。这一连串固定的话在于宣称:"这条通信线路是畅通的。"从某种意义上讲,这些话是针对信道或针对语言而言的。

比语调或重音分布更加微妙一些。

再举一个例子,类似于上面提到过的地对空的对话。我倒车时,就对我妻子或女儿说:"后面有人吗?"或"后面有车吗?"她们会说:"没有。"然后又不说了。于是,我就说:"不停地说'没车,没人;没车,没人',直到我倒好车为止。"这跟地面人员与飞行员之间的讲话非常相似。这里不光是信息的本身,不停地发出信息这件事就是重要的信息。在学会这种倒车技巧的过程中,我并不知道航空的技巧,这只不过是作为人们之间的一种行为出现的。我和参与该行为的人都没把它当作一种语言符号,但没过多久,它就发展成为一种参与这种行为的人共同使用的符号。

我认为,我的第六个层次,也即语言形式的字面意义,倒有点像虎头蛇尾了。因为我们在指称定义的一般概念时已经讨论过了,在此不必再多花工夫。下面,我接着谈语用语言的第三个方面,不过在这里,我谈的形式多于语用,因为我考虑得更多的是形式,即形式的非可塑性问题。如果你不喜欢这个术语字面上的矛盾,你可以说成形式的自主性,甚或是形式的本原性。因为这里的"形式",我指的是语言材料本身。

三

形式有其自身存在和发展的方式。它们的形成取决于说话人的发音器官和听觉器官。他们按照别人能够识别和接受的方式运作发音器官,以适应这个社群。这些形式都是在最初使用时就多少是有效率的,或适用于其他一些活动;事实上也没有什么理由说,它们不能适用于人际交流和个人思维之用。但是,要说形成固定的声音序列的习惯就和语言社群中个体生活的其余部分之间有什么简单的或系统的对应关系，这也不大可能。

我前面说过，语言形式的自然形成、人为约定、学习和传播，以及对语言形式的遗忘等等过程，都有其独特的方式。有其物理和生理条件。语言形式，对任何想随意塑造和改变它们的企图，都表现出强大的抵抗力。它们没有一般意义上的可塑性。事实上存在着各种各样的强有力的文化传统力量，总要保持着语言的原貌，只允许它们有非常缓慢的变化，尤其对词和句子等较大的结构更是如此。人类有机体似乎还存在强有力的生理条件，也即非文化的条件，对各种语言要素及其组合方式的可能性施加严格地限制。

世界上大多数语言都可以很容易地分解为音位和语素。语素包含一个或多个音位，是有意义的最小的语言单位，而多数语素有一到两个音节。

有许多语言学家曾试图采用基于分布的统一的分析方法来研究音位学和形态学，也即根据各种长度的成分（音位和语素）的典型的出现或重现方式进行分析。虽然在内涵上，从分布角度定义的语素跟最小的意义单位的语素不是一回事儿，但从外延上讲，在具体应用于某种语言时，两者并非不可相容。事实上，搞实际工作的语言学家，包括那些创建了新方法的语言学家，使用的还只是老的定义。Harris[1]曾对语素进行过纯粹基于分布的分析。而Hockett的语音学手册[2]，则对语素做过不同的较之传统方法更为严格的分析。

在夏威夷语中，有一种鱼叫做 homohomonukunukuapua，而

---

[1] Harris, Z. S.: *From Phoneme to Morpheme*. Language 31, 190(1955).
[2] Hockett, C. F.: *A Manual of Phonology*. Baltimore, 1955(p.15).

且从这个字不能再分出更小的有意义的单位了。同时,也是在这种语言中,有另一种鱼叫做 Ø[①]。然而,在屈折语中,词形变化或屈折的单位都被视作语素,尽管它们常常不到一个音节。表情的或风格的成分如果它们也算是语素的话,通常要跨过多个音节,可跨过一个短语或甚至一段话语,但是总体上讲,它们的长度是属于中等的。在某些语言中,语素不是由连续的成分组成。例如由三个辅音组成的一组,其中的空格可用不属于这个语素的元音充填,这些元音可能还表示其他什么的意义。这种现象不能说十分罕见,但的确只见于少数熟知的语言中。

大体上,语素的长度是小于一到两个音节,或粗略地说,有四到五个音位。至于一个语言中所有的音位的数目,多数语言都不太多。一般在 10 到 80 个之间。所以,大致说来,一种语言的音位数是 2 的 5 次方,或 5 个比特。这就使每个语素拥有 20 个以上的比特。如果任何一个音位都能和任意一个音位按照任意的次序组合,就会产生大约几百万个词。但实际上,音位排列方式总是要符合某些特征模式,因此词汇总量常常只占这可能数目的一个极小的部分。换句话说,按照信息论的观点,一种语言在音位的实际使用上存在着巨大的冗余。关于这一点,Cherry, Halle 和 Jakobson[②]已经有过清楚的阐释,他们分析了典型的拥有 42 个音位的俄语,他们不是仅仅数了数音位的个数,而是深入到音位层次以下的区别特征。

[①] 这种短名字的鱼是我参加一个公开的演讲时听到的,但至今我还没有在公开出版物上找到进一步的资料。

[②] Cherry, E. C., Hallie, M., and Jakobson, R.: *Toward the Logical Description of Languages in Their Phonetic Aspect*. Language 29, 34(1953).

拿基础英语的词汇来说，据认为有 850 个词，但这里需要把"词"这个术语放到引号中，因为我们的计算方法很特别，例如把"what"当作"who"的中性形式。这是算做一个词的例子。正是通过这种计算方法我们得到的总数是 850。如果用其他更常用的方法来计算，总数都将大大超过一千。

我们再来数数中国国语的音节，总共有 1279 个，这里包括声调在内，因为声调也是音位的一个组成部分。不包括语调，因为在国语里语调和声调是两码事儿。

但这并不是说，语言形式非常灵活，具有很强的可塑性，因为在整体上，不管我们如何使用，语言采用的表意单位总是倾向于保持一定的大小和形状。凡是在什么地方出现明显背离这种平均状况的情形，像 homohomonukunukuapua 和 Ø 这样的例外，通常总会有一种倾向，要把它拉回到这个大致的平均值，我们也许可以说是通过某种负反馈吧。一个语素不能太长，如果一个语素包含了太多的音位混杂在一起，说话人就总要设法把它分开，这正是通俗词源学的一个由来。如果声音序列太长的话，我们就要给其中每个部分加上意义。如果它们和词汇里已有的某些语素相似，我们也会据此做出相应的切分。

另一方面，如果在自然发展中，原来的声音界限逐渐模糊了，减少了语言单位的信息容量，以致当初互有区别的词混合了，那么也会有一种补偿性的变化。当罗曼语单词"bee"逐渐退化到只剩下一个单元音"ê"时，它就退出了法语而代之以一个修改过的单词。当然这种事情无论如何不是说话人的有意识行为，而是间接地在已有的形式间弃此择彼的结果。汉语从古代到现代的转变也是类似的情形。在公元 601 年的古汉语中，有 3877 个有区别性的音节,基本上每一个音节都是单个语素。当其间的差别逐渐消失,逐渐减少到具有 1279 个音节的现代汉语时,也同时产生了大量的双音节,虽然有文化的人对这些双音节还能按词源和意义把它们分解开,但是一般的人却把这些双音节当作一个个整体来说,所以我们又回到一个远远大于 1000 的数字。

我刚才说到语素大小是形式非可塑性的一个有意义的现象,但这并不是唯一的一个方面。信号收发和编码过程的条件,都会影响到语素,而书写方式的改变还会影响到风格。用的是铁笔、毛笔、钢笔、铅笔还是速记符号,都会影响到笔画、字形以至整个书写体系。当我用汉字写的时候,我下意识地就改变了这些用具的顺序,这最能说明这个现象了。我先是写:"铅笔,钢笔"等等,这是正常顺序。可是当我又用英语打字时,就又变成了"pen, pencil",即钢笔在铅笔之先,这是因为"pen"比较简单,而"pencil"是"pen"加上一些东西构成的。正是因为事物自身的机制,就改变了用词的顺序,而我当时都没意识到。

作为形式独立性的一个更极端的例子,就是汉语里文言和口语的分离,前者依赖视觉差异才能区别同音字,而后者就必须让人听得懂。我用文言写了一个故事,只用一个音节 shih(当然,要用四声)念上 106 次,听起来不可理解,写下来却是:

施氏食狮史

石室诗士施氏嗜狮誓食十狮氏时时适市视狮十时氏适市适十硕狮适市是时氏视是十狮恃十石矢势使是十狮逝世氏拾是十狮尸适石室石室湿氏使侍试拭石室石室拭氏始试食是十狮尸食时始识是十硕狮尸实十硕石狮尸是时氏始识是实事实试释是事

这段文字跟任何其他讲述这个施先生吃狮子的故事的散文一

样清楚和地道:

"石头屋子里有个诗人姓施,喜欢狮子,发誓要吃掉十头狮子。这位先生经常去市场寻找狮子。十点钟的时候,他到了市场,正巧有十头大[①]狮子也到了市场。于是这位先生注视着这十头狮子,凭借着自己的十支石头箭,把这十头狮子杀死了。先生扛起狮子的尸体走回石屋。石屋里面很潮湿,先生让仆人试着擦一擦这石屋子。擦好之后,先生开始试着吃这十头狮子的尸体。当他吃的时候,才发现这十头大狮子的尸体原来是十只石头狮子的尸体。先生这才意识到这就是事情的真相。请试着解释这件事情。"

形式的非可塑性,使具有相同或相似形式的心理图式(schema)的人彼此间很容易交流,但对于具有不同形式(比如古汉语和现代汉语)的人,就很难沟通了。在第八届控制论会议论文集里,有 Donald Mackay[②] 的一篇论符号的文章,区分了两种情况:一方面是通过他所谓的约定表述方式进行的交流;另一方面是通过科学的信息理论,通过设计和学习新的表述方式进行的交流。当我们谈到自然语言的意义时,大多是采用约定的表述方式,至少就成人之间的交流而言是这样的。然而即使是儿童之间的交流,我们发现,他们在某一个年龄段,在学习约定的表述方式时,他们也都表现出一种固执的倾向,总要坚持他们已有的表述方式。

[①] "大"这个意思还有一个字念 $shuo4$。(指文中的"硕","硕"旧读 $shi2$——译者注)

[②] MacKay, D. M.: *In Search of Basic Symbols*. Cybernetics. H. Von Foerster, Editor. Trans. Eighth Conf. New York, Josiah Macy, Jr. Foundation, 1952(p.182).

在这一点上,我想再引用 Piaget[①] 的话。他在《儿童的语言和思想》一书中说,"这样说并不矛盾,在这个阶段"——即七八岁之间——"只有两个儿童已有的心理图式完全相同并发生了接触,他们之间才能理解。换句话说,当说者和听者在实验时具有共同的先见和想法时,说者的每句话才能被听者所理解,因为它和听者心中已有并确立的心理图式完全吻合。否则,说者说话只能是徒劳。因为儿童不像成人一样能够在他人的心里寻找共识的基础,在此基础上构建相同的心理图式。"这正是 Mackay 所说的第二个问题。值得注意的是,Piaget 给这个讨论加了个脚注,它和我们这里的讨论很有关系。他说 Nicolas Roubakine[②] 在研究成人的阅读理解力时也得出一个类似的结论。Roubakine 证明了,成人间互相阅读彼此的作品时,如果他们的心理类型不同,那么他们也很难互相理解。不过,我们这些具有不同心理类型的成人之间,确实做了真正的努力,就像我们现在所做的一样,努力于构建新的表述方式,努力于阐释约定的表述方式。所以,为了能用正面的语气来总结我的演讲,我想对我开头所讲严谨性和内容之间是互补的说法做一点修正。我曾说:如果你要做到精确,你就不能说多;如果你要多说,那你就不能保证准确清晰;就好像存在一个固定的参数,人们对它一点办法也没有。但我觉得,从两方面来努力,试着解读我们的编码,我们已经把这个参数值稍微提高了一点。这个参数

[①] Piaget, J.: *Understanding and Verbal Explanation between Children of the Same Age between the Years of Six and Seven*. The Language and Thought of the Child. 2nd ed., New York, Harcourt, 1932(p.120).

[②] Ferriere, M.A.: *La psychologie bibliologique*. D'apres les documents et les travaux de Nicolas Roubakine. Arch. de Psych. 16, 101(1917).

是个常量,但这个常量也是可以改变的。即使数量和精度的乘积必须小于或等于某一个上限,我却设想这个参数昨天有一个值,今天又有一个更接近于上限的值。那么,人们是否可以期望,这个上限就正是所有学科间的充分的相互理解呢?

关于"监控语料库"的评述

"监控语料库"这一术语最早由英国著名语料库语言学专家约翰·辛克莱(John Sinclair)提出,他在《Corpus Concordance Collocation 语料库、检索与搭配》(英文版,上海外语教育出版社1999年)一书中,有比较详细的介绍。该书共有九章,其中第一章讲述了语料库建立的有关内容。王建华博士在2001年多次与约翰·辛克莱先生本人联系,取得他的许可权,将该书的第一章翻译成中文,篇名为《关于语料库的建立》①。

王建华在译文的注解中说:"第一章概括讲述了语料库建立的有关内容,其中讲述的监控语料库部分在想法上与我国北京语言文化大学教授、语言学专家张普先生提出的动态流通语料库有相似的地方,张普先生提出的流通度的概念使得动态更新知识库在理论上可以获得量化的评价依据,使得监控语料库这一美好的想法完全可以实际建立起来。对于流通度这一概念及动态更新知识库可参看他近两年的有关论文,限于篇幅,在此不再详述。"

我们的动态流通语料库最初是建立在动态语言知识更新的理念基础上的,曾在2000年获得过中国科学技术信息研究所(国家

---

* "监控语料库"这一术语最早由约翰·辛克莱提出,参见 John Sinclair《Corpus Concordance Collocation 语料库、检索与搭配》,上海外语教育出版社1999年。

① 该文发表于《语言文字应用》2001年第4期。

一级科技查新咨询单位)"科研成果查新证明书"(2000年6月27日,编号:00570),当时查新的两项课题名称(与信息产业部计算机与微电子发展研究中心合作)为:"汉语语料库建设及其勘校系统产品开发"和"中文词语知识库的建造及其机读电子产品开发"。与动态流通语料库和语言知识更新相关的查新要求为"流通度理论"、"语感可量化"、"新词的发现和提取由计算机自动分析"、"静态知识库动态更新的问题"等。通过国际联机检索,查找了包括"科学引文索引"、"美国工程索引"、"英国科学文摘"在内的25个国际数据库,包括"中国科技成果数据库"、"中国专利数据库"、"中国学术会议论文数据库"等在内的24个国内数据库,结论是"未发现有关的国外文献报道",也"未发现内容相同的国内文献报道"。

我们认为,约翰·辛克莱的"监控语料库"的确与我所主张的"动态流通语料库"有"相似的地方",所以我们在这里对"监控语料库"作一个综述,感兴趣的同仁可参考王建华博士发表于2001年第4期《语言文字应用》上的译文,也可以参见上海外语教育出版社1999年出版的 John Sinclair《Corpus Concordance Collocation 语料库、检索与搭配》的英文原文。不过,约翰·辛克莱的"监控语料"只是在他写书时的一个设想,王建华在2001年翻译他的书稿第一章时曾与他联系,得知他当时已经离开英国,住在意大利的一个边境小城,没能继续实际主持建设"监控语料库",所以我们在2000年进行国际联机检索时"未发现有关的国外文献报道"。当然其他国家今天也没有建立如中国的"国家语言资源监测与研究中心",当然也没有如此规模的动态流通语料库。我国的动态流通语料库目前以每年12亿字符,约10亿汉字符的数量增加,其监测的结果从2005开始以编辑出版《中国语言生活状况报告》的方式由国家语言文字工作委员会发布。①

何谓"监控语料库"？约翰·辛克莱说："(现在)我们**可能建立**(只是'**可能建立**',黑体为笔者所变)一种新的语料库,这个语料库在量级上和时间跨度上都没有限制,就像语言自身一样,处于不断发展之中。这样一个语料库的大多数材料都来自机读材料,这些材料要被检查是为了每天做记录。"他接着说:"在任何时候,这个语料库就可以对当前可得到的英语材料进行大规模的、最新的挑选;这样的语料库不仅有历时的一面,而且因为它详细的记录,我们还可以得到一个综合的词库。这样的语料库,几乎每一种有国际地位的语言都需要。""我称这种新型的语料库为监控语料库,因为为了某种研究我们可以从中得到'语言的状态'。一个样本语料库所不能提供的信息可以从对监控语料库的操作中搜索到。"

约翰·辛克莱对"监控语料库"的基本想法当然和我们的"动态流通语料库"有相似之处,比如:在对于"(语料库)就像语言自身一样,处于不断发展之中"的认识方面;在"语料的量级和时间"均不受限方面;在语料"有历时的"方面;在通过这种语料库可以得到"语言的状态(我们称为'实态')"方面;在语料的"最新的挑选"方面等,我们甚至都有非常多的共识。

但是,我们按"流通度"的选材标准,语感的量化与计算、控制论的稳态与反馈思想的引入,约翰·辛克莱却没有。更重要的是他的"监控语料库"只是**可能建立**,还没有落实建设,所以也就没有我们开始监测以后的对语言的大规模"应用实态"的真切把握和

---

① 目前国家语言文字工作委员会已经以中国语言生活绿皮书的方式由商务印书馆出版《中国语言生活状况报告(2005)》、《中国语言生活状况报告(2006)》、《中国语言生活状况报告(2007)》。

深入认识。我们今天已经认识到：对于语言的实态（语言应用的实际状态，即辛克莱的"语言的状态"）还要从语言应用的角度进一步划分。在最高层次，语言的实态可以分为两态：语言的稳态和语言的动态。我们已经推进到稳定度的计算和稳态与动态的自动分离。这是在辛克莱的《Corpus Concordance Collocation 语料库、检索与搭配》一书中没有提到也不可能提到的内容。辛克莱说："这样的（监控）语料库，几乎每一种有国际地位的语言都需要。"汉语已经是具有国际地位的语言，我们也已经建立并正在推进与汉语的国际地位相匹配的"监控语料库"，及其相应的机构"国家语言资源监测与研究中心"。当然，我们对于流通度理论的建立、对于大众语感的计算与模拟、对于稳态与动态的计算与分离、对于现代大众传媒的认识与分析等，都是与更多的知识结构交叉的结果，也是对于动态监测实践结果进行分析得到的更进一步的认识。

在文章结尾，辛克莱说："30 年前，人们认识到建立一个抽样语料库的可能性，现在它已经成了一个很标准的研究工具。现在建立一个监控语料库的可能性已经很清楚了。在接下来的几年内，我们希望在扩大对语料库的认识范围上和活动内容上多做一些工作。在研究对策上，对英语的研究来说下一步应该瞄准建立一个英语语言的监控语料库是很有道理的。这将是一个'英语语言知识库'，从这个库中我们可以得到语言结构研究的新的途径，而这些结构对读者来说每时每刻都是问题，但是由于语言使用的环境问题，这些语言结构不能被直接考察到。"

在这一段话中，我们仍然可以看到我们之间某些相似的"评估"，包括回顾性评估和前瞻性评估：他的第一段话提到"30 年前"，包括了对过去的"抽样语料库"（也就是静态语料库、平衡语料库)"现在它已经成了一个很标准的研究工具"的成果评估,也包括了对"建立一个监控语料库的可能性已经很清楚了"的规划论证性评估。巧合的是,我在《语言文字应用》2001年第4期上,为"动态语言知识更新研究"的一组论文写了一篇《主持人的话》,收入本论文集时篇名为《语言信息处理领域的一个新的命题》,也有一段话涉及这两种"评估"。我说:"20年前,我在《关于语言研究手段的现代化》一文中说:'我们从现在起着手努力,到2000年,能够实现语言研究的现代化,首先是研究手段的现代化,那就很不错了。'现在我愿意再说一句:我们从现在开始努力,20年后,我们的新新新人类能够享用语言知识动态更新的各种信息处理软件,就已经很不错了。"

在静态的共时的语料库建设与研究的评估方面,辛克莱说"30年前",我说"20年前",我们说话的时间相差几年,那时的汉语语料库建设与英语语料库建设相比,落后了上十年。而现在,后20年过去了8年,我们共同都主张建立历时的、动态的、监测语言实态的语料库进展如何？我看,中国的国家语言资源的监测与研究,汉语信息处理在动态语言知识更新方面的研究,无论是理论与方法,还是组织与实践方面,都大有希望。

古代汉语语料库建设

收录古代汉语真实文本的语料库是古代汉语语料库。原则上说现代汉语语料库的文本和语料都是开放的,因此语料库中的文本集合永远不是全集,总是抽出的部分样本的集合,而古代汉语语料则是一个封闭的范畴,因此,古代汉语语料库最终可以建立全集,不用抽样建设,当然,我们还是可以在古代汉语语料库的全集中进行抽样研究。古代汉语语料库也要进行文本标注和把生语料加工为熟语料的语料标注,只是标记集可能不同,自动标注的实现方法也可能不一样。例如:古汉语以单音词为主,自动分词的实现更加方便。但是古代汉语语料库的建设也有其特殊的困难:首先,现有的汉字库和汉字输入输出系统均不适用于古代汉语文本的处理,信息处理用国家标准和 ISO 国际标准均只有 20902 个汉字,因此 5 万汉字以上的大汉字集和全汉字集的中文平台研究、古籍整理用的汉字字体与字形研究是建设古代汉语语料库必须解决的第一个难题。其次,先秦古文字的语料库如何建立也必须依赖于古文字字库及其输入输出系统,古文字要不要选形和怎样选形都要事先决定。再次,古籍的版本问题、注疏问题、标注问题等解决

---

* 本文载《语言学——20世纪中国学术大典》,为该书条目之一,林焘主编,刘坚、陆俭明副主编,福建教育出版社 2002 年。

起来都是十分复杂的。

我国计算机与古籍的结合始于20世纪80年代初期,1983年4月《古籍整理出版情况简报》104期载文报道"全国语言学学科六五规划会议"上讨论了计算机与古籍整理研究相结合的问题,并且首次将有关的三项课题列入国家重点科研项目,即:用计算机编制《论衡》逐词索引、《儿女英雄传》虚词索引、《朱子语类辑略》虚词引得。这还谈不上是建立古代汉语语料库,只是专书的录入和处理。1986年深圳大学建立《红楼梦》语料库和多功能检索系统,1987年哈尔滨师范大学等三单位将标点本《史记》输入计算机,建立《史记语料库》,1988年中国社会科学院文学所将500万字的全先秦两汉魏晋南北朝唐诗存入计算机,另外还存入了《论语》和《般若波罗蜜经》,同年,深圳大学又将《全唐诗》输入计算机。这以后古代汉语语料进入计算机的规模逐步扩大,四川大学处理了《全宋文》语料库,河北大学建立了《续资治通鉴长编》史料库,陕西师范大学建立了《十三经》语料库、原文版本字形库、全汉字信息库、研究工作信息库等一系列先秦资料库。上海博物馆建立了商周青铜器铭文选和中国碑刻信息的"多层次图文语料库"。香港中文大学制订了古文献资料库计划,1991年完成先秦两汉一切传世文献资料库,遂开始建立魏晋南北朝一切传世文献资料库,1994年又开始建立出土简牍帛书文献资料库,在资料库的基础上他们编纂了《先秦两汉古籍逐字索引丛刊》。台湾"中研院"等机构的古籍全文资料库1985年始建,持之以恒,已经将二十五史、新清史、诸子、十三经、大正藏、台湾方志、太平御览、全上古三代秦汉三国六朝文等近亿字的古代汉语文本输入了计算机,谢清俊教授主持了"中文文献处理系统"的研制,采用SGML(标准通用标志语言)来标记古籍,并进行超文本(Hypertext)处理。

　　进入90年代,多媒体光盘(CD-ROM)技术、超文本技术、超媒体技术(Hypermedia)为古代汉语语料库的建设提供了更便利的条件。超大容量存储、多版本、经传注疏、研究考据、原物原形之间的关联都得以实现。有关中医针灸、经络腧穴和中国推拿按摩的全部古代文献、有关《孙子兵法》、《论语》的全部文献等首先进入光盘,1997年之后由于电子出版领域的大踏步推进,差不多所有的古文献都纳入各大电子出版机构的选题计划视野,最终是将《四库全书》列入国家重点电子出版计划,1998年已经有两种扫描版《四库全书》光盘陆续上市,可全文检索的光盘也将随后推出。在古代汉语语料库的基础上进行深入的用字研究、词典研究、音韵研究以及其他方面的语言研究和文化研究的课题均有开展。1993年北京中国中文信息学会和国家古籍整理出版规划小组办公室召开了"海峡两岸中国古籍整理研究现代化技术研讨会",1995年以上两单位和北京语言学院又主办了"中国古籍整理研究出版现代化国际会议",两会都出有论文集。1998年全国高等院校古籍整理研究工作委员会在北京举行"古籍整理与计算机技术研讨会"。古代汉语语料库的建设都是这些会议的重要议题之一。

　　今后,古代汉语语料库用的全汉字库、中文内码、中文平台、标记语言的研究,有关规范的研制和推行,超大规模重复劳动的协调,语料库的资源的深入开发利用,光盘版和网络版的古籍语料库的制作与发行将会是研究的重点。

现代汉语语料库建设[*]

建立在计算机中的语言资料库简称语料库(corpus),它是大规模真实文本(text)的有序集合,是利用计算机对语言进行各种分类、统计、检索、综合、比较等研究的基础(参见 GB12000.1-90《汉语信息处理词汇 01部分:基本术语》,中国标准出版社 1991年)。"文本"是语言的符号串,文字信息的处理对象,是依据语言学的原则和数理统计的方法从自然语言中抽取出来的。根据研究的需要,所抽取的文本的长度有时是其自然长度,有时是定长的。在从相对而言是无限的自然语言材料中抽取有限的文本时,有时是等密度的,有时是不等密度的。"真实"文本是指这些被抽取的文本必须是来自使用中的客观的语言材料,即原样的未经收录者修改的甚至包含着非规范用法或错误用法的语言材料,这是面向机器的语料库建设的一个基本观点。"大规模"真实文本是指文本和语料要达到一定的数量和覆盖较广泛的领域,所谓覆盖是指语料和文本在各个不同领域的分布或散布。这些不同领域通常是指由时间轴(反映时代特征)、空间轴(反映地域特征)、学科轴(反映知识特征)、风格轴(反映语体特征)构成的四维模型,语料库中的

---

[*] 本文载《语言学——20世纪中国学术大典》,为该书条目之一,林焘主编,刘坚、陆俭明副主编,福建教育出版社 2002年。

任何一个文本都可以标记出这四方面的特征。文本也还有其他方面的特征,例如:作者、版本、出版者等等,这种对于文本本身特征的标记可以叫文本标记,准确地说是文本外标记。带有各种特征标记的文本集合就是文本的有序集合,研究者可以随意提取各类不同文本的集合或交集、并集来进行研究。

从 90 年代开始国际自然语言处理领域发生了一些重大变化,其特征之一就是转向对大规模真实文本的研究和处理,以大规模真实文本为基础的语料库及其语言研究和知识自动获取受到高度重视,并且越来越走向深入和实用。1993 年清华大学黄昌宁教授在《语言文字应用》第 2 期发表《关于处理大规模真实文本的谈话》,认为这种变化和发展反映了现代语言学研究中经验主义思潮的复苏,在语法研究方面促动从宏观到微观的回归,给语言文字研究带来的巨大影响之一就是语料库语言学的崛起,该文引起语言学界的注意。1995 年清华大学出版社和广西科学技术出版社联合出版东北大学姚天顺教授主编的《自然语言理解》一书,其中有专门一章讲述"语料库语言学"。1997 年复旦大学出版社出版该校计算机系教授吴立德主编的专著《大规模中文文本处理》,该书在借鉴国外研究成果的基础上,以大规模中文文本为处理对象,系统地介绍了大规模真实中文文本信息计算机处理的理论和方法。

语料的时间轴限定在现代汉语(通常是 1919 年以来)范围之内的语料库是现代汉语语料库。由于大规模真实文本的语料库是建立在计算机中并且首先和主要是面向计算机自然语言处理的,出于实用化和商业化的目的,目前国内的大规模真实文本的语料库建设主要是现代汉语语料库建设,并且首先是现代汉语书面语料库的建设。近年来一些语料库中的库存生语料已经从百万级发展到千万级和上亿级。

我国早期建立的语料库有1983年建成的武汉大学"中国文学名著语料库",计划采集老舍、曹禺、茅盾、巴金、叶圣陶、赵树理等九人的作品527万字,完成250万字后停止。1985年北京语言学院建成"现代汉语语料库",采集五四以来各种题材和体裁的作品4大类179种,另有部分中小学语文课本,共计180万字,131万词次的语料。北京师范大学1985年建成"中小学语文课本语料库",采集国内中小学语文课本语料107万字。规模最大的早期语料库为北京航空学院1986年完成的"现代汉语词频统计语料库",采集1919—1982年间的语料约3亿字,抽出样本约2500万字,实际统计字数21084616字。

早期建立的现代汉语语料库多数是未经加工的"生语料",或者仅仅有分词标记的分词语料,分词往往是人工进行或机器辅助人工进行的,也有计算机自动分词加人工校对的。"生语料"是没有加入任何语言学标记的无标记语料。有标记的语料是"熟语料","熟语料"的标记如:分词标记、词性标记、短语标记、语义标记、句型标记等,这些语言学的标记叫语料标记,也可以叫文本内标记,以区别于文本外标记。手工进行标记叫人工标注,计算机自动进行标记叫自动标注。进入90年代,获取电子版语料的渠道越来越多(例如磁盘版、光盘版、网络版等),现代汉语语料库的建设越来越容易,语料库的建设向加工的深度发展。这一时期的现代汉语语料库有:清华大学计算机系"现代汉语语料库",国家八五项目,主要收录文学著作和科技文献,第一期100万字语料为1000个文本,每个文本不少于1000字,总库量超过1000万字,语料库系统可以自动分词并自动标注词性、短语、句型等。清华大学中文系"ZW 大型通用汉语语料库系统"语料库分为 0—3 四个级别,0 级为生语料,1—3 级分别为经过自动分词和自动标注词性、短语及句型成分的不同程度的熟语料。到 1994 年 6 月语料库已经采集 2500 万字,已经对 100 万字的语料进行了句型自动分析和分布统计。清华大学计算机系和北京语言文化大学语言信息处理研究所 1995—1998 年合作完成国家自然科学基金重点项目"语料库语言学研究的理论、方法和工具",预计建立 8000 万—1 亿字的现代汉语语料库,拟订一系列的语言标记集,有分词、词性、句法关系等自动标注和辅助校对工具,完成 200 万字的标注和校对工作。北京语言文化大学还在 1992 年建成"当代北京口语语料库",收录 80 年代北京口语录音(378 人)转写语料 170 万字,其中 40 万字进行了分词和词性标记;1995 年完成"现代汉语语法研究语料库",生语料 2000 万字,分词和词性标注语料 200 万字,其中还有部分句法标记;1995 年完成"汉语中介语语料库系统",从来自 96 个国家和地区的 1635 位留学生的 5774 篇语料中抽取 740 人的 1731 篇语料,共 44218 句,1041274 字,语料进行了分词和词性标注及一些特殊的语言学标注;1995 年完成"现代汉语句型语料库",该项目对 400 万字的语料进行了句子切分,对 34 万字的语料进行了句型分类统计的粗加工,对 28 万字的语料进行了句型分类和句法结构分析的精加工;1998 年还与香港理工大学中文及双语学系建设了"现代汉语语料库"200 万字,全部都有分词和词性标记,并有单句及主题标记。1990 年新华社等单位完成"现代汉语新闻语料库",采集新华社国内外新闻电讯稿共 1 亿 2000 万字,语料全部经过自动分词,统计出不同词条 156434 条,经审定后筛选 70030 条建立"新闻汉语词库"。1990 年山东大学完成"当代汉语流通语料库",采集1985—1989年的流通语料560万字,语料进行了分词。国家语言文字工作委员会在建的"现代汉语语料库"拟收通用语料5000万字以上,选材自1919年至90年代。此外,在山西大学、上海交通大学、东北大学、厦门大学、中国科学院、中国社会科学院、计算机与微电子发展研究中心等单位都有为不同目的建设的不同规模的现代汉语语料库。上述语料库只有极少数进行商品化出售或提供公开的检索服务,且价格或服务费较高。

随着计算机硬软件环境的不断更新和语言学研究的进展,今后的现代汉语语料库建设将向流通语料、应用语料、双语语料、口语语料、多媒体语料等方向发展,将会从句法、语义、语用的角度加深对这些语料的加工和研究,特定学科、特定地域的语料库建设也会受到重视。语料库文本的自动获取、分类、过滤,语料的自动标注及自动进行大规模真实文本的句法分析、语义分析、篇章分析,从语料库中自动获取语言知识和百科知识等一系列工作都将得到推动。由于生语料库的建设越来越容易、粗加工的语料越来越多,光盘版和网络版的现代汉语语料库将逐步上市。面向计算机信息处理的现代汉语语料库,面向语言教学、语言教师和语言学家的现代汉语语料库都将会逐步走向实用。

汉语字频和词频研究*

文字和词汇一经使用，就带有了频度(frequency)，也称频率，例如《现代汉语频率词典》。汉语字频和词频是汉语的字的使用频度和词的使用频度的简称。也有人把字和词的使用频度叫"流通频度"，例如《新闻信息汉字流通频度统计》。字频与词频的计算方法是：用特定的语言资料范围中某单字或单词的出现次数除以这个范围中的所有单字或单词的出现总次数，所得到的百分比就是该单字的字频或该单词的词频。例如：在《骆驼祥子》一书中"的"字出现4423次，该书的全书总字数是107360字，所以"的"字在该书的字频是4423除以107360，为4.1198%。

早期的字频词频统计是手工进行的，手工统计的语料范围有限并且难免有错。例如《毛泽东选集》用字统计（云南冶金第五矿统计）中，各单字使用次数之和比总字数少170次，又例如《汉字频度表》（北京新华印刷厂统计）前4表每表总字数之和与总表总字数相差31565次。80年代以来的字频词频研究结果大都是计算机自动统计的，统计的语料范围大，精确度高。存储在计算机中的有序的语言资料叫语言资料库，简称语料库。不过中文不实行分

---

* 本文载《语言学——20世纪中国学术大典》，为该书条目之一，林焘主编，刘坚、陆俭明副主编，福建教育出版社2002年。

词连写,也没有词间空格,词与字、词与词组的划分没有定论,因此计算机的词频统计受分词规范和计算机自动分词精度的限制,其结果仍有仁者见仁,智者见智之处。字频和词频研究总是与特定的语料有关的,语料范围不同,会得到不同的频度统计结果。语料的范围通常与时间、地域、学科、风格等有关。例如:现代汉语通用字频统计、近代汉语词频统计、80年代北京口语词频统计、新闻语料词频统计、中小学教材字频统计等都要依据特定的时间、地域、学科、风格的语料。目前多数汉语字频词频研究统计的对象是书面汉语语料,一些涉及口语的字频词频研究也是将录音语料转写为书面语料之后进行统计的,真正进行语音方式的字词频度研究的结果还不多见。

字频词频研究还必然涉及对不同范围的语料的科学抽样,选样原则和语料选取的"最优量"研究都是字频词频研究中的关键问题。字和词的"使用度"(usage)和"分布率"是考察常用字和常用词时提出的概念并有相应的计算公式,在筛选常用字和常用词时不仅要依据它们的频度,还要考虑到它们在语料中出现的文本篇数和语料类数,即它们在语料中的分布,或者叫做"散布系数",依据散布系数和频度再计算出字或词的使用度。"覆盖率"是考察一批单字或单词的累计频度,即这批字或词的出现次数累计覆盖了语料总数的百分比。例如:《骆驼祥子》总字数是107360字,不同单字总数是2413字,频度最高的前67个汉字累计频度为50%,即覆盖了全书总字数的50%,覆盖率为50%,覆盖90%的是前621个高频字,覆盖95%的是957字,覆盖99%的是1608字。《现代汉语频率词典》的"汉字频率表"统计的语料总字数是1808114字,不同单字总数是4574字,前116个高频字覆盖50%,

覆盖90％的是908字，覆盖95％的是1358字，覆盖99％的是2418字。

不带频度的字和词是不存在的，死字和已经消亡的词也是有频度的，是历史上的频度，是历时（diachrony）语言学要研究的频度。

我国早期最有系统地进行字频研究的是教育家陈鹤琴先生，他在南京高等师范学校任教时，与助理员费时两三年，对于儿童用书、中小学课外著作、通俗报刊等六类语料554478字进行了手工统计，得到4261个不同单字的统计结果，编成《语体文应用字汇》，1928年商务印书馆出版，其中出现300次以上的单字有569个，出现100次以上的单字1193个。同时还据此编印了《平民千字课》，字频研究的目的主要是为了国民识字教育。

最大规模的一次手工字频统计研究是1976年12月由北京新华印刷厂748工程查频组组织19个单位完成的，内部印行了《汉字频度表》，抽样统计了工业、农业、军事、科技、政治、经济、文学、艺术、教育、医学等方面的书刊、报纸192种，总字数21629372字，得到不同单字6374个，其中出现21次以上的常用字部分为4152字。这次字频研究的直接目的是为了计算机用字，为748工程的汉字激光照排系统确定汉字库的字量寻找科学依据。尽管手工统计这样大量的数据会有一定失误，事实上，《汉字频度表》不仅成为当时汉字库、汉字编码等汉字信息处理的研究依据，也是日后制定和颁布《信息交换用汉字编码字符集·基本集》(GB 2312-80)的重要基础。

1979年武汉大学的语言自动处理研究组开始使用计算机做中国现当代文学著作的逐字索引和字频统计，1980年完成《骆驼祥子》的自动编索和查频工作，其"单字频度表"、"部首索引表"、"逐字索引"作为《现代汉语语言资料索引》的第一辑由四川辞书出版社出版，以后又陆续出版的第二至第五辑《现代汉语语言资料索引》分别是《倪焕之》、《北京人·雷雨·日出》、《子夜》、《三里湾》的逐字索引，每辑都有"单字频度表"。这次编纂逐字索引的直接目的是为了给正在编纂的《汉语大字典》补充现代汉语例句，"单字频度表"是副产品。

1981年北京航空学院刘源教授主持国家科委的"现代汉语词频统计"项目，中国人民大学、北京大学、复旦大学、武汉大学等10单位参加研究，这是最早的计算机词频统计研究，采用人工分词和计算机自动分词相结合的方法进行统计，1986年6月通过国家级鉴定。统计者从1919—1982年的约3亿字的语料中依随机和有规律（等距、分层）两种不同方法抽取了约2500万字的样本，样本分为四个时期和自然科学、社会科学两大类10个子类。在此基础上北京航空学院与中国文字改革委员会又从1977—1982年的1亿3800万字的语料中，抽取了11873029字的语料进行统计，得到《社会科学、自然科学综合汉字频度表》，有不同单字7745个，常用字部分3500个字覆盖率为99.49％。这次统频的直接目的是为了推动中文信息处理向词处理阶段推进，包括词库建设、词汇编码、分词规范与自动分词研究等。字频统计的目的是为了对现代汉字进行量化研究，为现代汉语常用字表的研制提供依据。

1985年7月北京语言学院王还、常宝儒教授完成"汉字频率表"，该项目1979年开始，主要为了研制《现代汉语频率词典》，选用了各种题材和体裁的语料共4大类，179种，另将1978—1980年全国通用的10年制中小学语文课本按类列入。实际统计的字数是1808114字,约130万词次,不同单字4574字,不同单词31159条,一些词条带有词性和词义的说明。语料实行人工分词,计算机统计。本项研究的直接目的是为对外汉语教学服务,1986年出版的《现代汉语频率词典》是首部正式出版的现代汉语的频率词典。

1987年1月新华社技术研究所公布《1986年度新闻信息汉字流通频度》,计算机自动统计了1986年1月1日至12月31日新华社国内通稿90627篇,40632472个字符,统计结果表明:1986年度新华社通稿使用不同汉字6001个,标点、阿拉伯数字、外文字符96个。在此基础上对GB 2312—80的6763汉字和一、二级汉字做出了分析。

此外,北京师范大学的《中小学汉语教学用常用词表》和山东大学的《现代汉语常用词库》,也都是在频度统计的基础上研制的。进入90年代之后,一方面获取语料的渠道越来越多,语料库建造越来越容易,一方面自动分词技术有较大提高,因此许多单位都有新的字频词频研究结果,例如:北京大学、清华大学、中国人民大学、北京语言文化大学、山西大学、山东大学以及一些研究单位和电脑开发公司等,不过其数据都未见正式公布。

字频和词频的研究促进了有关的标准和规范的颁布以及相关的工具书的出版。例如:1981年国家标准局颁布《信息交换用汉字编码字符集(基本集)》(GB2312—80),收有单字6763个,其中一级字3755个,二级字3008个,1986年国家语言文字工作委员会汉字处依据15种常用字统计资料和5种通用字资料拟订了《现代汉语常用字表》,1988年语文出版社出版,其中收常用字2500个,次常用字1000个。1992年6月,国家对外汉语教学领导小组办公室汉语水平考试部依据十多种统计资料,加以专家调整,研制了《汉语水平词汇和汉字等级大纲》分别收汉字 2905 个和词汇 8822 个,均分为甲乙丙丁 4 级,北京语言学院出版社出版。1990年北京航空学院刘源教授主编了《现代汉语常用词词频词典》,宇航出版社出版,在此基础上研制了国家标准《信息处理用现代汉语常用词表》。1988 年科学出版社出版《汉字信息字典》,其中提供 7785 个正体字的字级、频级、频序、频率等,附录有"《国标》一级字频度表"。1989 年语文出版社出版傅永和主编《汉字属性字典》,收 6763 字的 46 类属性,其中有字频。

随着汉语汉字的信息处理向多媒体光盘(CD-ROM)、因特网(Internet)和古籍整理研究领域的发展,汉语字频和词频的研究将从现代向古代发展,从共时研究向历时研究发展;并且应由政府部门或研究机构定期公布每年的字频词频统计结果和新词表,与港台的字频词频和新词进行综合比较研究;还应对流行期刊、图书(均含电子版)的字频词频进行年度追踪检测和研究。

论多媒体技术在语言信息处理中的作用[*]

随着计算机硬软件环境的不断改变，最近几十年以来，语言信息处理技术有了长足的进步，使得电脑的应用在广度和深度两个方面都突飞猛进。汉语信息处理的大发展是最近15年的事情，在汉语信息输入、输出、压缩、识别、理解、传输等方面的处理已经紧紧跟随国际自然语言处理的步伐，不过由于汉语汉字有不少自己特殊的问题要解决，所以汉语信息处理在某些方面又会相对滞后。

目前，在我们所熟悉的技术领域，专家们已经普遍认为，21世纪的信息技术将在建立和谐的人机环境方面有许多创新性的发展，从而可能促使信息应用系统发生本质性的变化。为了适应21世纪信息社会的需要，人类将不仅仅满足于通过电脑的打印结果或屏幕的显示窗口从外部去观察或接受电脑的信息处理结果，而且要求能通过人的视觉、听觉、触觉、嗅觉以及形体、手势、口令等

---

[*] 原文载比利时根特《知识与信息技术国际会议论文集》。(1996.9) Zhang Pu, *The Effect of Multi-media Technology on the Understanding of Nature Language*, Topics in Knowledge and Information Technology，© 1997 Communication & Cognition，Blandinberg 2，B-9000 Ghent，Belgium.

直接参与到信息处理的环境中去,从而得到身临其境的体验。这种信息处理系统已经不再是建立在单维的数字化的信息基础上,而是建立在一个多维化的信息空间之中,建立在一个定性和定量相结合、感性认识和理性认识相结合的综合集成环境之中。VR(Virtual Reality 虚拟现实)技术将是支撑这个多维信息空间(Cyber Space)的主要关键技术。[①] 多媒体(Multimedia)、超媒体(Hypermedia)、虚拟现实(Virtual Reality)、多维信息空间(Cyber Space)等这些新技术的出现和发展,也必将对目前的语言信息处理技术特别是自然语言理解技术产生不可估量的影响,促使自然语言理解取得新的突破。

一、目前自然语言(汉语)理解技术的现状

通常我们把汉语信息处理技术的发展分为字处理、词处理、句处理、篇章处理等几个发展阶段,其中字处理的许多技术是汉语特有的(例如汉字编码输入、汉字库等),而词处理、句处理、篇章处理技术是和其他自然语言共同的。只有到了句处理及篇章处理,才真正触及了自然语言理解的所有核心和实质性的问题,语法知识、语义知识、语用知识、语境知识的研究、运用和获取都开始提上议事日程。(见图1)

但是,迄今为止电脑所获取的用于理解自然语言的知识几乎都是来自书面语料的,无论这些知识是由人工赋予的还是由机器自动获取的,也无论这些知识是规则性的还是大规模统计性的。

---

① 汪成为《为实现和谐的人机环境,开展灵境系统的研究》,1995年10月11日于清华大学报告。

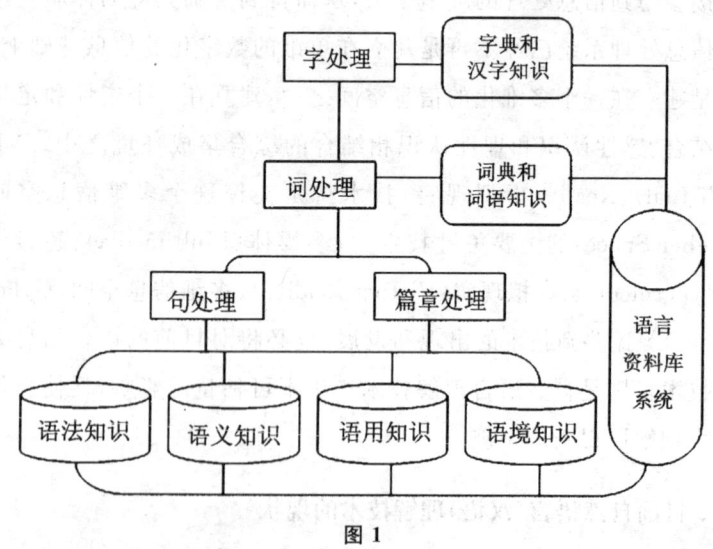

图1

在我国已经有几个数千万字级别的汉语语料库建成,正在进行不同级别的精加工(例如词汇级、短语级、单句级、复句级的人工标注或机器自动标注),相信不久的将来就会有数亿字级的汉语语料库和符合汉语标记规范的语料库推出。在语料库的自动标记中,汉语的自动分词和自动标记词性也是汉语或汉藏语系的语言所特有的,虽然标记的正确率还没有达到100%,但是已经可以投入使用。

我们可以将上述语料库称为单媒体的语料库。这种单媒体的语料库实际上就是书面汉语语料库,是纯文字形式的语料库。即使是专门用来研究口语的语料库(例如北京语言学院的北京口语语料库),由于受到汉语语音识别的条件的限制(例如非特定人连续音的语音识别),也是将有声的录音带转写成为书面的文本形式才输入计算机建成语料库的,这是将语音媒体由人工转换成为文字媒体的例子,所以它实际上仍然是一种纯文字形式的单媒体语料库。从这种纯文字形式的单媒体的语料库中我们当然可以获取某些非常有用的语言知识,例如文字知识、词汇知识,甚至一些基于上下文的语法知识、语义知识和语用知识。但是人类首先并且常常是用语言来交谈的,作为信息的载体,语言是第一性的,文字是第二性的,文字又是语言的载体,它只是记录语言的符号系统,用文字来记录和传递信息只是为了弥补语言的不足(例如语言的传递受到时间和空间的限制),所以人类的语言交际还有许多文字以外的丰富信息在传递,例如声音的高低、升降、轻重、长短和停顿等,此外,还包括利用表情、手势、体态、姿势、动作甚至衣着、场合等非语言交际手段,这些构成了文字上下文以外的语用和语境,它们都和语义的表达直接紧密相关。这些丰富的语义、语用、语境知识是无法从目前的文本型的单媒体的语料库中获取的。

在自然语言的交际中,文字以外的与语言交际有关的信息,语义和语用、语境的关系随处可见:汉语中的轻声、变调、语调、逻辑重音、语义停顿等都和语音有关,点头、摇头、眨眼、瘪嘴、咂嘴、吐舌、缩脖、耸肩、伸手、摇手、摆手、勾指等都与视觉图像有关。吕叔湘先生曾举例说:在餐桌边说"鸡不吃了",鸡大概是受事(食品),在院子里说"鸡不吃了",鸡大概是施事(动物)。这是和说话的场合或环境有关。同样是在餐桌边说"请!",把手臂伸向椅子时是请客人入座,举起酒杯时是向客人敬酒。在电梯门口、在汽车门口伸手说"请!",又是"请进"和"请上"的意思。这与语境、姿势、表情都有关系。

实际上,科学技术的进步也已充分证明多媒体在语言交际中的重要性。自从电话、广播、电视、电影、录音、录像等现代化信息传播手段发明并普及以后,社会已经发生了一些明显的变化。例如,随着电话的普及,据统计,目前在中国人们越来越多的采用电话这种手段来交往,写信最多的只有三种人:刚考上大学的学生以及军人和恋人,这是因为写信费用比较便宜或有些话不便于当面说。可以想见可视电话的普及必将会取代现在的语音电话,可视电话除了可以令我们见到朝思暮想的亲人面以外,我们还可以靠眉目传情,表达言外之意,创造一定的语境。虽然目前国际互联网(Internet)的出现,在一定时期促进了网友的"笔谈",但是随着技术的进步和需求的增加,这种"笔谈"最终也还会被多媒体的网上交际所取代。1996年发生在中国北京大学的一件事已经可以作为佐证:4月9日北京大学心理学系研究生薛燕戈通过国际互联网收到美国密执安大学的电子邮件,表示接受她去就读并提供1.8万美元的奖学金,同时告知随后会有正式通知。她久等不到通知,经查询才得知,早在4月12日已经有人借她的名义向密执安大学发了一个电子邮件,拒绝了该校的邀请。由此引发了她与同室好友的一场侵犯姓名权的特殊官司。单媒体的"笔谈"和多媒体的交谈的差别不言自明。

因此,我们提出建立用于自然语言理解的"多媒体语料库"这一全新的概念,只有从"多媒体语料库"中,我们才能获取那些不仅与文字有关,更与声音和图像等有关的语音、语义、语用和语境知识。只有获取了这些知识之后,才可以说是获得了全面的用于理解自然语言的知识。我们把此前仅靠从文本型单媒体语料库获取的知识称为单媒体语言知识,从"多媒体语料库"中获取的知识称为多媒体语言知识。(见图2)

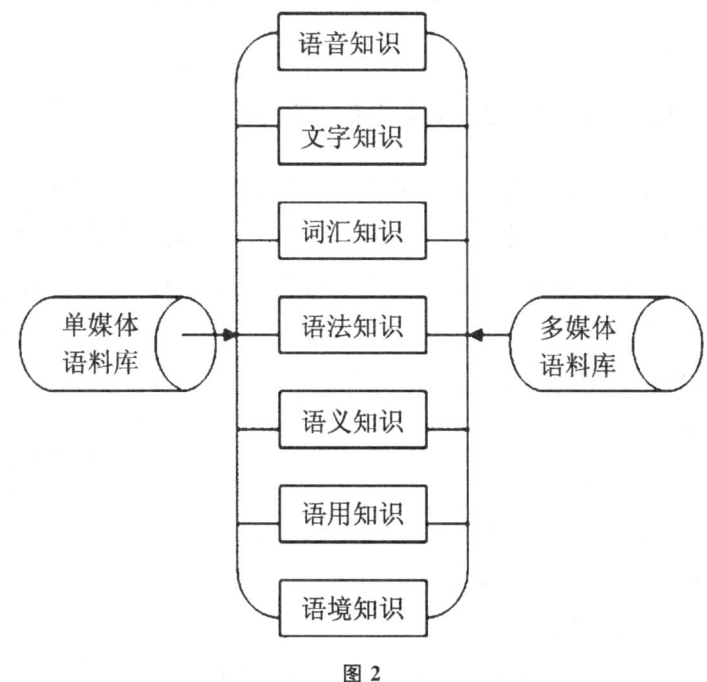

图 2

许多靠单媒体语言知识难以理解的或有多种解的模糊语句（也可以称为歧义语句），在多媒体语言知识下就是明确的了。你常常会觉得在单媒体语言知识下绞尽脑汁难以解决的问题到了多媒体语言知识环境下立刻迎刃而解，因为在交际中通常是要求语言明确地传达信息的（不包括故意含混其词、一语双关等），语言中单独靠一种媒体难以明确传递的信息，常常要靠多媒体的手段使其变得明确。所以，目前的基于文本型单媒体语料库的语言知识进行的自然语言理解实际上还没有获取更没有使用多媒体的语言知识。

随着技术的进步，建造多媒体语言资料库，获取多媒体语言知识,在多媒体语言知识支持下的虚拟环境中进行自然语言理解和人机对话是必然的。

二、目前(汉语)自然语言理解中存在的问题

汉语自然语言的理解实质上是一个解模糊的过程,许多从事自然语言理解的专家已经认识到这是汉语理解取得突破的关键。目前在汉语的理解中存在着多重模糊现象,专家们花费了大量的时间和精力寻找解这种模糊(实际上就是歧义)的知识和算法。就书面的语言形式而言,人们普遍认为这种模糊主要表现为以下几类:

• 同音字(词)

一个拼音串,可能是多个同音的字或词。例如:zhāng,张、章、樟、獐、……璋;又如:mǎlù,马路、马鹿、马陆。

• 同形字(词)

一些字或词,书面形式相同,但是意义不同或声音不同甚至连词性也不同。例如:重(zhòng)、重(chóng);长(zhǎng)、长(cháng);地道(名词)、地道(形容词,轻声);杜鹃(动物)、杜鹃(植物)。

• 一词多义

同一个词有多个不同的意义,分别出现在不同的语言环境之中。例如:"好"在不同的语言环境下有不同的意义,"他真好(优点多)"、"哥儿俩好(要好义)"、"这好办(容易义)"、"病好了(痊愈义)"等。又如"出海"在不同上下文中意义正好相反,"刚出海的渔轮(到海里去)"、"刚出海的鲜鱼(离开海)"。

• 同现歧义

由于两个字或词相邻同现引起的歧义。例如:字段"语言学"是一个词还是两个词实际上取决于下一个同现的字是"会"还是"习",如果是"会",又要取决于"会"后面的部分是"议"还是"会成为"。

- 结构歧义

同一语段书面形式相同,语法结构不同。例如:"出租汽车"(有偏正和述宾两种结构),"我和哥哥的老师"(有先联合后偏正和先偏正后联合两种形式),等等。

- 逻辑歧义

同一书面形式,语法结构也相同,逻辑重音不同引起的歧义。例如:"小王今天看电影"这句话,强调的重音是"小王"时,表示"是小王看,别的人今天不一定看";强调的重音是"今天"时,表示"小王今天看,别的日子不一定看";强调的重音是"电影"时,表示"小王看的是电影,不是看别的(比如录像)";强调的重音是"看"时,表示"小王今天看,不是不看"等。

- 语境歧义

例如:"开刀的是我爸爸"这句话,由于"爸爸"的身份可以是"医生"和"病人"两种情况,"开刀的"也就有施事和受事两种可能。前面已经提到的"鸡不吃了"一句,在餐桌旁和在院子里两种语境,"鸡"可能是"食品(受事)",也可能是"动物(施事)"。还有其他的一些模糊(歧义)类型,我们不再一一列举,本文并不是研究这些类型。这还是就书面形式而言,如果是语音识别,还有其他一些模糊类型需要解决。

三、多媒体与虚拟现实技术在自然语言理解中的作用

1. 多媒体语言知识的获取

首先我们要解决多媒体语言知识的获取问题。实际上文字符号表示的语言知识已经在书面的语料库里获取了，这里所说的多媒体语言知识主要是指通过声音和图像来表示的语言知识。我们还要研究多媒体的语言知识之间是如何互相补充来传递信息的，当然还要研究这些多媒体语言信息的压缩、同步、表示等技术问题。到目前为止这个领域还是空白，首先是语言学界还没有人从解模糊的角度系统地研究过声音、图像和语义之间的关系。例如：

• **声音**：汉语普通话中到底有多少词它们的轻声与非轻声的意义是不一样的？轻声词出现的多媒体环境是什么？像"地道（名词）"和"地道（轻声、形容词）"只靠书面形式就可以区分一部分，比如前面有"很、太、真"等副词时后面的"地道"一般是轻声的形容词，但是在"北京地道的……"上下文中就不知道是哪一个"地道"，随着下文的延伸，可能有不同的变化——

北京地道的……（名\形）

北京地道的入口……（名）

北京地道的小吃……（形）

北京地道的小吃街在……（名\形）

虽然靠单媒体的语言知识也可以努力不断地解模糊，但是如果可以有轻声或不轻声的声音媒体的语言知识提供的话，这个语义歧义在交际过程中实际上是不存在的，或者说是清晰的。当然，我们分析的是在正常情况下的交际，不会说轻声则另当别论。还有一些轻声和不轻声意义不同的词靠书面上下文是很难区分的，那就更得依靠多媒体的信息来解决了。

• **图像**：以头部动作、姿势和手势而言，汉语中到底有多少种不同的方式？这些方式都表示什么意思？这些意思是单独以图像来表示的还是配合语言表示的亦或是两可的?两可时各占多少使用频率?例如:把食指放在嘴唇前即表示噤声,但同时发出"嘘"声仍表示噤声。不过仔细琢磨这两种噤声的方式,实际上还是有区别的,有"嘘"音的一般表示禁令,没有"嘘"音还含有示意悄悄的、不要惊动别人的意思。又例如:摇头、手掌向外左右摇摆、手掌向侧扇等方式都表示某种否定的意思,这几种方式与"不、别、没、没有"等否定词语有什么对应关系?何时表示发话人的自我否定?何时是示意受话人表示否定?这些问题都还没有人仔细研究。再例如:在篇章理解时,"他不回去吃饭了"一句,要找到"他"究竟是替代上文的谁是一件不太容易的事,有时候,实际的语言交际中可能上文中根本就找不到确指的是谁,而是在说这句话的同时用手指或下巴指向了在场的哪一位,这样的传讯除了从图像信息可以获取外,文字和声音都不可能提供。实际的多媒体的语言信息比我们现在举的例子可能还要丰富得多、复杂得多,不建立多媒体的语料库,我们就无法系统地研究和获取这些信息。本文只是首先提出多媒体语料库和多媒体语言知识的概念,论述建库和获取多媒体语言知识的重要性和必要性,真正的建库步骤、条件、方法尚待另文论证。

2. 多媒体语言知识的运用

山东大学孟子敏、津能良政已经有韵律特征实验结果可以证明多媒体的语言知识对于在文本方式下的某些歧义具有消歧作用,或者说在实际的多媒体语言交际环境下歧义本来是不存在的。例如,从书面文字看,以下两句话都是有歧义的:

① 我和哥哥的老师去了。

 A. 我和哥哥两个人的老师去了。

我和哥哥的老师去了。

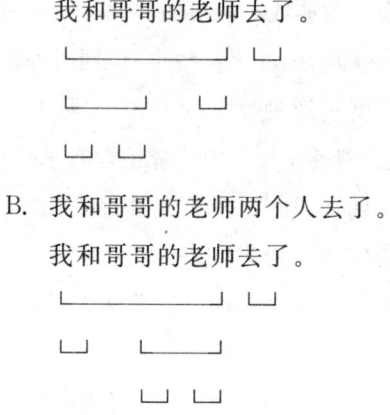

B. 我和哥哥的老师两个人去了。

　我和哥哥的老师去了。

② 老王拿了封信出来交给我。

 A. 老王拿了一封信走出来交给我。"拿了封信"和"出来"是连动结构。

 B. 老王拿出来一封信交给我。"拿了封信"和"出来"是述补结构。

  只从字面看,这两句话确实是有歧义的。但是实验语音学的实验和测试结果却已经证明,每一句话的两种不同的意义在停顿、重音、音长延长方面都有明显的区别,声学分析、声学特征描写、理解实验的结果从各个角度都提供了有力的证据。如果再加上说话时的语境和手势,语句要表达的意思就更是明白无误的了。单媒体环境下认为是极其难以消歧的句子在多媒体环境下竟然迎刃而解。

  当然,如果能用虚拟现实的技术模拟真实的人类语言交际环境和场合,进一步进行人机对话,那将使机器理解人类自然语言变得更加容易,或者说目前基于单媒体语料库的语言知识的智能理解系统将会有所突破。因为,无论如何你不能要求机器利用单媒体的智能去理解人在多媒体环境下所进行的语言交际,那是人也会发生理解错误的。中国有句老话:己所不欲,勿施于人。现在可以套改一句:己所不能,勿求于机;若欲机能,模拟人境。

结束语

本文仅仅是根据当前计算机及其相关技术发展的趋势和最新成果,从语言学的角度,分析运用这些最新技术的必要与可能,指出语言交际和交际环境的多媒体性,主张建立多媒体语言资料库,获取多媒体语言交际知识。这一点迄今为止尚未在自然语言理解和人机对话中受到重视和提上议事日程。

语言的多媒体性与
多媒体语言知识的作用*

语言是人类所特有的最重要的交际工具，也是人类认识客观世界的思维工具。任何语言，包括最原始的语言，都是有声的语言（聋哑人的语言是特例，属病理语言学范畴，不在本文讨论范围），都传达一定的意义，语义和语音是语言的最本质的属性，它们分别是信息和信息的载体。词汇和语法是语言系统最基本的建构单位和建构模式，有限的词汇和语法可以构成无限的句子，使得人类在交际活动中得以正常地充分地进行表达和理解，这就是信息的编码、传递和解码。

本文拟从信息处理的角度，在宏观上审视语言和言语，思考普通语言学的一些最基本的常识，在此基础上提出语言的多媒体性，指出多媒体信息在语言交际中的客观性和重要性，这对于语言教学和自然语言理解都有一定参考价值。基于近年来多媒体技术和多媒体计算机的发展，本文也将论述建立多媒体语料库及获取多媒体语言知识的必要与可能。

---

* 本文获国家自然科学基金重点项目（项目号：69433010）资助。载陈力为、袁琦主编《语言工程》，清华大学出版社 1997 年。

一、语言的多媒体性

1. 什么是多媒体

什么是媒体？媒体又叫媒质或介质，是信息赖以传播的载体，信息依靠某种载体从甲方传递到乙方，从甲地传递到乙地，从此时留传到彼时。

什么是多媒体(multimedia)？多媒体又叫多介质、多媒质、多媒介。多媒体在计算机信息处理领域有特定的含义，即：指能够同时抓取、处理、编辑、存储和展示两个以上不同类型信息媒体的计算机信息处理技术。这些信息媒体包括：文字、图形、图像、声音、动画、活动影像(video)等，其中前三类是静态媒体，后三类是动态媒体，也叫时变媒体(time-variant)。

2. 语言符号的多媒体性

语言是一个符号系统，有了符号和符号的组合规则，人们就可以用语言来进行交际。那么语言符号又是什么？语言符号就是声音和意义相结合的统一体。声音是语言符号的物质形式，人类语言一开始就是有声语言；意义则是人们对客观世界某一类现实现象的概括的反映，是人类认识的结果。具体义是人们对客观世界的具体事物的概括或者是对其某些属性的概括，抽象义是人们对非直接感知(即非视觉、听觉、触觉、味觉、嗅觉、动觉等)的某些复杂思维活动的概括，抽象义也常常间接与具体义或具体事物有关。徐通锵、叶蜚声先生在《语言学纲要》中指出语言符号的条件"实际上说的是符号的形式、意义与符号所代表的现实现象之间的相互关系"。"所谓'现实现象'，不仅指周围世界(自然界和社会)的事物、事件、性质、动作等，而且也指人类内心世界的感觉和知觉，道德的评价以及精神文明、意识形态等方面的现象,一句话,包括语言所要表达的一切东西。"即便是"鬼、神、天堂、地狱"这类客观世界并不存在的现象,也并非是完全的虚构,其意义的形成仍然会有一定的客观基础,不过常是"现时现象"的一种折射或歪曲的概括罢了。

因此,语言符号(音和义的结合体)与现时现象之间有着反映和被反映的密切关系。现时现象是什么? 现时现象常常就是能被我们直接感知的图形、图像、声音、动画、活动影像,或者是我们能够通过语言和文字了解到的知识,而知识又是人们对客观世界的认识的积累。

徐、叶二先生用下图来表示语言符号和现时现象之间这种反映和被反映的关系(其中表示文字的"形"这个分支是笔者增加的):

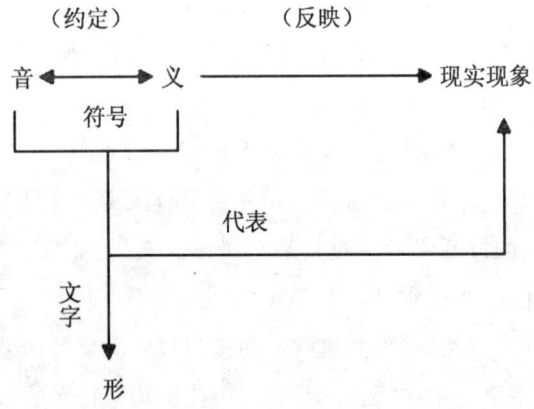

语言符号的语音加上它所反映的现实现象(又可以是图形、图像、声音、动画、活动影像等),这就已经构成了多媒体信息。如果是书面语言,再加上文字信息,那就更加是多媒体信息了。所以,我们说语言符号是多媒体的。

3. 普遍概念在感知中的多媒体性

我们直接感知的"现时现象"总是具体的、个别的,而经过概括后,语言的意义却是普遍的、一般的。例如"牛"的意义是舍弃了"母牛、公牛、牛犊、奶牛、黄牛、水牛"等许多具体的、个别的牛,反映了一种普遍的一般的反刍类哺乳动物"牛"的特点:如"食草,反刍,有角,偶蹄,是区别于羊和马的家畜……""庖丁解牛"中的"牛"就是典型的普遍一般的"牛"。我们每个人(包括庖丁)都只见过具体的"牛",当然没有人见过一般意义的"牛",就是儿童在看图识字时见到的"牛",在多媒体电子词典或光盘百科全书中画的"牛",也都是具体的"这一只",而不是那个普遍的一般的"牛"。语言作为人类区别于动物的第二信号系统,是靠概念和现时现象发生联系的。概念(即意义)是语言符号的"所指",语音是语言符号的"能指"。索绪尔在他的《普通语言学教程》中说:"我们建议保留符号这个词表示整体,用所指和能指分别代替概念和音响形象。"

由于语言所表达的意义是普遍的,所以人们可以相互理解,进行交际;又由于传讯者和受讯者都是通过自己对具体的个别的了解去理解普遍的意义,所以在各人的背景知识不同时,就会产生误解或者说不清、道不明、听不懂等等现象。黑格尔曾说:"语言实质上只表达普遍的东西,但人们所想的却是特殊的东西、个别的东西。"(引自《黑格尔〈哲学史讲演录〉一书摘要》见列宁《哲学笔记》第 303 页)这里说的人们"所想的"东西,就是每个人根据自己的知识所理解的那个具体的、丰富多彩的东西。这个"所想的"东西当然也是多媒体的。

我们说语言是多媒体的,或者说语言符号所传递的信息是多媒体的,就是说无论从语言表达的普遍意义看,还是从语言信息的发出者或接受者看,语言符号所反映的客观实际,交际者(既包括语言信息的发出者也包括接受者)所表达或理解的(即"所想的")语言信息,实际上是多媒体的信息。

二、言语的多媒体性

1. 言语和语言

言语是我们使用某种语言符号和符号组合规则所说的每一句具体的话。语言是静态的"物",言语是动态的"事"。言语是语言的运用,或者说是人们的语言活动。语言是多媒体,言语更是多媒体。言语除了继承语言的上述静态多媒体特征之外,还有下述一些动态的多媒体特征,也就是前文述及的"时变媒体"特征。

2. 言语的多媒体特征

(1) 言语一般都是有声的

聋哑人的手势语、通讯中的旗语、不出声的默读等都是特殊的情况,但仍然是建立在有声语言的基础上的。实际上,说出声来的言语(话)是外部言语,不说出声来的言语(默读、默想、心算)是内部言语,语音实验的仪器已经证明了两种情况下言语器官动作的电流记录是相同的。高名凯、石安石先生认为:"无论是内部言语还是外部言语,都是对某种语言的运用,所以内部言语和外部言语在本质上是一致的。"但是在正常情况下,人们一般总是靠"说话"来交际,而不是靠"默读"或"笔谈"来交际的。

汉语言语中决定信息传递的因素除了声母、韵母、音节外,声调、句调、语调、轻重音、停顿、强弱、音变等语音手段也都起着重要的作用。例如：孟子敏等指出在书面语中"我和哥哥的老师都去了"、"老王拿了封信出来交给我"两句都是有歧义的，前者的"我"可能去了也可能没去，后者的"老王"可能出来也可能没动。但是实验语音学在声学分析、声学特征描写以及理解实验的结果几方面从各个角度都提供了有力的证据，证明上述的每一句话的两种不同意义在语音的停顿、重音、音长延长方面都有明显的区别。也就是说从书面看有歧义的句子，在多媒体的情况下（加上语音说出来），实际上是没有歧义的。

（2）言语常常伴随着图像

许多"话"常常与图像有关。如："小华在看书"、"妈妈洗衣服"、"爷爷看电视"、"我骑车，你坐地铁，她打的"、"晚上看电影"、"早上学太极拳"、"现在去医院"、"她害怕打针"、"黑得伸手不见五指"、"跳着脚骂"、"个个像是毒日头下的黄瓜秧，蔫蔫的，塌塌的，等着挨训"等等，常说谁谁"说得很形象"，那是因为接受者都"接受"到了一幅活灵活现的"图像"。自然，言语并不是句句都伴随着活灵活现的图像，"今天星期三"、"这是一个新词"、"毛泽东思想是集体的智慧"就很难形象化。

（3）儿童的语言习得从形象到抽象

儿童学话的过程首先是从具体的图像和声音结合开始的。比如：学叫"妈妈、爸爸、爷爷、奶奶、姥姥、姥爷"，这是和具体的人联系在一起的；学说"小鸟、小猫、小狗、小鱼、大老虎"，这是和具体的动物联系在一起的；学说"小草、大树、花儿、叶儿"，是和具体的植物联系在一起的；学要"饼干、牛奶、苹果、糖糖"，是和具体的食品联系在一起的；认识"圆的、大的、红的、绿的"是和具体的形状或颜色联系在一起的；认识"一、二、三、四"是和数手指联系在一起的；

学习"再见(拜拜)、欢迎、打、怕怕、亲一个、笑一个、哪儿想"是和具体的动作或表情联系在一起的,等等。

(4)伴随言语的特定表情与身势

我们说话的时候常常不是一无表情和动作的,而是恰恰相反。雷霆万钧和似水柔情的言语都是靠着眉目和手势来帮助表达的,当然声音的抑扬顿挫、轻重缓急也起了重要的作用。这还不是多媒体吗?徐通锵与叶蜚声先生认为"各种伴随动作也是交际的工具。它们一般都是在语言的基础上产生的"。(见《语言学纲要》第15页)这些特定的表情与身势可以伴随语言使用,也可以是单独使用。这包括:

• **表情**:撇嘴(看不起)、伸舌(吃惊、说错)、眨眼(假话、反话)、皱眉(为难、忧愁),还有注目礼、微笑、冷笑等等。

• **手势**:数字手势0—9等;其他手势,如:表示称赞(伸拇指)、表示蔑视(伸小指)、表示指示(伸食指)、表示"好"或"OK"(拇指食指合成圈另三指伸直)等等。

• **头势**:左右摇头(否定)、点头(肯定)、转圈摇头(得意)、摆头(走)、点头(致意)、低头(羞涩、认错)、伸下巴(表示指示)等等。

• **姿势**:鞠躬(感谢、致礼)、拉袖子(想动手、不怕)、叉腰(表示阻止前进)、食指竖直放在撅起的嘴唇前(表示阻止出声)等等。

(5)伴随言语的身份和场合

伴随言语的身份是指话者的身份,伴随着言语的场合是指交际时的场合,身份和场合也是多媒体的,常常对信息的传递和理解有一定的帮助,在书面语言中是歧义的文字,在多媒体的情况下实际上意义是明确的。

• **身份**:"我去打针"和"我去上课"都有歧义,话者可以是施事也可以是受事。但实际交际时并没有造成误解，那常常是话者的年龄、衣着、表情、"道具"等等图像信息已经帮助我们辨明了话者的身份，知道了话者究竟是老师还是学生，是医生还是病人。当然，更多的时候是依靠我们的背景知识，即话者的身份是我们事先本来就清楚的。

有时候一句话不一定是字面上的歧义，也可能是涉及言外之意的歧义。例如：一个大人说"我交了学费了"，他可能是真的交学费（上电大、夜大等），也可能不是真的交学费（言外之意是花了钱没有达到预期的效果），但是要是一个孩子说："我交了学费了"，那一般是真的交学费。这种与身份有关的问题就更复杂一些，但是在人们的交际中一般也不会弄错，显然是有语音和字面以外的因素在起作用。

· **场合**："鸡不吃了"和"孩子丢了"也都有歧义，前句的"鸡"和后句的"孩子"都既可能是施事也可能是受事。但在一定场合下，意义是明确的。吕叔湘先生说过在餐桌边说"鸡不吃了"，"鸡"大概是受事，而在院子里说"鸡不吃了"，"鸡"大概是施事。同样，说话的场合有没有"孩子"在场，可能决定究竟是"孩子"弄丢了什么东西（这东西是说话的双方共知的背景知识）还是"孩子"本身被弄丢了。

由于场合的因素造成的不同言外之意，有时候情况会更加复杂，比如："我们应该打开窗户"，这句话的言外之意就可能有许多种：也许言外之意是"屋子里温度太高"，也许是"抽烟的人太多，空气不好"，也许是"准备'说亮话'"，也许是要说"外面的世界很精彩"等等。但是，无论如何在交际中我们也不会产生误解，那一般也是因为有语音和字面以外的语境因素在起作用。

三、多媒体语言信息的运用

1. 多媒体信息对语义理解的作用

既然我们已经明白了语言和言语都是多媒体的,我们研究和处理语言或者言语就必须从多媒体的角度出发。如果只就书面语言来研究,就可能把原来的多媒体传递的某些信息丢失掉,使得一些本来借助多媒体手段明确无误传递的信息变得模棱两可,歧义重重。相反,如果提供了多媒体信息,自然语言理解中的某些难题、计算机在书面语言理解中遇到的某些难题可能会迎刃而解。

这里我们指的是这样一种情况,即计算机单单依靠书面信息来判断产生的歧义或误解,人在多媒体的环境下进行交际时,实际上并不存在。例如:曾被许多人(包括我本人)引用的有名的造出来的歧义例句"乒乓球拍卖完了",在实际的语言交际中就是没有歧义的。假如既没有背景知识帮助理解,也看不到卖的场合和所卖的实物或图像,那么话者的语音韵律特征是一定要强调出卖的对象究竟是"乒乓球"还是"乒乓球拍"的。不仅仅是通过仪器的语音分析和实验可以证实这一点,在接受者忽略了这种韵律特征产生误解时,话者往往会再次加重和突出韵律特征,以便帮助接受者理解,这种加重和突出的韵律特征是每个人都能听得明明白白的:"我说的是'乒乓球 拍卖完了',不是'乒乓球拍 卖完了'"。计算机在处理书面形式的这句话时,会产生歧义,就是因为忽略了或者准确地说是无法获取这种帮助区分语义的韵律特征。

当然,在计算机的多媒体技术出现之前,忽略了多媒体(包括韵律特征)信息,只依靠书面语言进行理解,引发了一些不应出现的歧义,是没有办法的事情。现在,我们有必要也有可能探讨在自然语言理解中采用多媒体技术,还信息处理中的语言和言语以多媒体的本来面貌。在书面形式的大规模真实文本的语料库尚未建立好,许多深加工的项目还没有进行完或者还没有开始时,谈论语言的多媒体性、多媒体语言知识、多媒体语料库似乎是太早了一些,其技术难度也是很难预料的,我们仅从理论上作一定探讨,期望能对目前的书面语料库和有声语料库的发展与深加工,对二者的转化与结合有些许帮助。同时,我们也期望能从最简单的动态媒体(时变媒体)——语音媒体分析开始,推动这方面的研究工作。

2. 语音媒体对语义理解的作用类别

(1) 多音词的作用

现代汉语中一些词同形不同音也不同义。例如:长(zhǎng)长(cháng)、重(zhòng)重(chóng)、朝(zhāo)朝(cháo)、调(diào)调(tiáo)等等。"又重(zhòng)了"和"又重(chóng)了";"已经长(zhǎng)了"和"已经长(cháng)了";"上调(diào)了"和"上调(tiáo)了"等等,写出来一样,说出来不一样。

(2) 轻声词的作用

汉语普通话中有一些复音词是轻声词,这些词中首音节以外的某音节不读原来的声调,而读成一个又轻又短的调子。轻声会导致语音在音强、音高、音长甚至音质方面都发生变化,有明显的特点。这些轻声词在自动分词和词性判别方面有重要作用,例如:

① "还是 他 第一"   ③ "要是 他 不来"
② "还 是 他 第一"   ④ "要 是 他 不来"

前两句和后两句写出来字面都一样,但①和②意思不一样,③和④意思也不一样,主要的区别在于"还是"、"要是"的分词和词性,①和②不同,③和④也不同。①③句中"还是""要是"都是一个词,词性是连词,②④句中"还 是"和"要 是"都是两个词,"是"都是动词。"还是""要是"都是轻声词,语音特征提供了必要的分词和词性信息。可以提供分词和词性信息的轻声类别模式还有以下几类:

• 助词:结构助词"的、地、得、似的";动态助词"了、着、过、来着"等;语气助词"的、了、吗、吧、呢、啊、啦、嘛、着呢"等。其中,有些词可看做实际上的动词后缀,以帮助识别动词,例如:"了、着、过"等。

• 名词后缀:"一子",如"桌子、孩子、剪子"等;"一头",如"馒头、石头、拳头"等;"一巴",如"嘴巴、尾巴"等。

• 代词(复数)后缀:"一们",如"我们、你们、他们、咱们"等。

• 副词后缀:"一么",如"这么、那么、怎么、多么"等。

• 动补式合成词:"一不一",如"对不起、禁不住、了不起"等;"一得一",如"说得来、靠得住、来得及"等;"一不得",如"了不得、怪不得、舍不得"等;"V一V",如"试一试、看一看、走一走"等;"一来",如"出来、过来、进来、起来"等;"一去",如"出去、过去、进去"等。

• 方位词:如"一上、一下、一里、一边"等。

其中,后四类中的一些类或项是封闭的,可枚举的,例如"方位词""一么"等。也有一些是相对开放的类或项,例如"名词后缀""V一V"等。也有一些是两种情况都有,例如"一们"既可以作名词后缀表示复数,也可以作代词后缀表示复数,前者是相对开放的,后者是可以枚举的。

当然,还有一些双音词,看不出有什么规律,但是在说话时是一定要轻声的,轻声与不轻声在词性、词义方面均有差别,因此,语音的变化实际上起了区别词性和词义的作用。例如:(上一词为轻声词)

地道(形容词) 买卖(名词,生意或商店) 地方(部位)

地道(名词)　　买卖(动词,买和卖)　　地方(与"中央"一词相对)

据统计,在约 5 万(44977)词中,含轻声的词有 2890 个。在《现代汉语频率词典》的前 8548 条高频词中,含轻声的词共 730 条。经考察,常用的必读轻声的轻声词约 200 条,这些必读条对理解有重要作用。

(3)儿化词的作用

汉语普通话中还有一些词是儿化词,儿化是在原来的读音上再加上一个卷舌动作(儿),两者结合在一起,使前一个音节的韵母成为卷舌韵母。这种儿化词也有一些是必读儿化的,读儿化和不读儿化也有区分词性和词义的作用。例如:

"盖、画、圈、拍、刺、摊、堆、抄、招"等都是动词,而"盖儿、画儿、圈儿、拍儿、刺儿、摊儿、堆儿、抄儿、招儿"等却都是名词;"尖、闷、干、好、破烂"等都是形容词,而"尖儿、闷儿、干儿、好儿、破烂儿"等也都是名词,下面的成对的词,虽然都是名词,但是意义有不同:

眼(器官)　眼儿(小洞)　　棍(兵器)　棍儿(细枝)

头(器官)　头儿(负责人)

面(食品)　面儿(细粉末)　白面(食品)　白面儿(毒品)

口(器官)　口儿(豁口)

值得注意的是在书面文字中,应该读儿化的词中的"儿"常常不写出来,史定国先生在《现代汉语儿化词规范问题》中介绍了他对某课教材的统计,说"书面带有'儿'尾的只占本课儿化词的 14.2%"。如果是这样,我们就基本上不能依靠书面的材料获得儿化的语音信息。仅从书面看,"是新牌吗"就有歧义,但是口语中实际上是没有歧义的,"新牌"和"新牌儿"分得很清楚。

(4)变调的作用

汉语普通话中有"上声＋上声"、"去声＋去声"的连读变调,还有"一"、"不"、"七"、"八"的连读变调等。以"一"为例,单念时读阴平,在阴平、阳平、上声前念去声,在去声前念阳平。按照这一规律,"一点儿"的"点"是上声,"一"念去声,例如:

多一点儿民主决策,少一点儿独断专行。　　你再快一点儿。

今天比昨天凉一点儿。　　　　　　　　　　我给你烧一点儿开水。

但是,下面的"一点儿"与上面的"一点儿"写出来一样,意思却不一样,其中的"一"不再念去声,而是改读阴平:

一点儿五倍。　　一点儿九七克拉。　　万分之一点儿零一的误差。

这样,看起来字面上没有差别的"一点儿",在口语的语音中实际上也是有差别的,因而意义上也就区分得很清楚,不会造成误解。

(5)停顿与时长

下面的两个句子也是在研究汉语的自动分词时的有名的句式:

美国会通过人权法案。　　　　　发展中国家畜……。

这两句话均因为分词的不一致造成理解的歧义,前一句可能是"美　国会　通过……"或"美国　会　通过……",后一句可能是"发展　中国　家畜……"或"发展　中　国家　畜……"。但是,在人的语言交际中,这种歧义基本上是不存在的,我们总是用不同的停顿、时长甚至重音来强调可能引起歧义的部分。如果传讯或受讯的任何一方忽略了这种强调,就会产生误解,也就需要再夸张地重新强调一遍这些语音特征。无论是交集型歧义字段还是包孕型歧义字段,单从字面看的歧义,一旦有了语音的表达支持,歧义一般就会自然消解了。像这样的例子还有:

1. 学生 会 同意 去。
   学生会 同意 去。
3. 迟到 的 请 把 手 举 起来。
   门 的 把手 已经 坏 了。
2. 据说 他 将 来 北京。
   将来 的 事情 将来 再办。
4. 白天鹅 在 湖中 自由 嬉戏。
   白天 鹅 在 湖 中 自由 嬉戏。

这些例子在语音的停顿、时长、重音方面都是有区别的,其中例3的"把手"的"手"常常发轻声再加上儿化,"把"读成上声变调,成为"把手儿(báshǒur)"。利用语音信息我们将有可能使自然语言理解中的一些难题得到解决,这些难题在仅仅基于书面语言时是不容易解决的。

我们现在还没有进一步分析除语音以外上文提到的其他媒体的作用和分类,例如图像、活动影像等,那得是另一篇论文的任务了。

四、语音知识在自然语言理解中的问题和局限

1. 内部言语问题

上文我们已经简单叙述了语音的重要性,仅仅列举了词汇和韵律方面的一部分特征,还没有涉及句调语调的问题。有声语言在人类的交际中使用了许多的语音手段来区分意义,使得正常的语言交际活动的表达总是清楚的,理解总是明白的。

人在读书看报的时候,不是只看到了书面的文字吗?不是也没有遇到太多的理解难题吗?这是不是说离开了有声语言也一样可以交际呢?我们在前文已经介绍过,人在默读的时候是依靠内部言语的,内部言语和外部言语本质上是一样的,语音实验仪器已经证明了两种情况下的言语器官活动的电流记录是相同的。可以说人在默读的时候已经在心理上感知了相应的语音,因此仍然利

用语音帮助区分了词义。就心理上对内部言语的感知而言,说"默念"比"默读"要准确。而电脑对书面语言进行理解时,就是电脑在默读,电脑没有人的"默念"的本事,电脑无法通过内部言语感知语声,因而电脑也就无法消除由语声来消除的那些歧义。要说电脑有时不如人,这是一个典型的例子。至此,我们可以把电脑对书面汉语进行理解时的情况分成三类:

• 人和电脑都能正确理解的,例如:"北京的春天来了"。

• 人与电脑都认为有歧义的,例如:"我们研究和尚保存的乐器",这是曾在报上出现的句子,你不看上下文就不敢说那"乐器"是不是"和尚"的。这一类,不是电脑的错,人也搞不清楚的事,不可以责怪电脑。

• 人可以正确理解,电脑产生误解的,例如:"开会研究生产生活问题",人可以正确理解这句话,而电脑自动分词时,却可能分成"开会/研究生/产生/活/问题"。

第三类是应该研究解决的重点,其中有一批就是前文已经论述的人可以靠语声来正确理解,而电脑由于没有内部言语的感知,出现了问题。对于语音识别技术来说,这是一大幸事,对于书面语言的理解来说,这是一条难以逾越的鸿沟。

2. 同音词问题

汉语中有大量的同音词,这又是语音识别,进行音—字转换的一大难题。书面汉语的理解则没有这个问题。说"我姓 zhāng",不知道是"立早章",还是"弓长张",这也不是电脑的问题,人也不知道。依靠词可以"定同音字",例如"樟树"、"表彰"、"图章"、"张灯结彩"等。依靠词组可以"定同音词",例如"数学公式"、"秋季攻势"、"公事公办"等。但是,汉语中的单音词数量远不及双音词,覆盖率几乎占一半,当几个单音词相连的时候,如何区分每个单音词的同音词就是个大问题了。不过,这也已经应该是另外一篇论文论述的任务了。

参考文献

[1] 北京语言学院语言教学研究所编《现代汉语频率词典》,北京语言学院出版社 1986 年。

[2] 常宝儒《现代汉语频率词典的研制》,载陈原主编《现代汉语定量分析》,上海教育出版社 1989 年。

[3] 陈力为、袁琦主编《语言工程》,清华大学出版社 1997 年。

[4] 陈原《社会语言学》,学林出版社 1983 年。

[5] 陈原《社会语言学专题四讲》,语文出版社 1988 年。

[6] 陈原主编《现代汉语定量分析》,上海教育出版社 1989 年。

[7] 陈原主编《现代汉语用字信息分析》,上海教育出版社 1993 年。

[8] 陈原《陈原语言学论著》,辽宁教育出版社 1998 年。

[9] 陈原《信息与语言信息学论纲札记》、《语言与信息论札记》、《语言与控制论札记》,均载陈原《陈原语言学论著·卷三》,辽宁教育出版社 1998 年。

[10] 戴昭铭《语言习惯、约定俗成和语言描写》,载《语文建设》1992 年第 4 期。

[11] 戴昭铭《规范语言学探索》,上海三联书店 1998 年。

[12] 费尔迪南·德·索绪尔著,沙·巴利、阿·薛施蔼编《普通语言学教程》,高名凯译,岑麒祥、叶蜚声校注,商务印书馆

1980年。

[13] 高名凯、石安石《语言学概论》,中华书局1963年。

[14] 郭冶方《新闻信息汉字流通频度统计》,载陈原主编《现代汉语定量分析》,上海教育出版社1989年。

[15] 何婷婷《语料库研究》,华中师范大学2003年博士论文。

[16] 胡明扬《语义和语法》,载《汉语学习》1997年第4期。

[17] 黄昌宁《关于处理大规模真实文本的谈话》,载《语言文字应用》1993年第2期。

[18] 黄昌宁《关于"八五"汉语语料库选材原则和语料分布的初步考虑》,载陈力为、袁琦主编《中文信息处理应用平台工程》,电子工业出版社1995年。

[19] 黄昌宁、李涓子《语料库语言学》,商务印书馆2002年。

[20] 黄曾阳等《自然语言语义网络的基本构成及其特性》,载《自然语言理解处理论文集》,载《HNC(概念层次网络)理论——计算机理解语言研究的新思路》,清华大学出版社1998年。

[21] 李葆嘉《荀子的王者制名论与约定俗成说》,载《徐州师范学院学报(哲社版)》1986年第4期。

[22] 李岗《交际语言学引论》,中国铁道出版社1998年。

[23] 李泉《论语感的性质、特征及类型》,载《中国人民大学学报》1995年第4期。

[24] 李宇明《语感简论》,载《语文教学与研究》1996年第6期。

[25] 李宇明《努力培养双言双语人》,载《长江学术》2003年第4辑,长江文艺出版社2003年。

[26] 廖益清、丁建新《也谈语言的约定俗成性》,载《外语教学》

1997年第3期。

[27] 刘连元《现代汉语语料库选材设计》，载罗振声、袁毓林主编《计算机时代的汉语和汉字研究》，清华大学出版社1996年。

[28] 刘源等《现代汉语词频测定及分析》，载陈原主编《现代汉语定量分析》，上海教育出版社1989年。

[29] 吕冀平《规范语言学探索·序》，载戴昭铭《规范语言学探索》，上海三联书店1998年。

[30] 吕冀平、戴昭铭《当前汉语规范工作中的几个问题》，载《中国语文》1985年第2期。

[31] 吕叔湘《现代汉语语言资料索引·序》，载《现代汉语语言资料索引 第一辑 老舍〈骆驼祥子〉》，四川人民出版社1983年。

[32] 吕叔湘《歧义类例》，载《中国语文》1984年第5期。

[33] 吕叔湘《中学教师的语法修养》，载《吕叔湘全集》第十一卷，辽宁教育出版社2002年。原载《中学语文教学》1984年第10期。

[34] 宁春岩《语言是约定俗成的吗?》，载《现代外语》1996年第1期。

[35] 潘纪平《语感的心理机制初探》，载《湖北大学学报》1995年第5期。

[36] 邱超捷、宋柔、欧阳龙根《大规模语料库中词语接续对的统计与分析》，载《语言工程》清华大学出版社1997年。

[37] 史定国《普通话中必读的轻声词》，载《语文建设》1992年第6期。

[38] 史中琦、张普《基于DCC动态流通语料库的流行语类型分析》，2003年杭州第3届应用语言学学术研讨会报告。

[39] 宋柔、戴伟长等《现代汉语二字结构工程》,参见 ICCIP98 国际会议论文集。

[40] 粟武宾、于欣丽《术语学与术语标准化(三)》,载《术语标准化与信息技术》1996 年第 4 期。

[41] 隋岩、张普《基于动态流通语料库的〈动态词典〉编纂》,载《中国辞书论集 2000》,中国大百科全书出版社 2001 年。

[42] 隋岩、张普《基于"动态流通语料库"的词语评估和新词语发现》,2002 年中国辞书学会年会论文。

[43] 穗志方、俞士汶、罗凤珠《宋代名家诗自动注音研究及系统实现》,载《中文信息学报》1998 年第 2 期,第 12 卷。

[44] 孙维张《汉语社会语言学》,贵州人民出版社,1994 年。

[45] 孙修章《必读儿化词研究报告》,载《语文建设》1992 年第 8 期。

[46] 王培光《语言能力与语法教学》,载《中国语文》1991 年第 4 期。

[47] 王培光《语言运用能力与语言审析能力的分析与验证》,载《中国语文》1996 年第 6 期。

[48] 王渝丽《我国术语数据库的现状》,载《科技术语研究》1999 年第 1 期。

[49] 吴立德等《大规模中文文本处理》,复旦大学出版社 1997 年。

[50] 谢清俊《中央研究院(台北)古籍全文资料库的发展概要》,中国古籍整理研究出版现代化国际会议报告论文集,1995 年 7 月 22 日北京。

[51] 邢公畹《论"语感"》,载《语文研究》1981 年第 1 期。

[52] 邢红兵《信息领域汉英术语的特征及其在语料中的分布规

律》,载《术语标准化与信息技术》2000年第3期。

[53] 徐世荣《儿化韵的两个细微差别》,载《语文建设》1996年第6期。

[54] 徐通锵《语言论》,东北师范大学出版社1997年。

[55] 许嘉璐《关于语言文字规范问题的若干思考》,载《语言文字应用》1998年第4期。

[56] 许嘉璐《现状和设想——试论中文信息处理与现代汉语研究》,载《中国语文》2000年第6期。

[57] 姚天顺等著《自然语言理解》,清华大学出版社、广西科学技术出版社1995年。

[58] 叶蜚声、徐通锵《语言学纲要》,北京大学出版社1981年。

[59] 伊道恩、李中立《论语感的认识性品格》,载《天津师大学报》1995年第1期。

[60] 殷作炎《普通话语流音变探幽二题》,载《语文建设》1996年第7期。

[61] 尹斌庸、方世增《词频统计的新概念和新方法》,载《语言文字应用》1994年第2期。

[62] 于根元《二十世纪的中国语言应用研究》,书海出版社1996年。

[63] 俞士汶等《现代汉语语法信息词典详解》,清华大学出版社1998年。

[64] 苑春法、黄昌宁等《新一代语料库的建设与管理》,载陈力为、袁琦主编《中文信息处理应用平台工程》,电子工业出版社1995年。

[65] 张本楠、杨若薇《普通话去声变调之考察》,载《语文建设》

1996 年第 6 期。

[66] 张普《关于制定〈汉语信息处理词汇〉国家标准的若干问题》，载《武汉大学学报》1988 年第 1 期。

[67] 张普《语言自动处理概论（大纲）》（内部），《语言自动处理中心及现代化语言资料中心的建设规划》，载《语言自动处理》，武汉大学出版社 1988 年。

[68] 张普《中文信息处理研究与发展前瞻——中国语言研究面临的挑战与机遇》，载《计算机信息报》1989 年 12 月 19 日。

[69] 张普《〈汉语信息处理词汇 01 部分基本术语〉国家标准（草案）的研制说明》，载《汉语信息处理研究》，北京语言学院出版社 1992 年。

[70] 张普《论汉语信息处理与语境研究》，载《汉语信息处理研究》，北京语言学院出版社 1992 年。

[71] 张普《近年来汉语信息处理技术在对外汉语教学领域中的应用》，载《中国对外汉语教学学会成立十周年纪念论文选》，北京语言学院出版社 1996 年。

[72] 张普《规范化——98 汉字编码键盘输入方法新动向》，载《中国计算机报》1998 年 5 月 4 日。

[73] 张普《基于动态流通语料库的语感模拟和新词语提取研究》，载《外国语言文学研究》2004 年第 2 期。

[74] 张普、石定果《计算机在古籍整理研究领域中的应用》《论古籍整理用全汉字字库的字体与字形》《中国古籍语料库的建立与标准化》，载《汉语信息处理研究》，北京语言学院出版社 1992 年。

[75] 朱德熙《汉语句法中的歧义现象》，载《中国语文》1980 年第 6

期。

[76] 邹韶华《语法规范琐议》,载《语文建设》1991年第11期。

[77] 邹韶华《试论语法规范的依据问题》,载《语言文字应用》1996年第4期。

[78] 《中国出版年鉴(1997)》,中国出版年鉴社1997年。

[79] 《中国出版年鉴(1998)》,中国出版年鉴社1998年。

[80] 《中国大百科全书·语言卷·术语》,中国大百科全书出版社1988年。

[81] 《中国新闻年鉴(1997)》,中国新闻年鉴杂志社1997年。

[82] 《中国新闻年鉴(1998)》,中国新闻年鉴杂志社1998年。

[83] 《GB12000.1-90汉语信息处理词汇01部分:基本术语》,中国标准出版社1991年。

[84] E. Haugen著《语言学与语言规划》,林书武译,载《国外语言学》1984年第3期。

[85] John Sinclair《Corpus Concordance Collocation 语料库、检索与搭配》,上海外语教育出版社1999年。

[86] N.维纳著《控制论》(第二版),郝季仁译,科学出版社1963年。

[87] R. R. K.哈特曼、F. C.斯托克著《语言与语言学词典》,黄长著等译,上海辞书出版社1981年。

后　　记

现在,这本论文集终于算是杀青了。

我在三月写本书《前言》时说:"DCC 博士研究室对词语的稳态部分的研究可以说是由史艳岚博士开始的。她在 2006 年毕业。"并且那时我还说:"真正专门研究词语的稳态也就是常态部分的,是 2007 年即将毕业的赵小兵博士和韩秀娟博士。""当然,这些也仍然是对现代汉语字词语的稳态考察的发端而不是终结。"我一边指导她们的博士论文研究,一边写作《论稳态》一文,没想到我的论文集还没有出版,甚至《论稳态》还没有完成,而她们两个都已经完成了博士论文并顺利通过了答辩,获得博士学位了。

不是她们做得太快了,更不是她们做得草率了,而是我放慢了节奏。正如我在前言中说的:"我目前的健康状况,确实不再允许只争朝夕。再争下去,就会朝不保夕。""但是,不争朝夕,绝不是止步不前,只是需要'稳态'。要用稳态作为常态来代替过去的非常态。""按照控制论,稳态,是健康态,稳态前进,是健康前进。我们得学会自我'控制'。你不能在朝夕之间做太多的事,世上自有后来人,让后人去做,会做得更好。"

时间真是过得太快了,我的确是不能再等待后续的论文发表了。《动态语言知识更新研究》论文集必须结束并且发稿了。在 3 月完成《前言》之后,4、5、6 三个月,主要做了两件事:第一件,今年要毕业的学生,博士论文和硕士论文必须按时送出审查,按时答辩;今年报考的博士和硕士要在这个期间完成考试和录取;还有明年准备毕业的博士和硕士要完成中期考核和开题。每年这个时期都是唱的"急急风",有人称为"黑五月",样样事情都是"稳不得也莫哥"。第二件,是对两项已经到期的研究课题进行验收和结题,其中就有"流行语跟踪研究"的课题。既然是"到期"的研究项目,当然也是"稳不得也"。做老师的人,教学生,做科研,这两件事就是本职工作了。尽管《论稳态》应该收入本书的**"第二部分 控制论篇"**,并且是控制论部分的很重要的核心概念,但是唯一可以"稳得"的就是它了,谁让《论稳态》的核心就是一个"稳"字呢?我必须先完成唱"急急风"的那些事情。

书稿还在推进,只是插空来进行了。

我在3月初将《前言》写完的时候,请北京语言大学出版社退休的资深编审陈华兰老师帮我审读《动态语言知识更新研究》全书,并经商务印书馆的总经理助理周洪波同意,按照商务印书馆的体例提出修改意见。4、5、6三个月,除了忙上面的教学和科研的本职任务之外,就是和陈华兰编审一起将书稿又细细地过滤了三遍。在我健康的情况下,这件事情本来应该进行得更快一些,但是现在,一忙起来,我除了保证正常的教学科研任务之外,唯一可以压缩或暂停的就是减少我应该写的论文和整理准备出版的论文集了。

陈老师很快就审读完毕第一遍,并提出了修改的建议,主要是我随后的修改延误了时间。经过我们的三次审议,书稿从最初的26万字压缩、修订到21.4万字,减少了4.6万字;书中的相关图表从45幅压缩为29幅,减少了16幅。这一重要的变化不仅仅是数量和经济的问题,最重要的是提高了全书的质量。比如:各篇论文发表的时候都有署名、单位、中英文的论文提要、关键词等,这些都删除了。但是附录篇中的个别重要论文不是我的作品,为读者考虑又必须收录的,均另外署上作者或译者姓名。原来论文后面的参考文献或正文的脚注,各个会议或论文集的要求不一致,这次都根据商务印书馆的体例进行了统一。

更重要的是论文中有一些重复的文字,这次审定时都进行了删除,并标注出了在本书中的参见部分或相关参考文献。这主要表现在"**第一部分 思考篇**"中,比如:我在世纪之交陆续发表了《关于大规模真实文本语料库的几点理论思考》、《关于语感与流通度的思考》、《关于网络时代语言规划的思考》三篇思考之后,又发表了《信息处理用语言知识动态更新的总体思考》,总体思考必然引用单篇思考的一些文字;还有《关于第三代大规模真实文本语料库的几点理论思考》一文,本是1999年的《自然科学基金重点项目结题报告》(项目号:69433010),是内部材料,没有公开发表。那个项目正是我在前言中提到的黄昌宁教授花了3年时间论证的、清华大学和北京语言文化大学联合承担的自然科学基金重点课题"语料库语言学研究的理论、方法和工具"研究,项目结题报告共8个,黄昌宁教授做第一个,我做最后一个,规定我的报告要有展望语料库未来发展的任务,所以自然就囊括了三篇单篇思考和一篇总体思考的全部内容。这次放在一起收入文集就显得啰嗦,在陈老师的建议下,能够割爱的就全删去了。这样,《关于第三代大规模真实文本语料库的几点理论思考》一文几乎全部删光,只保留了结尾部分其他文章中没有说到的"几点看法"。

动态语言知识更新关涉的是一个新的理论、新的体系,推进的实践又要探索新的历时方法、积累超大规模的动态真实语料,同时还要利用正在建设的动态语言资源不断进行一些历时的或共时的语言监测与研究。尽管研究是逐步推进的,相关的论文是陆续发表的,但在体系上、内容上却是环环相扣、处处照应的。比如:"**第二部分 控制论篇**"中《关于控制论与动态语言知识更新的思考》,谈了从控制论的九个方面对动态语言知识更新进行的思考,这是就研究的方法论方面的思考。一篇论文涉及九个方面,视点又都是新的,所以只能是总的论述,概括介绍。当时,我计划陆续发表文章,就这几个方面甚至别的方面进行详述,比如已经发表的《关于种族信息量的测定与语感模拟》、《关于约定俗成的约定俗成》和这次还没写完的《论稳态》。分论与总论的衔接和紧扣是必然的,这样的地方就不能删,否则就会给读者的阅读带来麻烦和困难。所以我既要感谢陈老师督促我割爱,也感谢他从读者角度所表示的理解与宽容。

"DCC博士研究室"的动态语言知识更新研究,特别是隋岩的研究很快受到业界的关注。商务印书馆特别是周洪波先生,第一个采用了隋岩"动态语言知识更新"的研究成果,将其用于新词语词典的编纂。本论文集的编辑、出版也最早得到周洪波的关注与支持,在此向洪波兄一并郑重致谢!

本论文集最后定稿的完成得到责任编辑余桂林同志的细心审阅与校订,根据他的建议,重大的修改是:最后下决心删除了原本书"**第一部分 思考篇**"中的第5篇文章《关于第三代大规模真实文本语料库的几点理论思考》,对《前言》和"**第三部分 理论篇**"中的《关于动态语言知识更新与流通度问题》与别的文章中仍然存在的重复部分再次删除,此前已经删除了的若干部分进行了文意上的疏通。同时决定不再等待《论稳态》一文的发表和编入，那篇文章将和已经发表的《论语言的动态》、《论国家语言资源》等文章编成另外一个文集。同时，余桂林同志还对个别字、词、句和较多的体例、格式都一一提出了修改建议，这些对于提高本书的质量都是十分重要的，我对他的工作表示由衷的感谢！

本论文集收录的26篇文章中，有24篇由我本人执笔撰写，有两篇是联合署名，有一篇是与本论文集有关的赵元任先生的原著。涉及的原著作权人、译文著作权人、联合署名人是：赵元任、李芸、王强军、石定果、隋岩，感谢他们或有关人员均已授权将相关论文收入本书。

最后，感谢北京大学陆俭明老师百忙之中赐《序》，俭明师是我在北大读书、学习时的老师，也是我日后工作、生活上的长辈，更是我执教、科研方面的楷模。我借此机会要感谢俭明师对我始终的支持与鼓励，也感谢俭明师在《序》中对我的肯定与要求。陆老师在《序》的结尾说："本书是个论文集，如果作者能根据已发表的论文的内容撰写成专著，可能出版效果更好一些，而且也可以避免一些前后行文上的重复。""专著"已经在写，何时完成说不定，但是幸好有机会按余桂林同志的意见再进行一次修订，陆老师对专著"可以避免一些前后行文上的重复"的要求，就在本论文集的最后修订中提前进行了。

张 普

2007年7月18日 一稿
2008年3月2日 二稿

6